CONTENTS

布艺样的牛奶盒

目录

小·抽屉

可以放在掌心上的小抽屉。
选择不同的布料，风格也各异。
可以在抽屉上加入花案、花边、徽章等装饰，
使其更加可爱花哨。
收纳首饰、钥匙、印章等小物件，
大小正好。

1·2 制作方法 P34 3 制作方法 P35

4

5

丝带和花案

两个牛奶盒横向排列制成的小物收纳箱。
作品4为带盖的款式，加上了丝带蝴蝶结做装饰。
而用朴素亚麻粘贴的作品5，
内里使用的花案布料颇具匠心，
宽度正好适合放置明信片和CD。

4 制作方法 P32 5 制作方法 P36

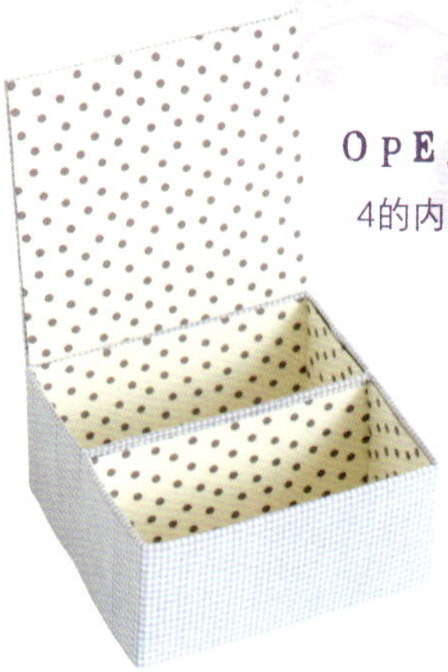

OPEN
4的内里采用圆点布料

饰花和小垫布

颜色亮丽的花朵和让人过目不忘的长形盒子，
加上小垫布和花边更柔和婉约。
纯色的盒盖和底布的小碎花，
搭配出沉着的色调。
使用买来的小垫布和花朵
制作时更为方便。

6·7 制作方法 P37

少女化妆盒

少女化妆盒上小鸟与天鹅的侧影
和灰白色刺绣清晰明了。
内里采用小碎花布，
用黏合衬剪出小鸟和天鹅的侧影，
贴到布料上，制作方便。
提手和盒盖周围加上花边，
格外地可爱清新。

OPEN
中间有隔层和镜子

8·9 制作方法 P39

9

8

葡萄色的隔层盒

用4个牛奶盒制成的葡萄色的隔层盒，
选用各式各样的布料组合而成，
统一的色调美观时尚。
其中的1个牛奶盒中加了小隔层。
非常适合用作针线盒或
桌边小物整理盒。

10 制作方法 P44

带盖的小布盒

牛奶盒切割成小立方体形状，
盒盖中加入铺棉芯，
更加柔软、平整。
简单的米褐色基调，
固定盒盖的纽扣和内里选用
自由写意的印花布，
增添了几分甜美。

11 制作方法 P46

文具托盘

由纵向切分的牛奶盒组合而成的浅托盘，
适合放在抽屉中使用。
亚麻和绿色花案，
再配上方格花纹布，清新亮丽，
让整理书桌都变成一种享受。

12 制作方法 P48

小画框和
手提箱式的盒子

立方体的布盒就像是小型的手提箱，
颇具巴黎风格。
提手等处的装饰为毛毡材质，
可以直接切边后使用，
可爱中透露几分沉稳。
加盖上埃菲尔铁塔的印章，
看，做好了！

15

14

总有一些
碎布、花边、配饰……
舍不得扔掉。
那就用它们为作品赋予新的生命吧。
在迷你框中加入自己喜欢的布料，
赏心悦目，独特可爱，
心情也随之轻松愉悦。

14·15 制作方法 P52

13 制作方法 P55

LOOK
内里使用圆点布料

航空信件般的布盒

清爽的亚麻带盖盒子，
三色旗的丝带、邮票、印章……
犹如国外寄来的可爱小包裹，
这也是用牛奶盒制成的哦。
可以用作礼物盒，
也可以用来存放心爱之物，
用途广泛。

16 制作方法 P53

笔架

带有3隔层的笔架，
能让书桌立刻变得
干净整洁。
采用斜裁的方法，
满足不同高度的物品，
使用方便。
毛毡布料的标签新颖实用。

17 制作方法 P50

带抽屉的装饰收纳盒与小装饰盒

作品18的中间贴有花边纸，
由1个牛奶盒制作而成。
可以放入复古的顶针等心爱小物。
作品19则是带抽屉的装饰收纳盒，
上方贴有花边图案，醒目亮眼。
抽屉可以取出随意替换，
可以根据不同的需要变换设计。

18 制作方法 P60 19 制作方法 P57

形状与作品19相同的装饰收纳盒。
贴上浅米褐色的布料，
再加上花边，
给人自然柔和之感。
内里使用深棕色的圆点布料，
不同材质的组合，呈现不同的风格，
多做几个试试看。

20 制作方法 P57

字母布盒和蔷薇布盒

简单亚麻和条纹的布盒。
盒盖加入铺棉芯后更蓬松柔软，
朴素的布料映衬出鲜艳的蔷薇和
字母徽章，成为此款设计的亮点。
盒盖两侧弧形的边角，
更增添几分温柔质感。

21 制作方法 P61 22 制作方法 P62

盒盖的弧形边角

小·画框
——正方形和长方形

23

24

25

用剩余的布料做一个
可爱的小画框吧。
清爽的淡蓝色、粉色圆点和条纹、亚麻
组合而成的相框，
再用熨斗熨烫粘贴上可爱的图案，
或是将各种徽章拼贴成图画的模样，
一款原创且富有个性的作品便制作完成了。

23·24·25

制作方法
P52

圆形篮子和
手提箱式布盒

26 制作方法 P65　27 制作方法 P63

OPEN
内侧底面使用黑色的
方格布料

用拆开的牛奶盒也可以制作圆形篮子。
外侧为亚麻，
内侧为黑色的大方格布料，
成熟又不失可爱。
再加上布带做点缀，
放入可口的小点心送给朋友，
一定会大受欢迎哦。

27

26

棱角分明的手提箱式布盒，
采用亚麻、字母图案和黑色的方格布料组合而成。
布料的选择决定了作品的印象，
因此要挑选自己喜欢的布料，试着做做看吧。

29

28 制作方法 P67　29 制作方法 P68

相片夹和卡片夹

装有珍贵相片的相片夹和
装卡片的卡片夹，
是出门时不可或缺的物件。
简单平实的亚麻材质，
在放卡片和相片的部分
选用了随性的印花布，时尚淡雅。

OPEN
放入喜欢的照片

手提包式的小·物收纳盒

手提包式的小物收纳盒，
用拆开后的牛奶盒制作而成。
大方的印花布料，
加上皮革提手，
设计时尚美观，
也能装点房间的一角。

30 制作方法 P70

随身纸巾盒

将纸巾放入这样一个盒子中，
实在是漂亮至极。
外侧选用茶色系碎花布，
内侧是同色系的方格布，风格统一大气。

31 制作方法 P69

33

32

房屋状的 小·物收纳盒

收纳盒倾斜的盒盖就像屋顶一样。
内里采用印花布料，清爽大方。
3个隔层方便实用，
可以用来收纳针线等琐碎的物品。

三角形的 组合布盒

将牛奶盒剪成三角形后，组合而成的布盒。
盒盖上加入圆形的把手，
棱角分明的魅力布盒就完成了。
做几个颜色不同的布盒，
放在一起做装饰也非常有趣。

34 制作方法 P73

32·33 制作方法 P71

长方形布盒

窄窄的长方形布盒，一个为弧形盒盖，
另一个是带花边的扇贝形盒盖，
小小的变化却意味十足。
基本的制作方法相同，
多选择几种颜色试试看吧！

35·36 制作方法 P78

首饰盒和颜色亮丽的收纳盒

作品37的首饰盒盒盖中夹有树脂板，
中间是用毛毡制作的戒指架。
绿色的小碎花和花边完美组合，
加上花朵状的拉手，散发出甜美气息。
作品38是看上去很简单的小物收纳盒，
打开后有许多抽屉和隔层，方便使用，
可以放各种饰品、针线……
想想看还能再放些什么。

37 制作方法 P80 38 制作方法 P75

合上盒盖后的形状

两个抽屉的小盒和针插

39 制作方法 P82　40 制作方法 P84

漂亮的葡萄色与本白色布料组合而成的
小抽屉和针插针线套装，
珍珠串珠的点缀更具淑女风。
牛奶盒大小的针插，
采用平底设计，摆放安稳且使用方便。
作品39的抽屉中可以放入线和小剪刀等常用的工具，
是十分实用的针线套装。

黑白色调的小盒和篮子状的布盒

黑色和亚麻材质组合而成的布盒成熟大方。
作品41加入钥匙图案的徽章，
作品42则使用了亮片蝴蝶结，闪亮夺目。
另外，作品41中的花边和珍珠，
以及作品42提手上的挂饰也为整件作品增色不少，
黑白色调中还透露着几分甜美。

42

41

41 制作方法 P85　42 制作方法 P54

提手上悬挂的饰物

书本状的小盒

完全就是一本书的形状。
粘贴黑色亚麻的部分选用了瓦楞纸，
以突出其厚度。
盒盖上的小垫布、花边、挂饰
都非常可爱。
用作礼物盒也非常不错哦。

43 制作方法 P86 44 制作方法 P87

礼物盒

作品45的盒子上配有大蝴蝶结，
侧面用各种碎花边重叠拼贴而成，
加上人造水钻的装点，青春甜美。
作品46与43的形状相同，
如果用料不同，印象风格也会不同。
羽毛状的绒球是其亮点，
侧面贴有人造水钻，
更具淑女风。

45 制作方法 P88 46 制作方法 P86

作品46的侧面配有人造水钻

刀叉盒

清爽的淡蓝色条纹和
纯色布料组合而成的刀叉盒。
作品47的立体式盒盖上带有毛毡材质的徽章，
而作品48则为托盘式加入了花边的设计。
侧面剪成圆弧形是不是很可爱呢？

47 制作方法 P89　48 制作方法 P91

OPEN
作品47的立体式设计

品茶时间的用具

立方体形状的牛奶盒上粘贴亚麻布料，
之后再贴上毛毡字母，
适用于品茶时间的
可爱布盒就制作好了。
内里选用粉色和茶色的圆点布料，
增添几分温柔恬静。

49·50·51 制作方法 P92

立方体组成的小物收纳盒

立方体组成的小物收纳盒，
是用牛奶盒裁剪出3个立方体串连而成。
亚麻和圆点布料的组合时尚清新，
加上1、2、3的标号，十分可爱。
放在厨房或书桌上，
非常便于使用。

52 制作方法 P93

花瓶套和盆栽套

53 制作方法 P43　54 制作方法 P83

53
Bonjour !
Bienvenue !
54

使用时将花瓶放入三角形的瓶套中，
周围贴上羊羔绒，然后再加上可爱的标签。
三角形的造型非常适合挂在墙上，
具有出色的稳定感。
作品54的盆栽套底部为了方便排水，
特意留出了孔。
绿色的植物配上亚麻和花边，
更加清新自然。

简易杯垫

用剩余的小碎布
制作这样的杯垫怎么样?
只要将布料贴到牛奶盒上即可,
快用各式布料做做看吧!
边角修剪成圆形更有特点哦。

55·56·57·58·59 制作方法 P84

蛋糕布盒

草莓蛋糕加上巧克力薄荷，
牛奶盒也能如此甜美。
侧面缠上丝带，当作奶油，
盒盖上的裱花和草莓等装饰
都是用毛毡制作而成。

60 制作方法 P94　61 制作方法 P95

小·花篮

立方体形状的盒子加上提手，
就是一个手提式的小物收纳盒。
作品62上方采用圆弧形设计，
在红白相间的斑点布料上加入花边
与花朵图案，非常可爱。
作品63则采用灰白色的简单色调，
加上亚麻和花朵做点缀。

62 制作方法 P56 63 制作方法 P55

制作前的准备

制作布盒之前，先来读一读下面的内容吧。
向大家介绍一些基本材料和工具，以及制作技巧。

基本材料和工具

材料

牛奶盒
本书中使用的牛奶盒为500ml、1000ml两种。

布料
建议选用亚麻、棉布，容易粘贴。

纸、黏合衬
如果纸会透出牛奶盒上的图案，那就选用黏合衬贴在布料上。或是想要盒子更有棱角时也可以选用黏合衬。

铺棉芯
能让盒子更膨胀柔软。

工具

圆珠笔
在牛奶盒上画线时使用。

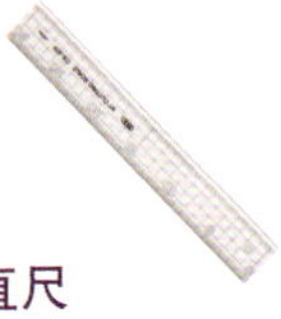

直尺
测量尺寸、画线、裁剪时使用。

裁纸刀
裁剪直线和细微部分时使用。

剪刀
裁剪弧线时使用。分为纸用、布用两种。

测量板
用裁纸刀裁剪时使用。

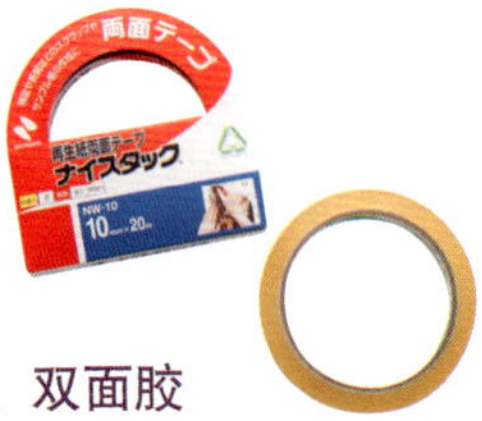

透明胶、双面胶
牛奶盒之间粘贴时使用透明胶，粘贴纸张、布料时使用双面胶。

手工用黏合剂
粘贴布料时使用，须加水稀释。

小容器
用于混合水和黏合剂。

笔
涂抹黏合剂的工具，使用后及时洗净。

清洗牛奶盒

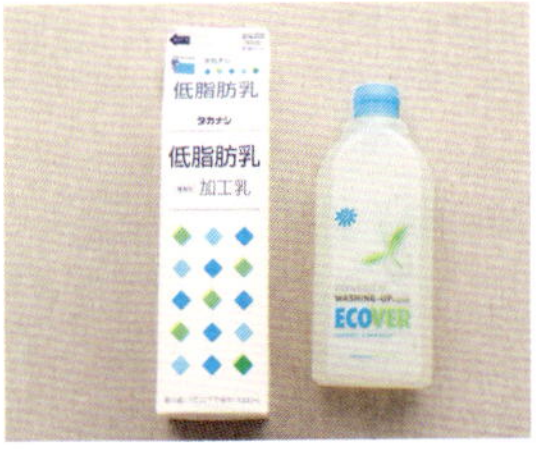

用洗涤剂仔细清洗，包括底面。洗干净后倒置晾干。

做标记

用直尺测量尺寸，画线时注意保持高度一致。

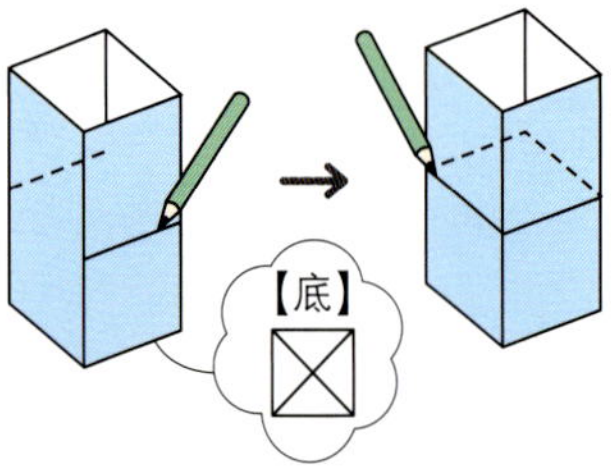

牛奶盒底有三角形折叠，高度上会有误差。应先在两个相对面画上直线，然后在剩余的两面画线，最后将之前的直线连接起来。

描绘图纸

将图纸画在透明的纸张上，裁剪后放到牛奶盒的对应位置。描绘时压紧，防止歪斜。

裁剪牛奶盒

用裁纸刀

按照标记，沿直尺裁剪。可以先用透明胶将直尺固定。

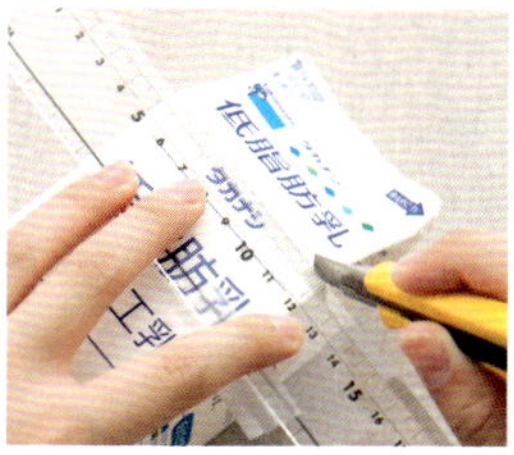

最后裁剪边角。

用剪刀

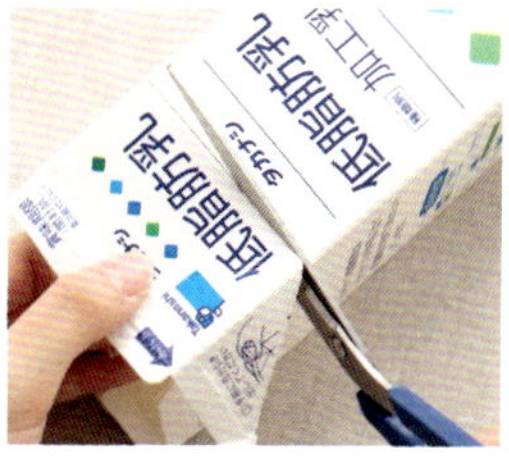

沿标记用剪刀裁剪。牛奶盒底面置于右侧时裁剪更方便。

如果露出牛奶盒的图案时

贴纸

按照牛奶盒的尺寸裁剪画图纸等白色纸张。裁剪时注意加上黏合处的尺寸，然后用双面胶或胶水等粘贴。

贴黏合衬

有黏性的一面朝下，放在布料上，熨斗调至中温，从上面压紧黏合衬，使其粘牢。

粘贴布料

盒子外侧

用黏合剂粘好，用熨斗熨干后再迅速进行下一步。

牛奶盒的顶端涂上黏合剂，然后粘贴好黏合处。稍微拉紧布料，缠绕一圈，与接合的位置对齐，折叠出黏合处后涂上黏合剂粘好。

※ 裁剪布料时，要加入黏合处的尺寸

黏合剂用水稀释，再用笔蘸取涂抹。涂抹时须认真仔细。

盒子开口处

黏合处用笔涂一层薄薄的黏合剂，然后向内侧折叠。

盒子底面

黏合处涂上黏合剂，然后折叠粘贴到底面。

边角剪成三角形

粘贴平面

牛奶盒涂上黏合剂，再粘贴黏合处剪出切口的布料，注意避免产生褶皱。布料的边角斜着裁剪。

黏合处涂上黏合剂，然后折叠粘贴到牛奶盒上。

粘贴弧形

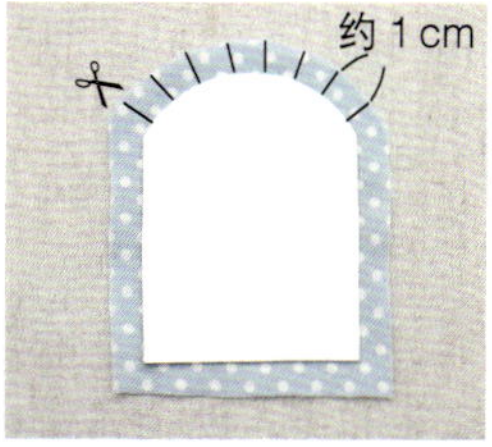

以1cm为间隔，在黏合处剪出切口。

黏合处涂上黏合剂后，折叠粘贴到牛奶盒上。

试着制作布盒吧

在此介绍P3作品4的制作方法。
“牛奶盒的裁剪方法”参见P36。

材料

- 牛奶盒（1000ml）6个
- 外侧布料（棉质方格）30cm×65cm
- 内侧布料（棉质印花）40cm×50cm
- 铺棉芯 15cm×14.5cm
- 丝带（宽4mm）20cm

1 裁剪牛奶盒

按照P36“牛奶盒的裁剪方法”裁剪牛奶盒。

2 用A和B制作盒子

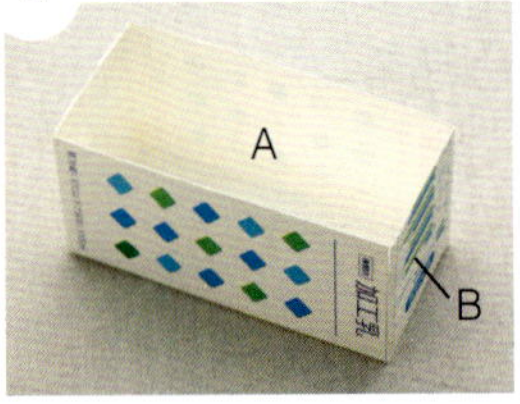

用透明胶将1个A和1个B黏合，制作成盒子。按此方法制作两个。

3 将两个盒子黏合

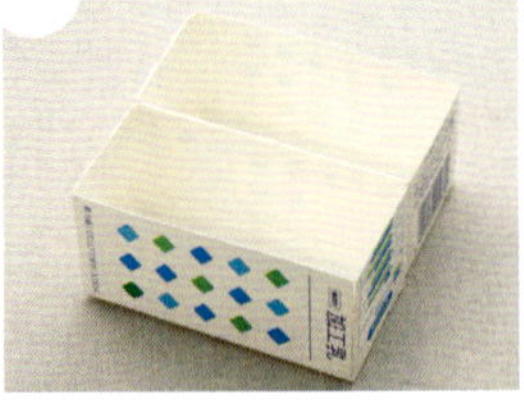

将步骤2中制作的2个盒子用双面胶黏合。

4 侧面贴上布料

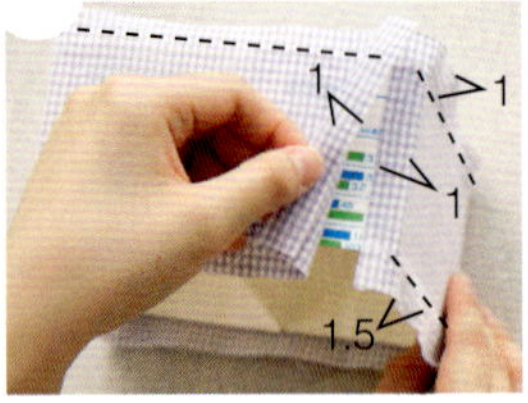

裁剪外侧布料时加入黏合处的尺寸，然后贴到盒子侧面。粘贴方法参见P31。

5 折叠盒子的开口处

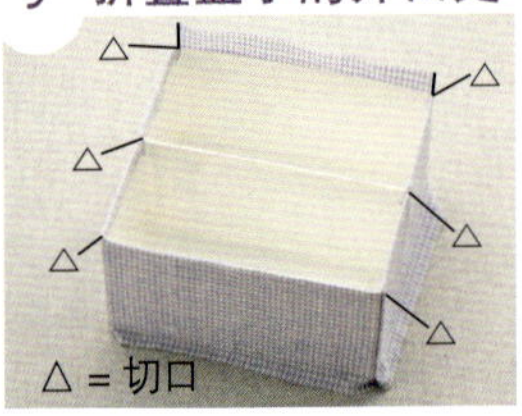

黏合处的4个角、隔层的部分剪出切口，涂上黏合剂，折叠到内侧。

6 制作底面

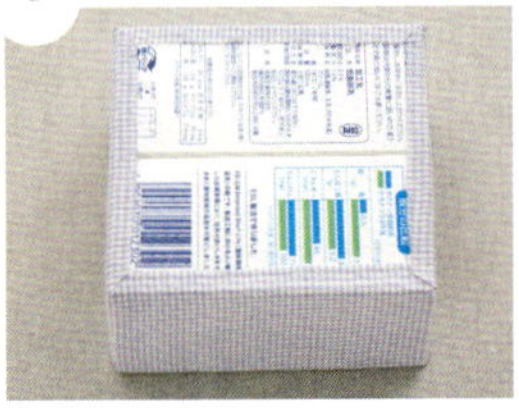

将黏合处的边角剪成三角形，用黏合剂粘好。

7 在隔层粘贴布料

将14.8cm×6cm的外侧布料对折，涂上黏合剂，粘贴到隔层。

8 制作内侧各部分

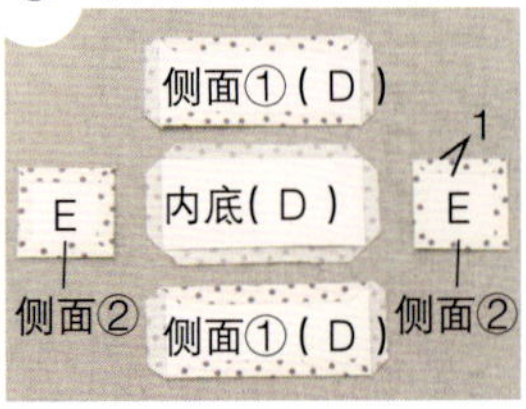

内侧布料均留出1cm的黏合处，然后与各部分黏合。内侧底面和侧面①左右两侧的黏合处先不粘贴。如此制作2组。

9 粘贴内侧底面

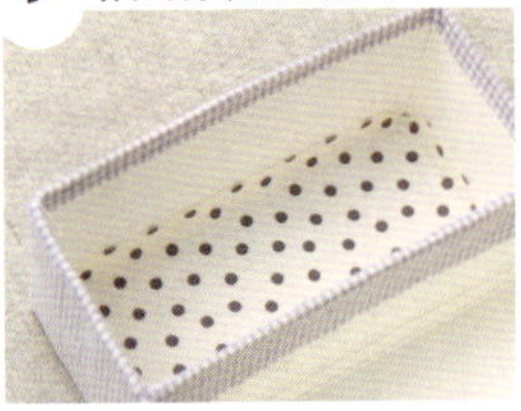

用黏合剂粘贴内侧底面。黏合处粘贴到侧面。

10 粘贴内侧侧面

将步骤8中制作的内侧侧面按照①、②的顺序粘贴。

11 制作外侧底面和盒盖

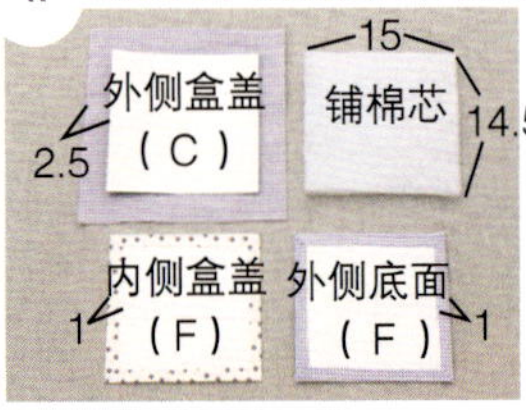

除外侧盒盖，其他部分都贴上布料。裁剪铺棉芯。

12 粘贴外侧底面

外侧底面的反面涂上黏合剂，粘贴到盒子底面。

13 制作外侧盒盖

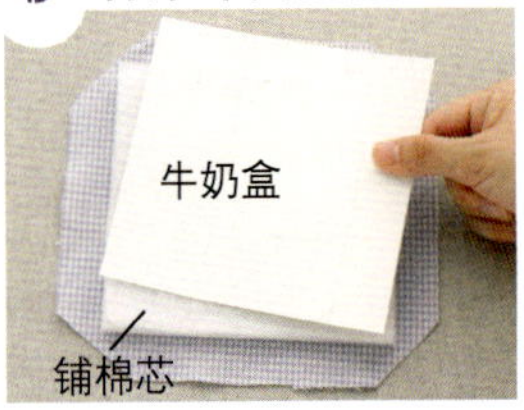

步骤11中制作的外侧盒盖各部分按照布料、铺棉芯、牛奶盒的顺序重叠。

14 粘贴外侧和内侧盒盖

将步骤13中制作的盒盖表面绷紧，黏合处涂上黏合剂。然后贴上内侧盒盖。

15 将盒子与盒盖缝合

盒子与盒盖重叠后，用线缝好。

16 贴上蝴蝶结

贴上蝴蝶结，完成。

制作方法

~用牛奶盒制作布盒吧~

关于制作方法的说明

- 图中的尺寸单位均为cm。
  （例）3→3cm
- 请参考P30~P31的“制作前的准备”。

2 page 1、2 小抽屉

材料

牛奶盒（1000ml）2个
布料（亚麻纯色） 30cm×40cm
串珠（直径8mm）1颗
铁丝 5cm
作品1…花边（宽7mm）22cm
作品2…蝴蝶形徽章 1个

牛奶盒的裁剪方法

盒子1

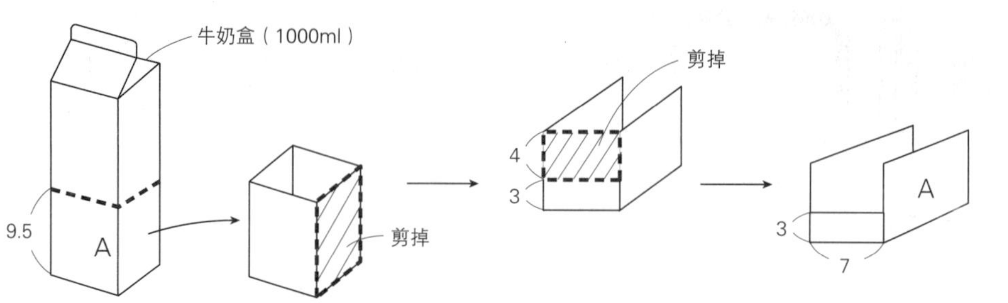

盒子2

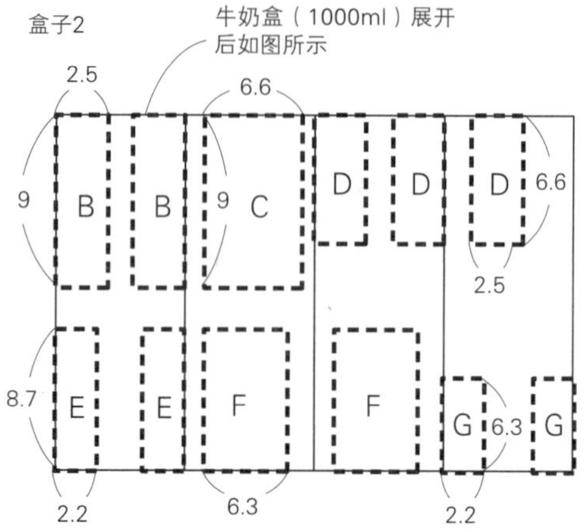

制作方法

①将A组合成主体。

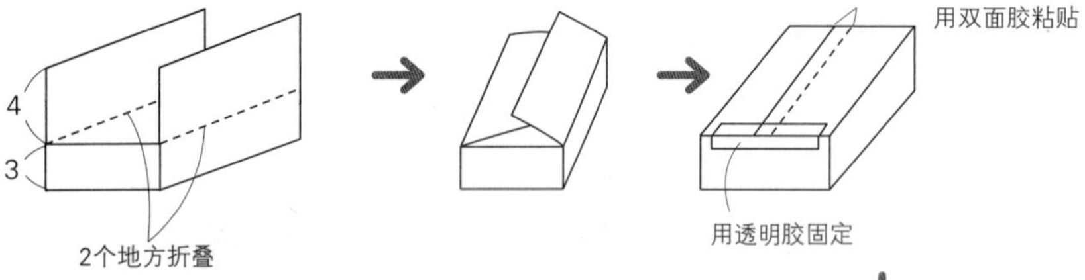

④折叠底面。

③折叠开口处。

②主体侧面粘贴布料。

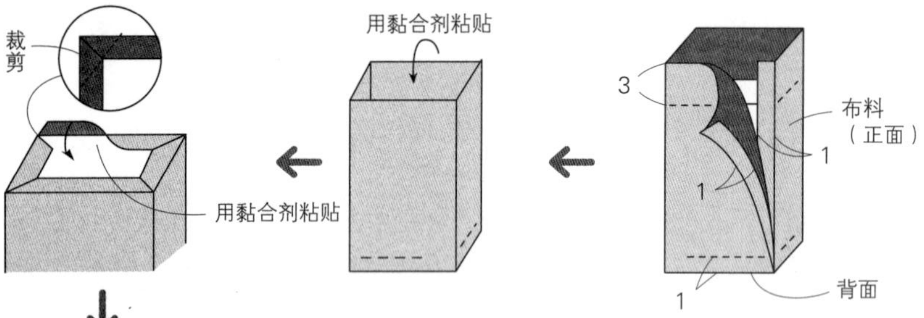

⑤制作背面。

⑥背面粘贴到主体上。

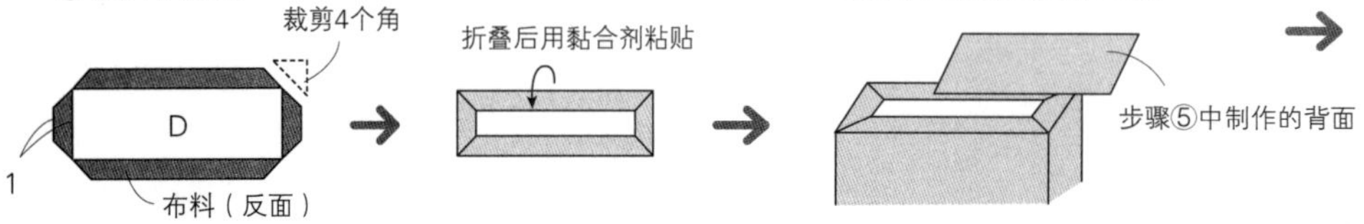

⑦组合抽屉。

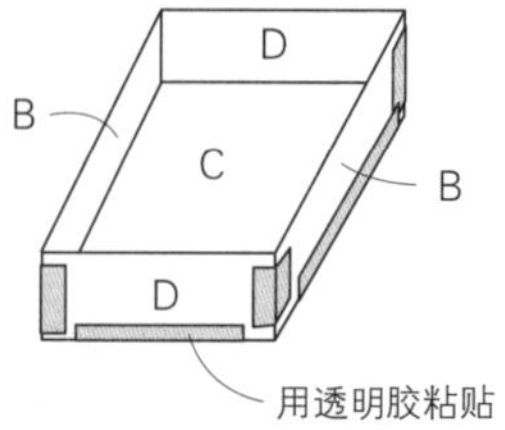

⑪制作抽屉的外侧底面。

⑩折叠底面。

⑨折叠入口处。

⑧抽屉的侧面粘贴布料。

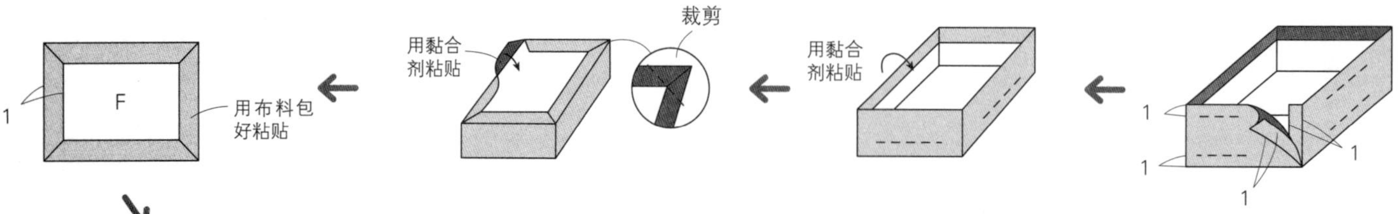

⑫外侧底面贴到抽屉上。

⑬把手拼接到抽屉上。

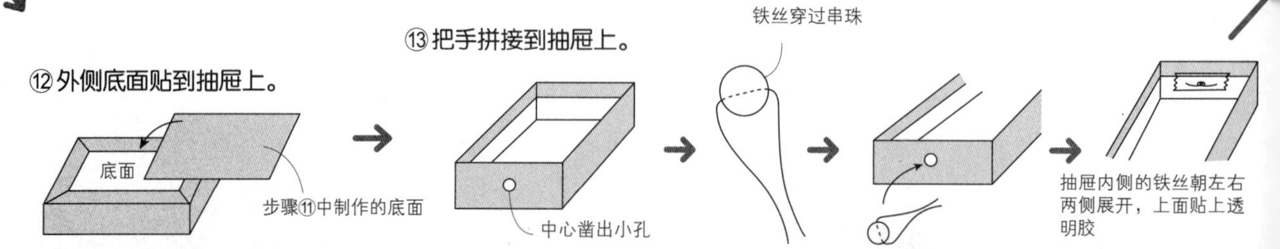

⑭ 制作抽屉的内侧。

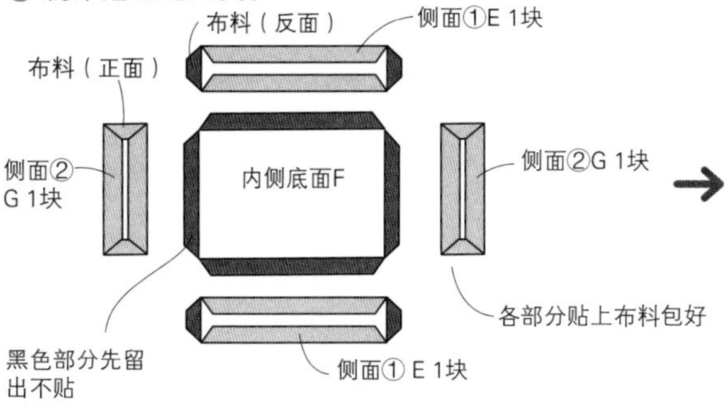

⑮ 内侧底面粘贴到抽屉上。

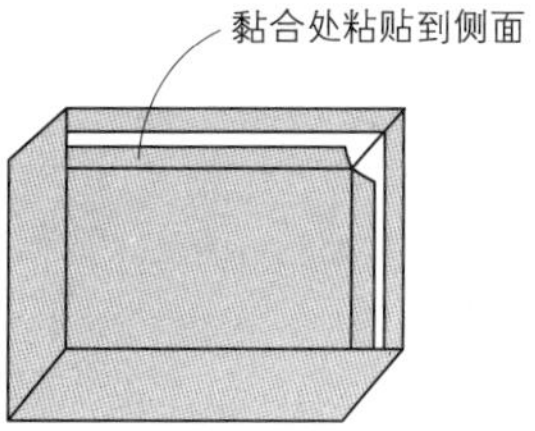

⑯ 内侧侧面粘贴到抽屉上。

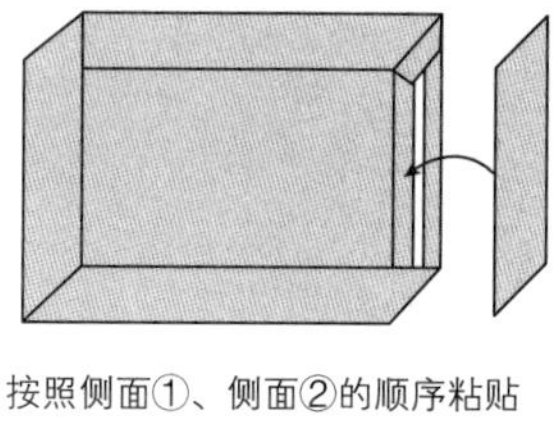

⑰ 装饰主体。

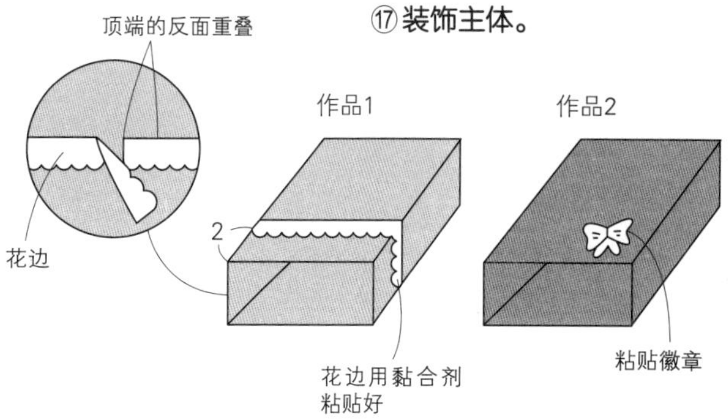

⑱ 放入步骤⑯做好的抽屉中，完成。

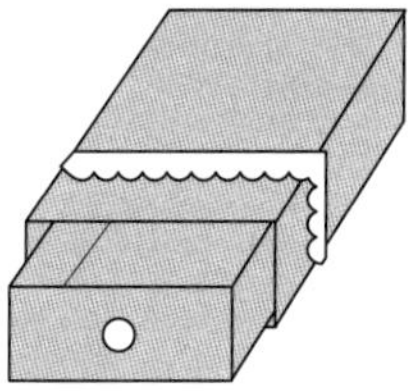

2 page 3 小抽屉

材料

牛奶盒（1000ml）2个
布料（亚麻纯色）15cm×35cm
布料（亚麻花案）20cm×35cm
串珠（直径8mm） 1颗
铁丝 5cm

制作方法

① 按照P34步骤①~⑥的方法制作主体。

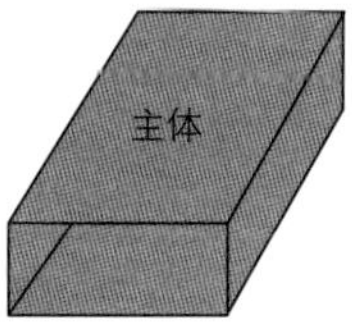

② 按照P34步骤⑦的方法制作抽屉。

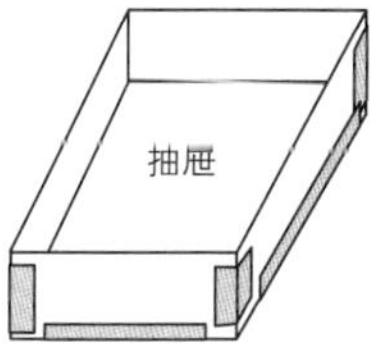

③ 按照P34、P35步骤⑧~⑯的方法，粘贴亚麻花案，制作抽屉。

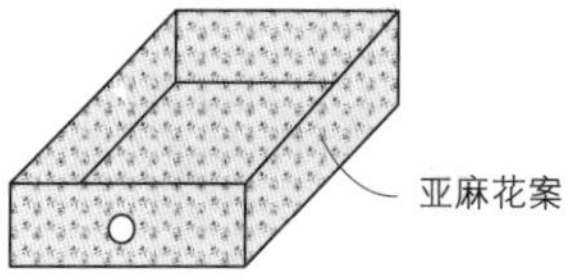

④ 抽屉放入主体中，完成。

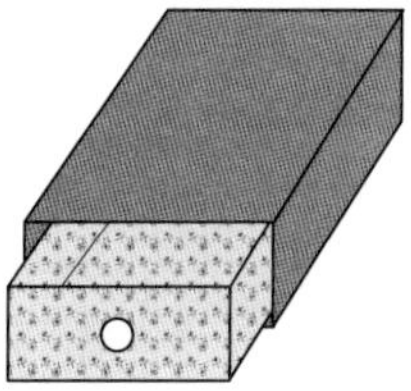

3 page 4 丝带布盒

材料和制作方法见P32。

牛奶盒的裁剪方法

盒子1、2

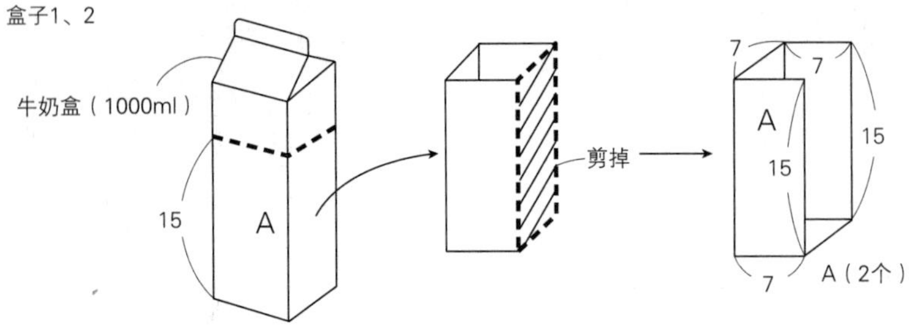

盒子3

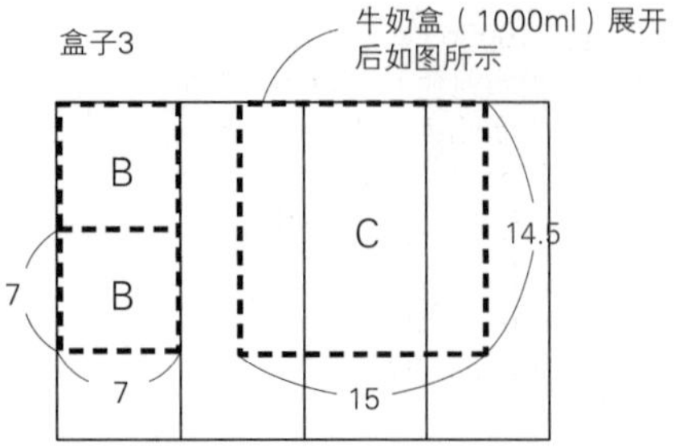

盒子4

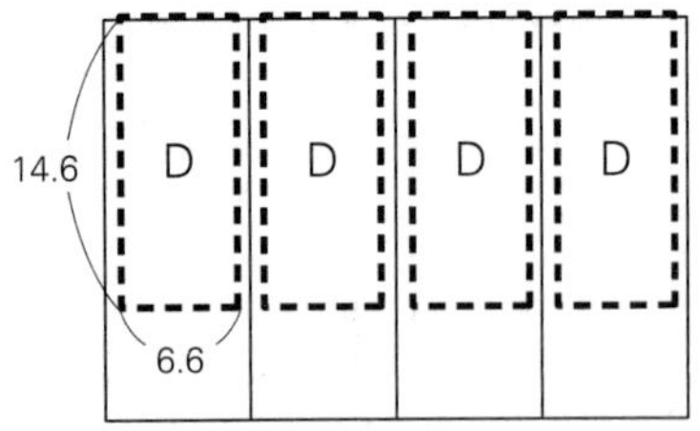

盒子5

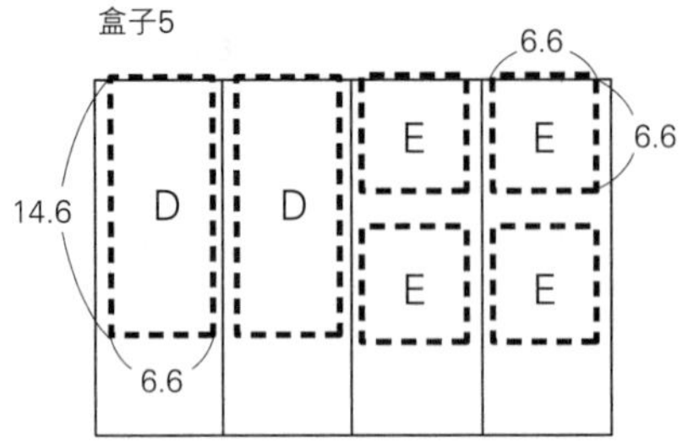

盒子6

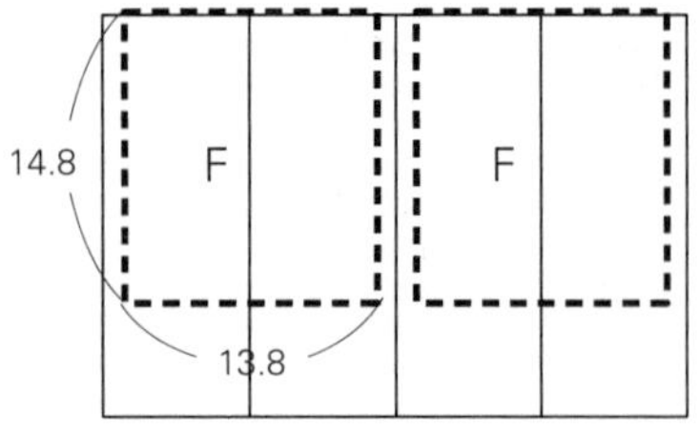

3 page 5 花案布盒

材料

牛奶盒（1000ml）5个
外侧布料（亚麻纯色） 20cm × 50cm
内侧布料（棉质印花）40cm × 40cm

牛奶盒的裁剪方法

盒子1、2

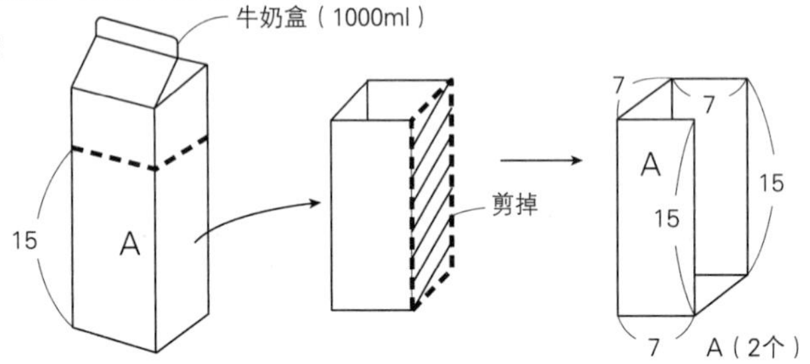

盒子3

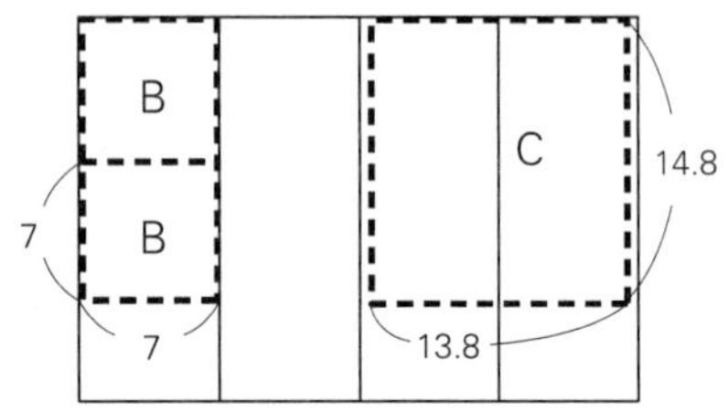

制作方法与P32的步骤2~10相同

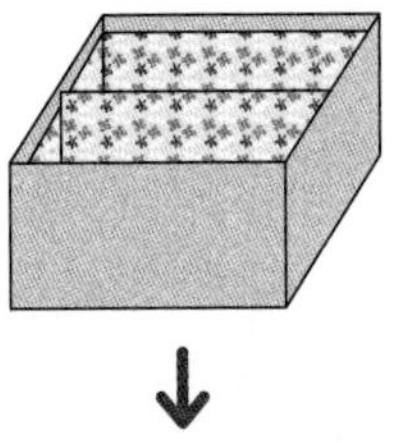

外侧底面粘贴到主体，完成

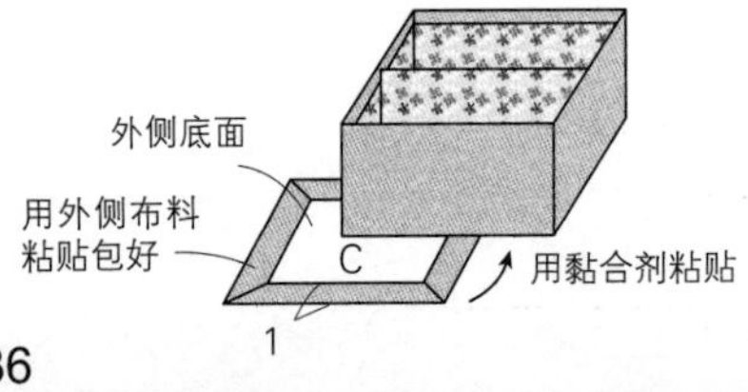

盒子4

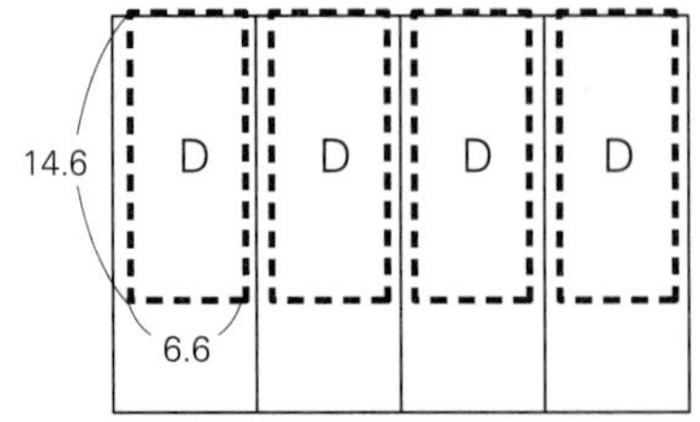

盒子5

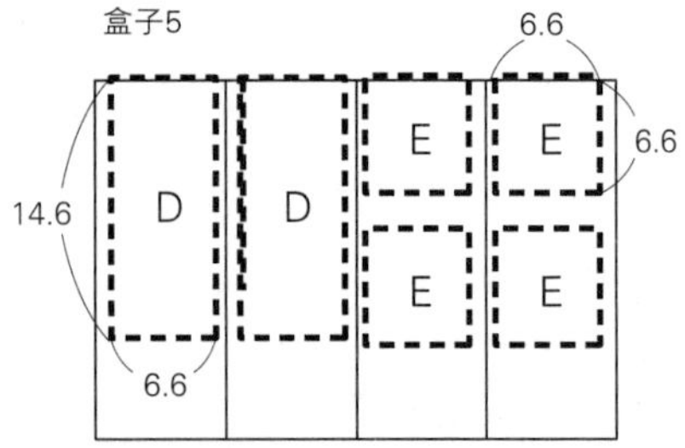

4 page 6、7 饰花和小垫布

材料

牛奶盒（1000ml）4个
布料a（棉质纯色）43cm×17cm
布料b（棉质印花）35.1cm×55cm
花边（宽1cm）50cm
小垫布（直径约11cm）1块
花朵饰花 1个
纽扣（1cm）1颗
彩色皮筋（细）8cm

牛奶盒的裁剪方法

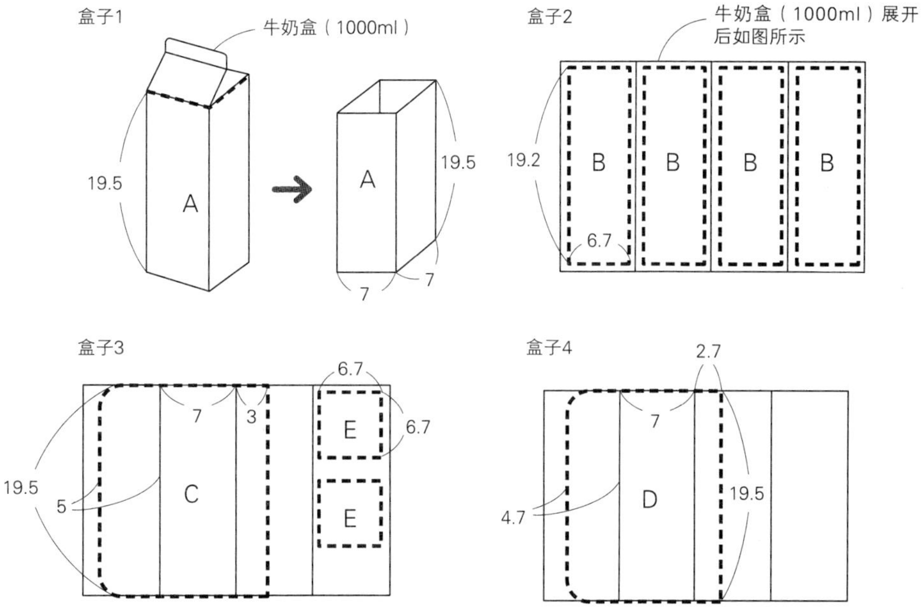

制作方法

①A的侧面剪掉。

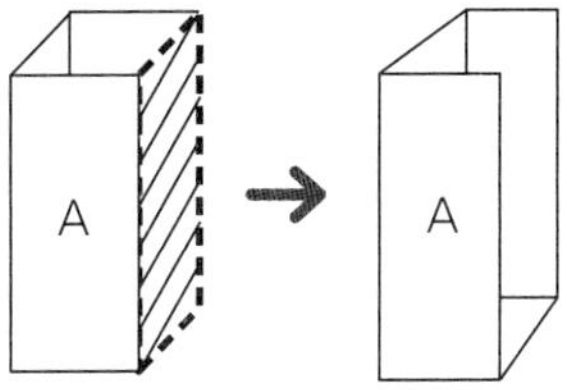

②切取的部分再裁剪一次，粘贴到A上。

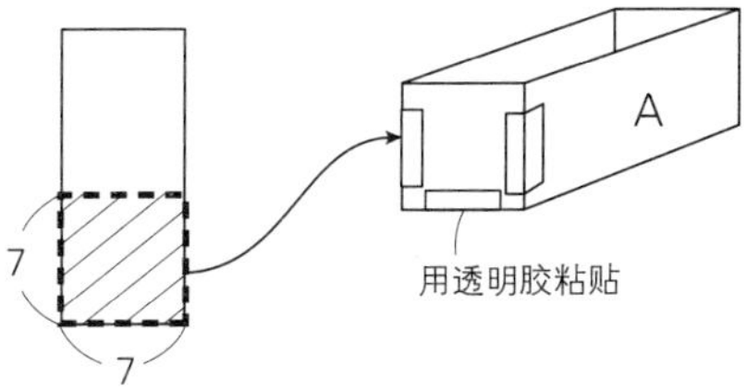

③将布料b粘贴到A的侧面。

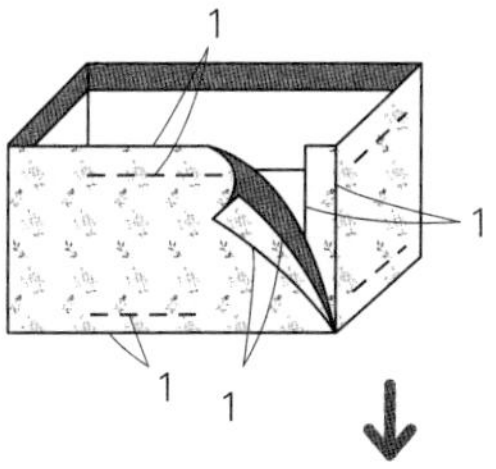

④折叠开口处。

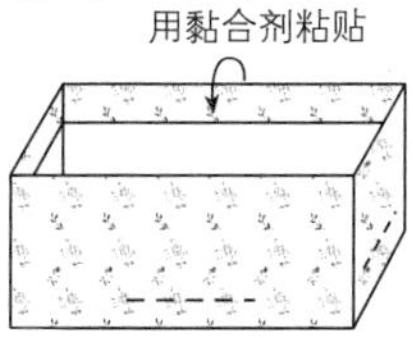

⑤折叠底面。

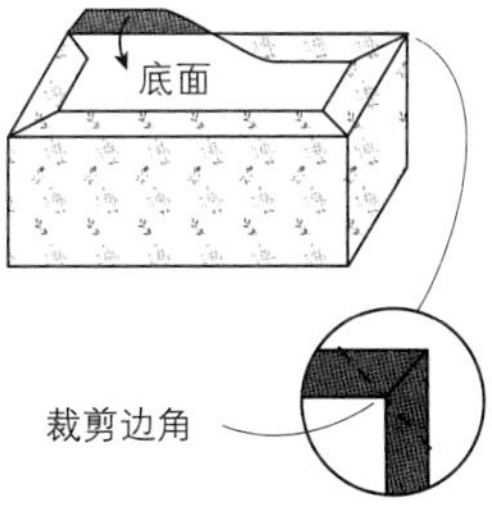

实物大纸样

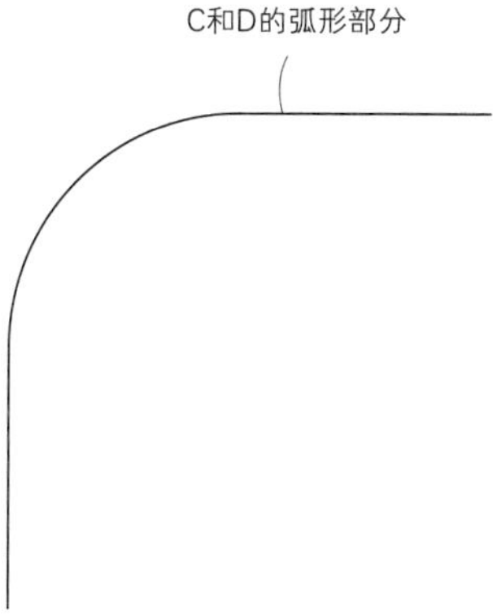

⑥制作主体的外侧底面。

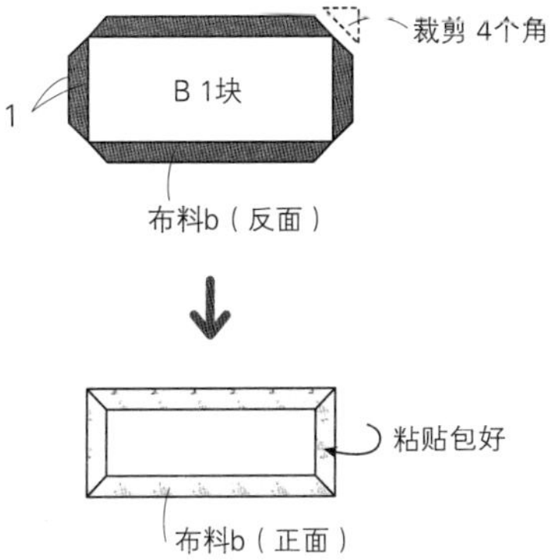

⑦外侧底面粘贴到主体上。

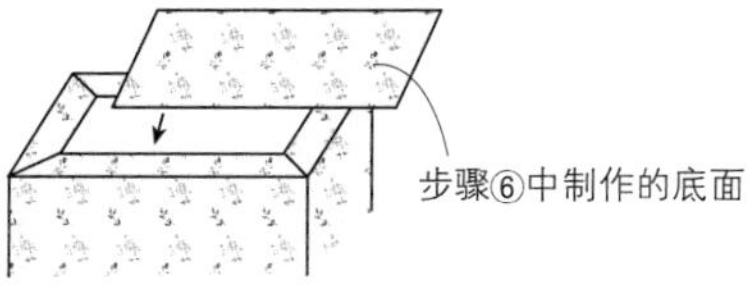

⑧纽扣缝到主体正面。

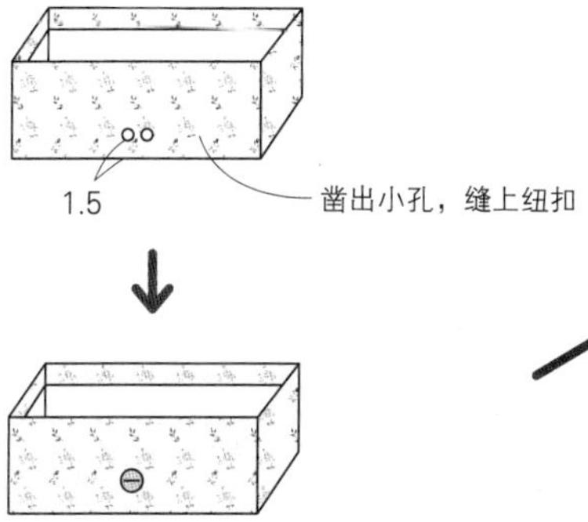

⑨ 制作主体的内侧。

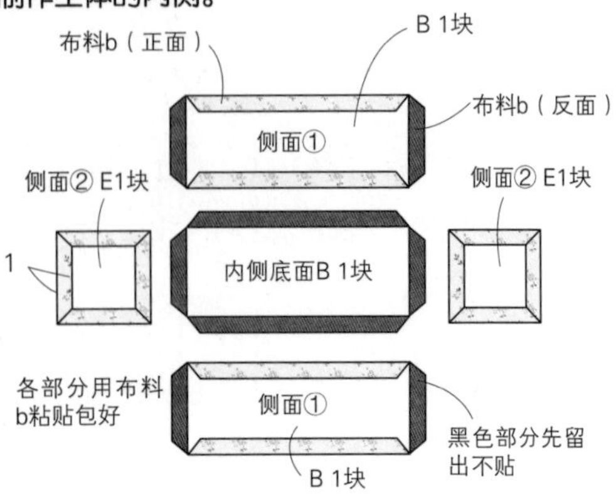

⑩ 内侧底面粘贴到主体。

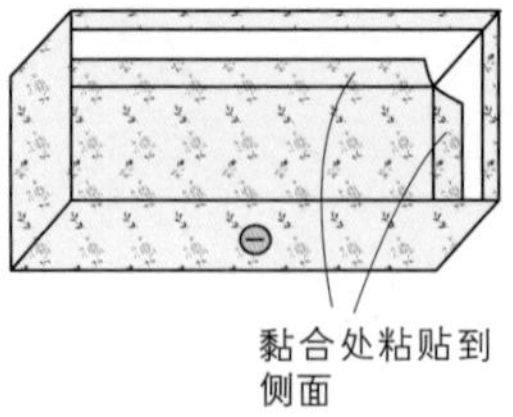

⑪ 内侧侧面粘贴到主体。

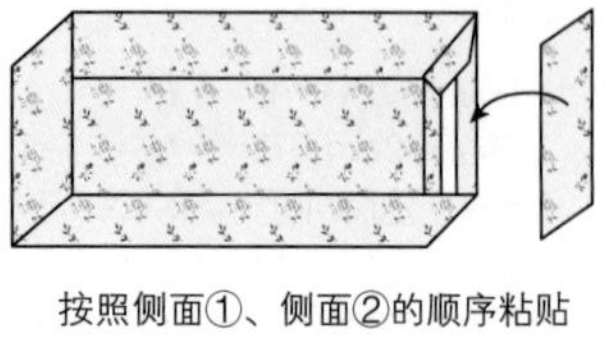

⑫ 盒盖的各部分贴上布料a。

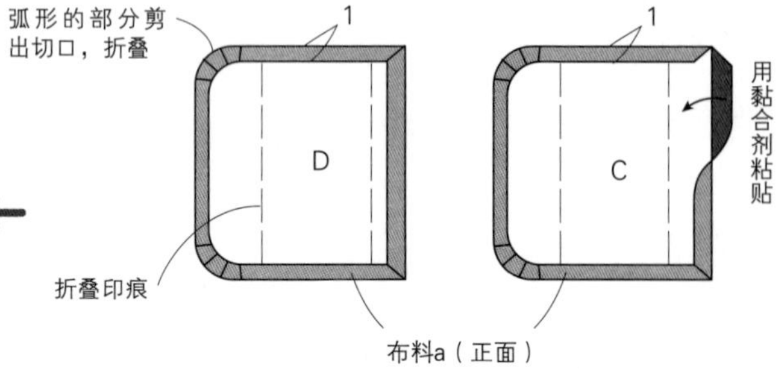

⑬ 装饰C的正面。

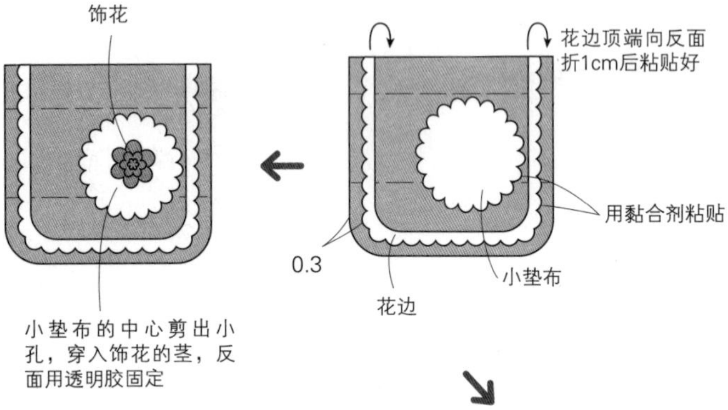

⑭ 在D上剪出小孔，穿入彩色皮筋。

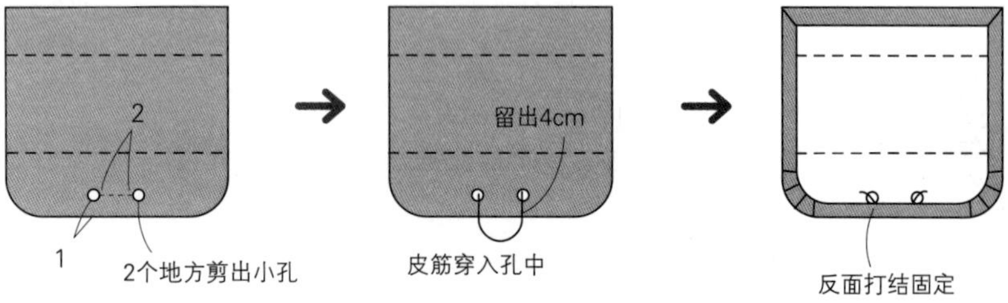

完成。

⑮ 将C和D黏合。

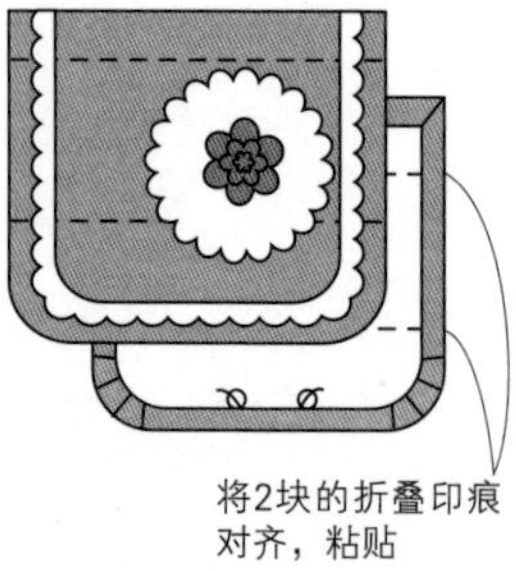

⑯ 调整盒盖的形状，粘贴到主体上。

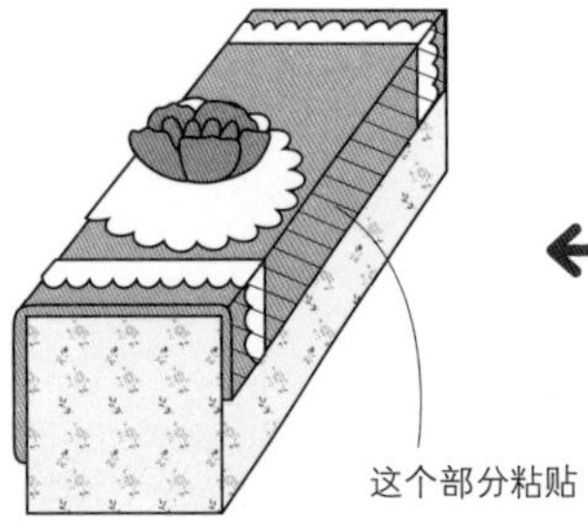

材料

牛奶盒（1000ml）4个
瓦楞纸 19cm × 6cm
布料a（亚麻纯色）20cm × 55cm
布料b（棉质纯色）40cm × 20cm
布料c（棉质小碎花）60cm × 30cm
布料d（黏合衬）5cm × 10cm
花边（宽15mm） 36cm
花朵样的花边（直径5.5cm）2块
玻璃 18cm × 6cm
磁铁扣 1对
刺绣线（本白）适量
皮绳（宽1.5cm）19cm 2条

牛奶盒的裁剪方法

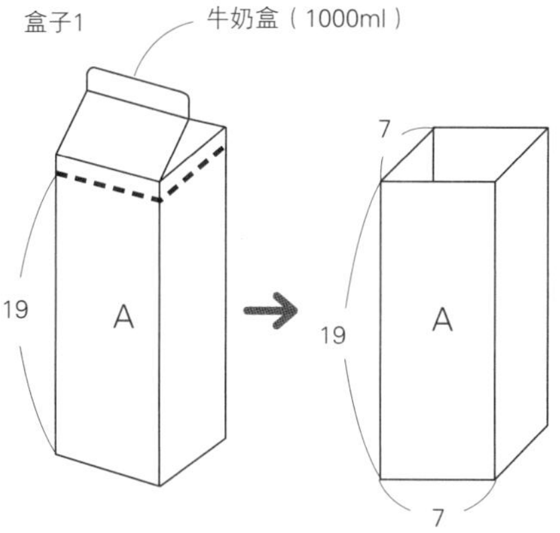

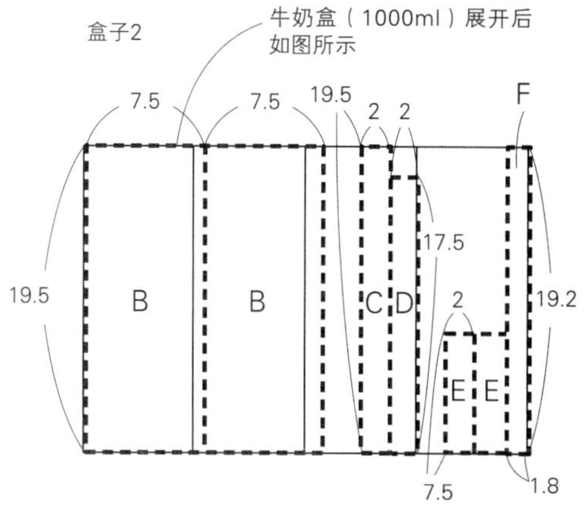

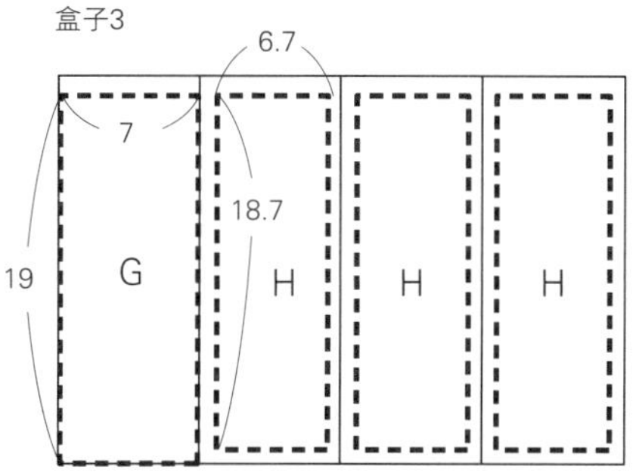

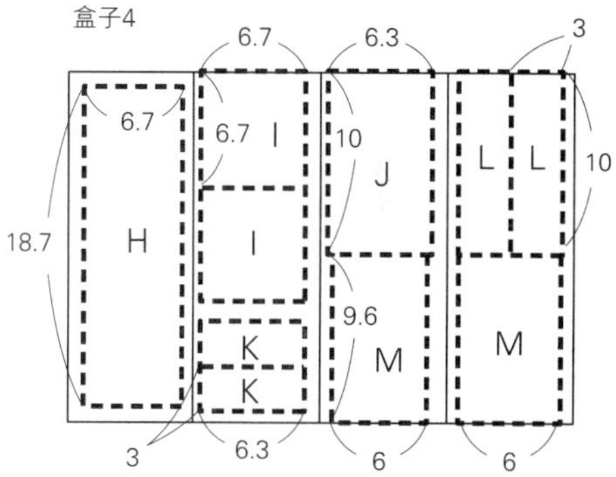

制作方法

① 组合盒盖。

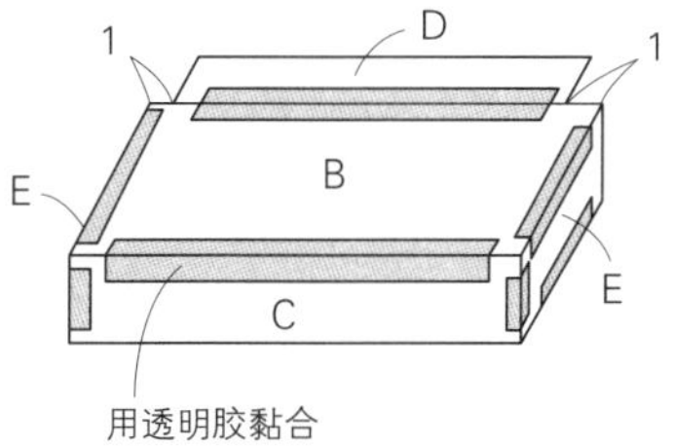

② 盒盖的侧面粘贴布料b。

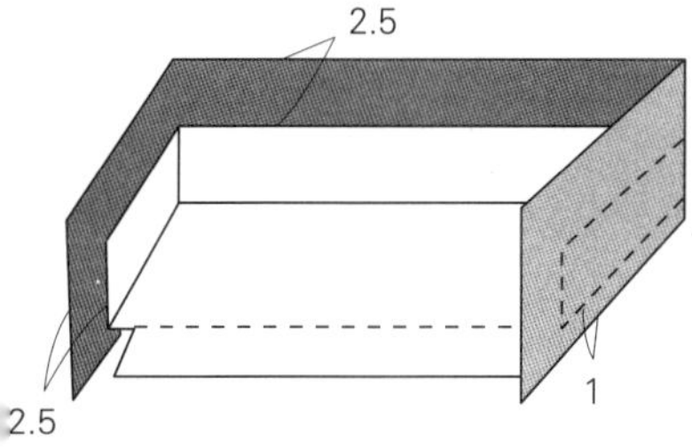

③ 向内侧折叠，上方也折叠。

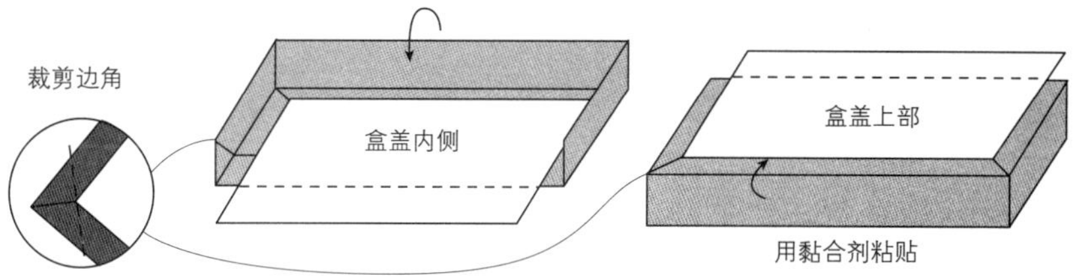

④ 裁剪A的侧面。

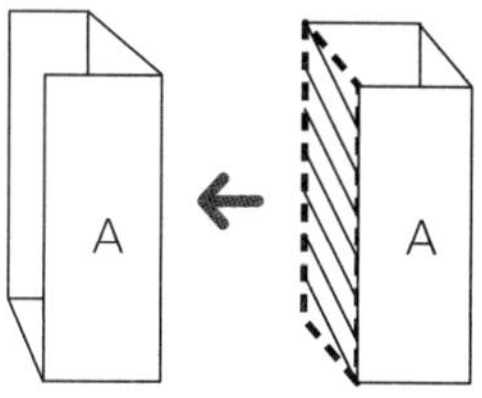

⑤ 切取的部分再裁剪一次，然后粘贴到A上，制作主体。

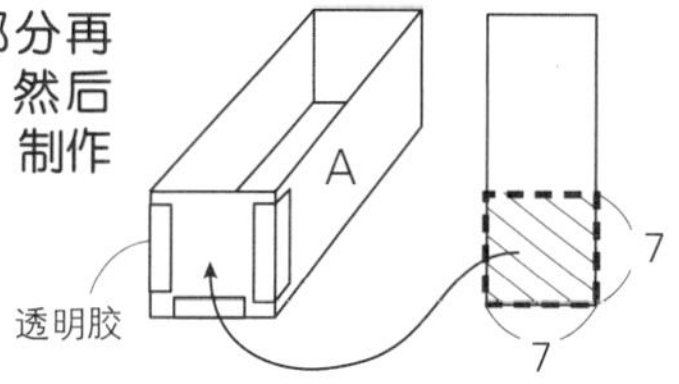

⑥ 将盒盖拼接到步骤⑤中制作好的主体上。

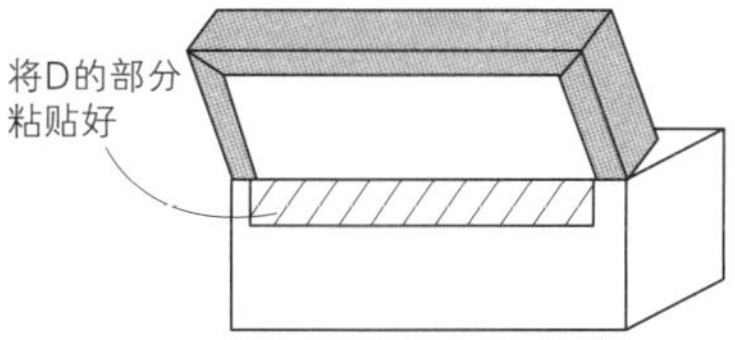

⑦ 在9cm × 54cm的布料a上刺绣，然后粘贴上小鸟的图案（布料d、黏合衬）。（图案见P42）

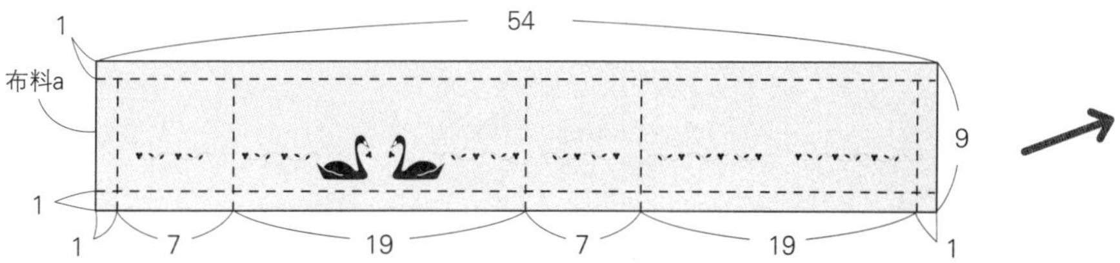

⑧ 将步骤⑦的布料粘贴到主体侧面。

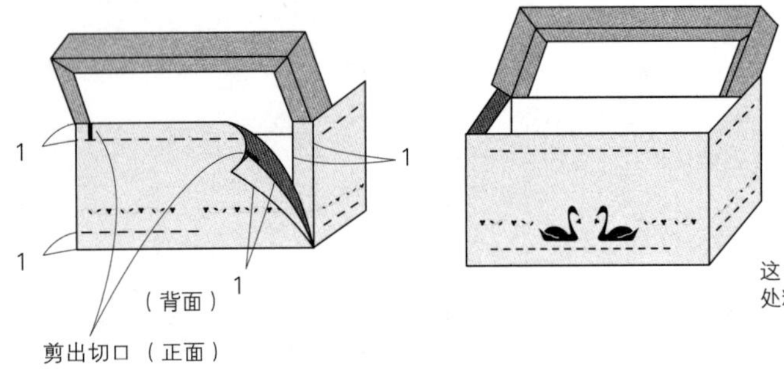

⑨ 折叠入口处。

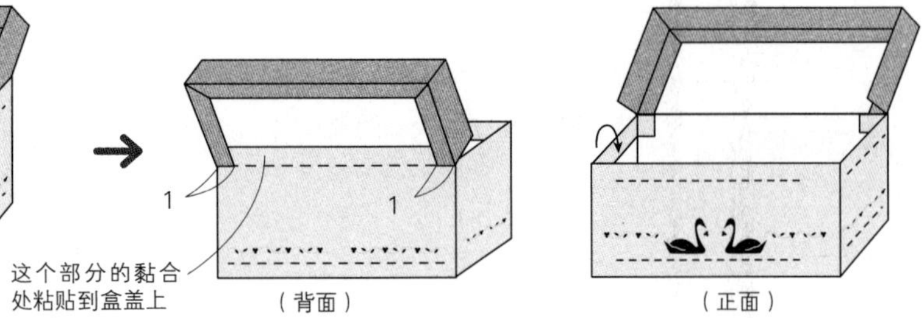

⑩ 折叠底面。

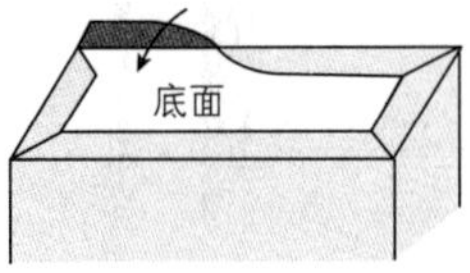

⑪ 粘贴合叶处的布料。

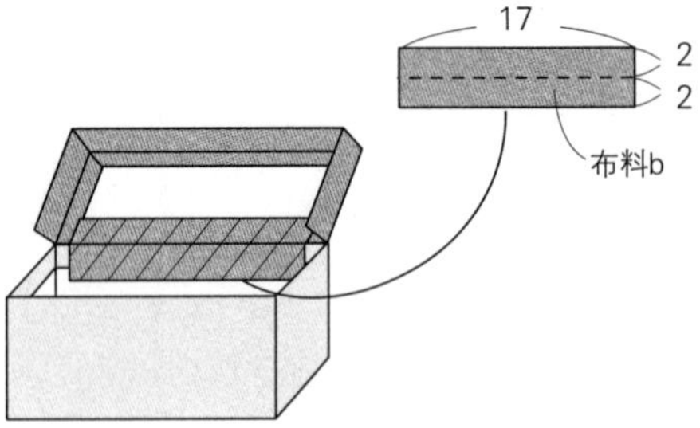

⑫ 制作外侧底面。

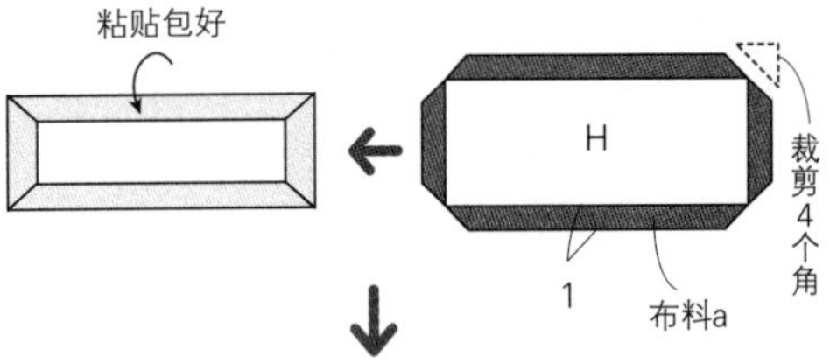

⑬ 将外侧底面粘贴到主体底面。

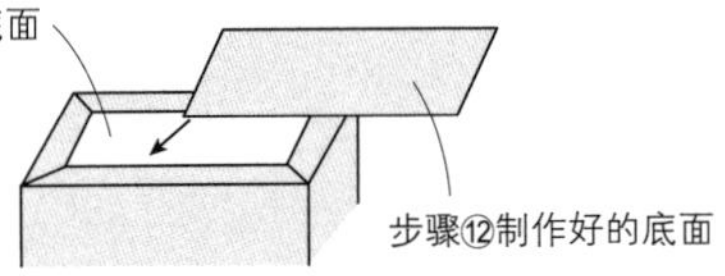

⑭ 制作盒盖的外侧顶部，再粘贴到盒盖上方。

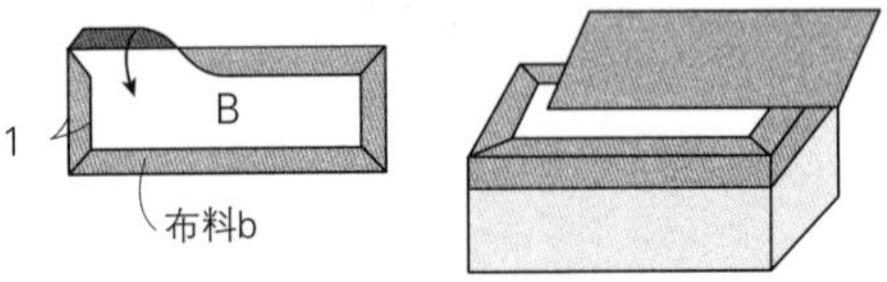

⑮ 用布料b将F包好粘贴，然后安上磁铁扣。

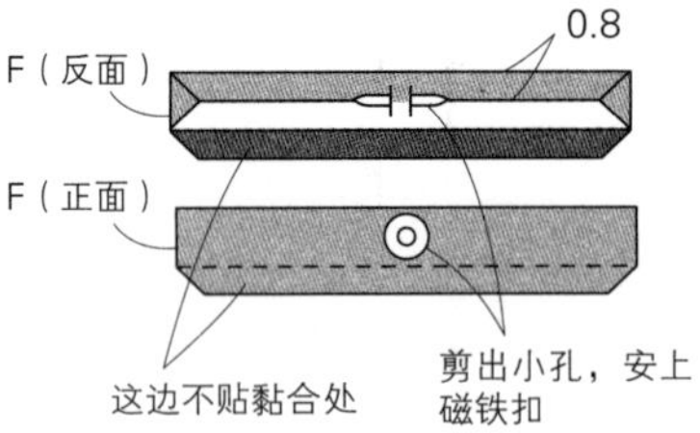

⑯ 将F粘贴到盒盖的内侧。

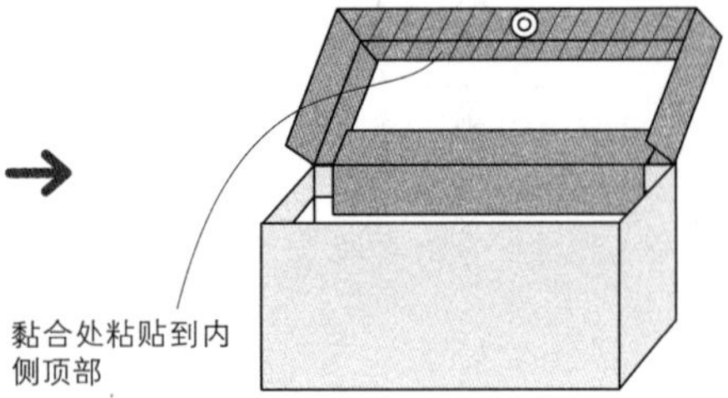

⑰ 盒盖的上方粘贴圆形的花边。

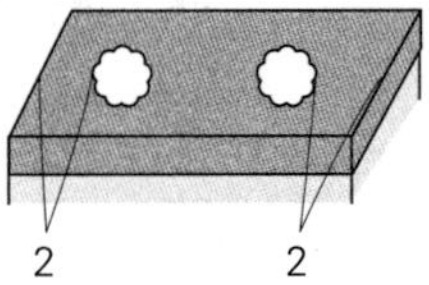

⑱ 2块皮革黏合。

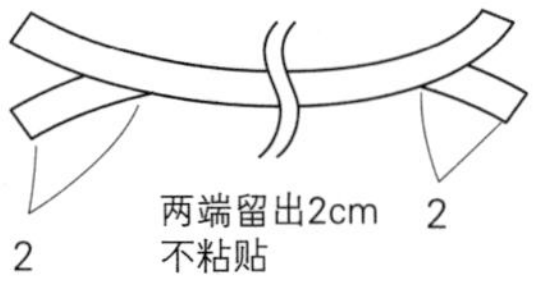

⑲ 花边的中央剪出口，插入皮革，然后在盒盖内侧展开。

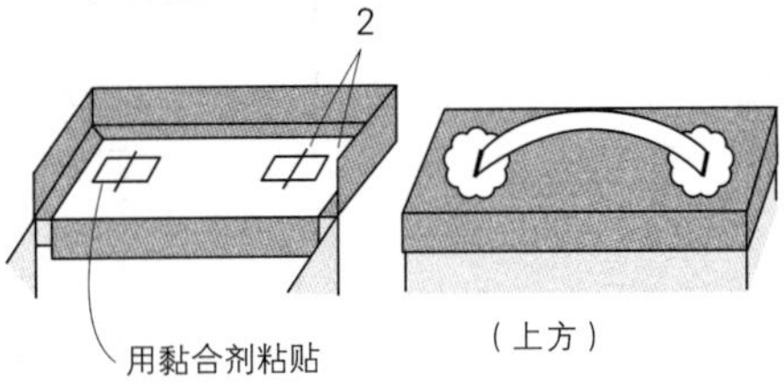

⑳ 制作盒盖的镜子部分。

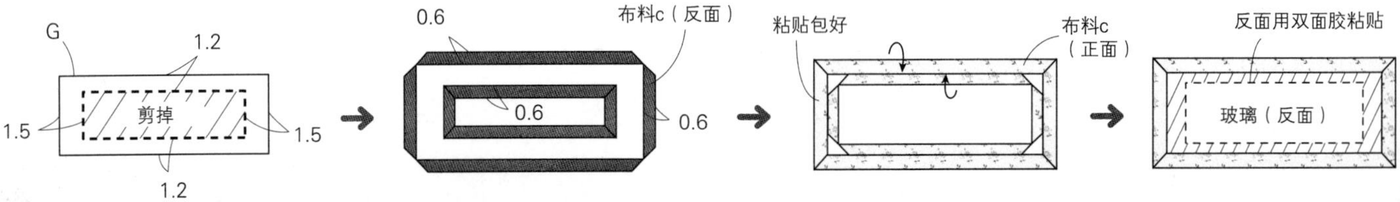

㉑ 将镜子粘贴到盒盖。

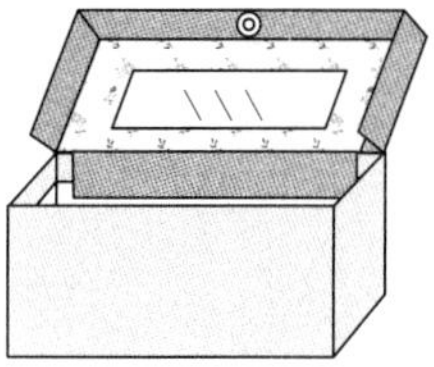

㉒ 盒盖的侧面贴上花边。

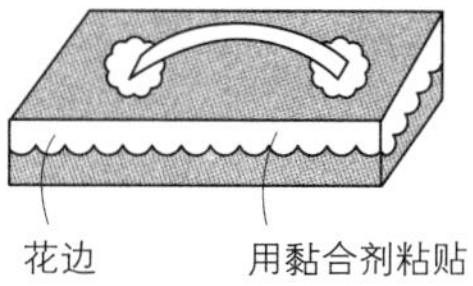

㉓ 磁铁扣安装到主体上。

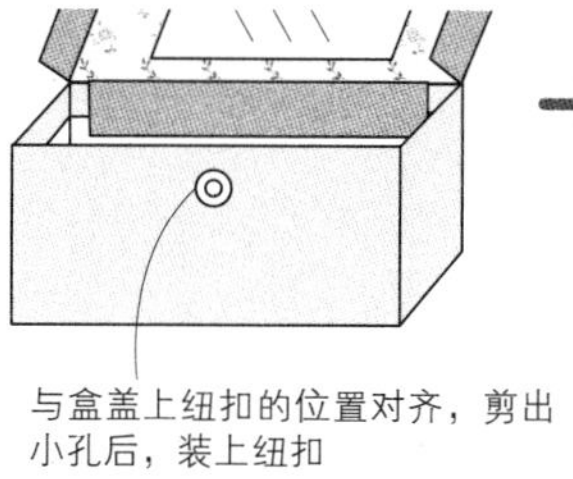

㉔ 制作主体的内侧。

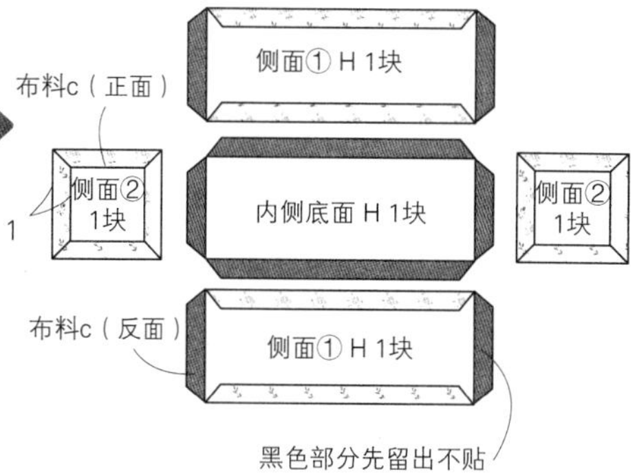

㉕ 内侧底面粘贴到主体上。

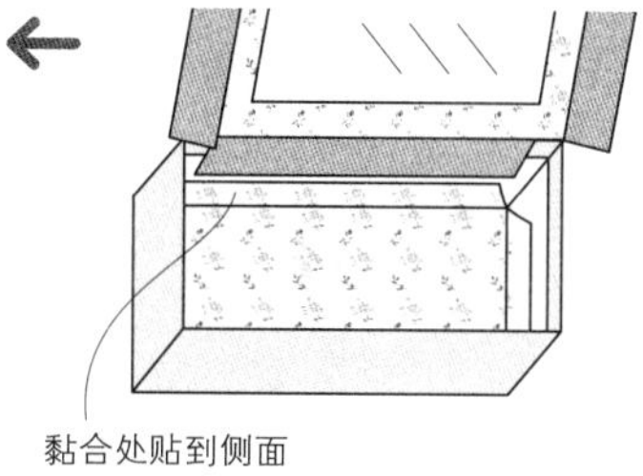

㉖ 内侧侧面粘贴到主体上。

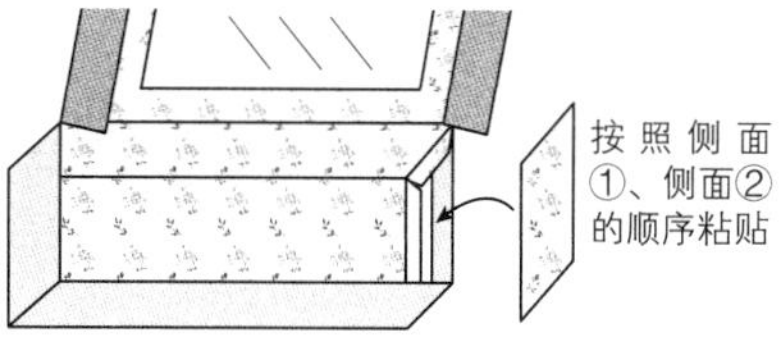

㉗ 制作主体内侧的隔层。

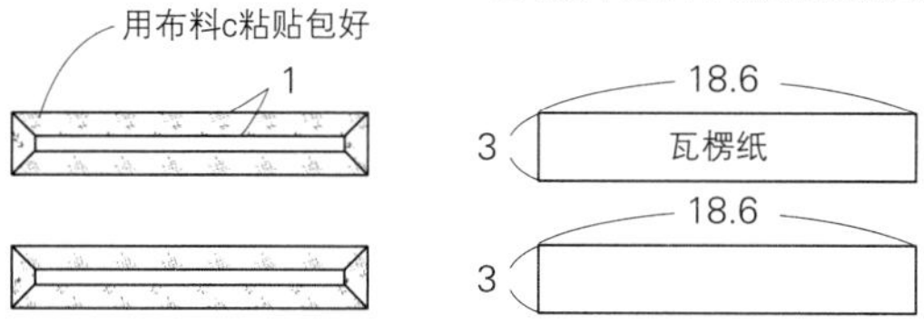

㉘ 隔层粘贴到主体内侧。

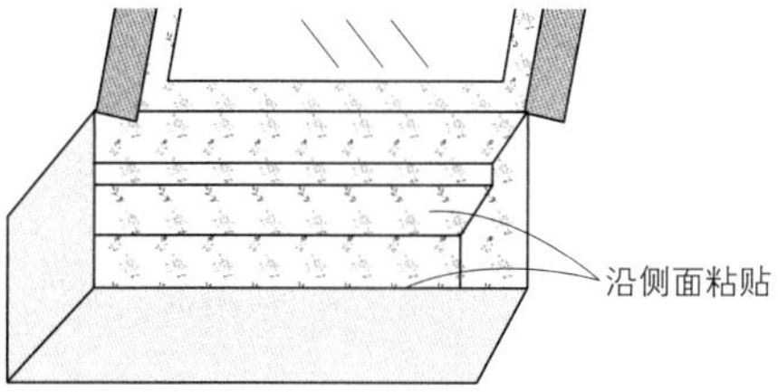

㉙ 组合隔层盒。

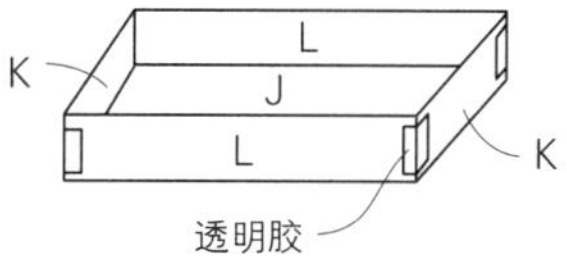

㉚ 布料c粘贴到隔层盒的侧面。

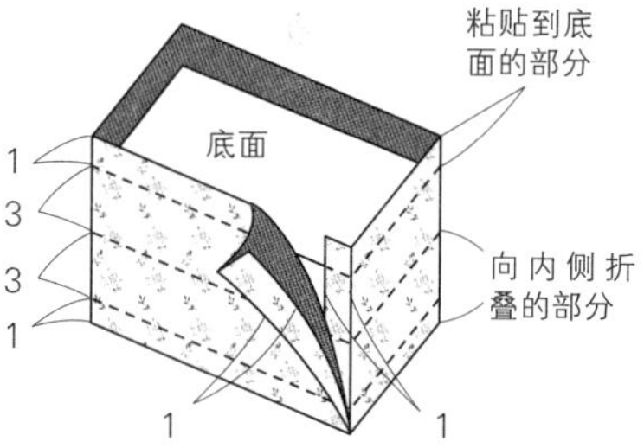

㉛ 折叠底面

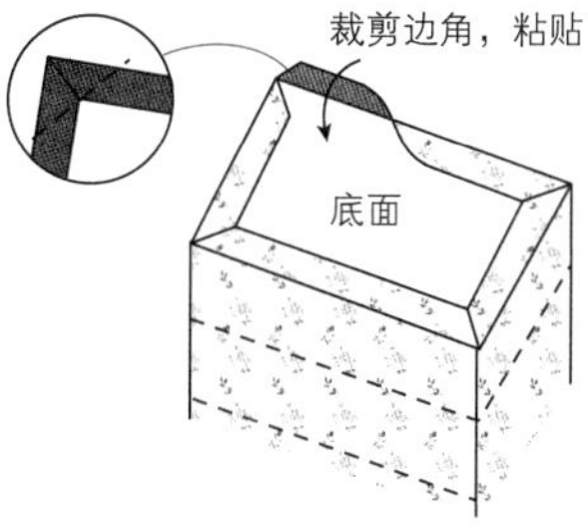

㉜ 折叠到内侧。

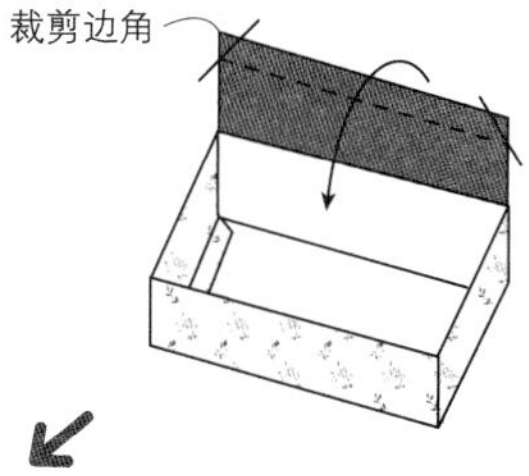

㉝ 制作隔层盒的内侧底面和外侧底面。

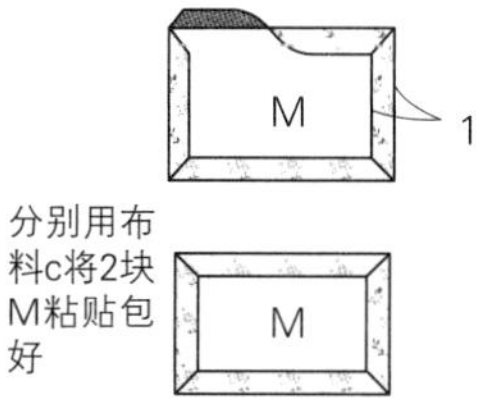

㉞ 内侧底面和外侧底面粘贴到隔层盒。

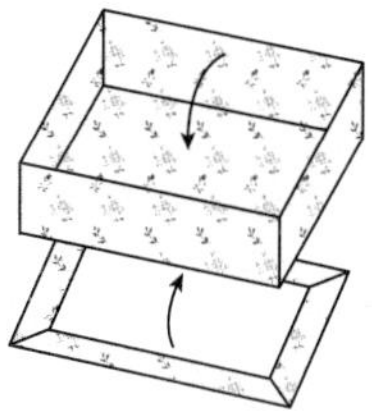

㉟ 将隔层盒放到主体中，完成。

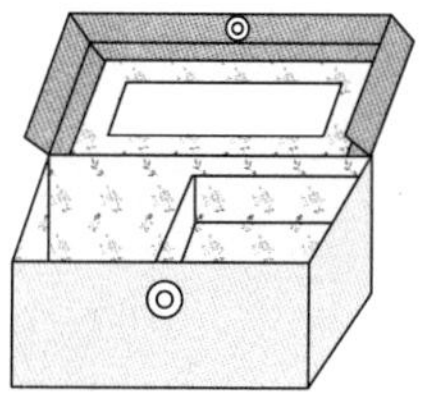

装饰配置图

作品8

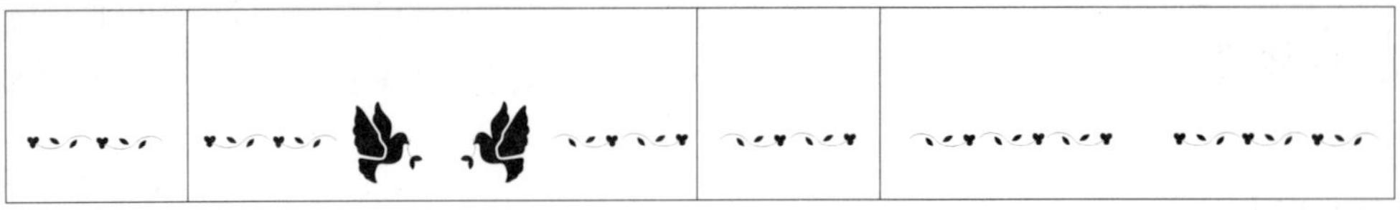

作品9

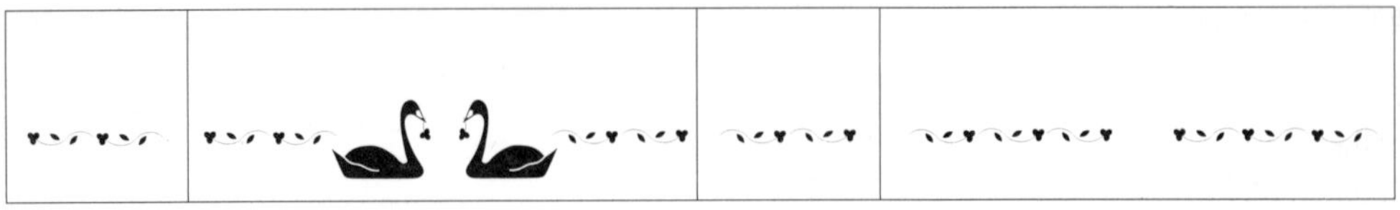

实物大纸样

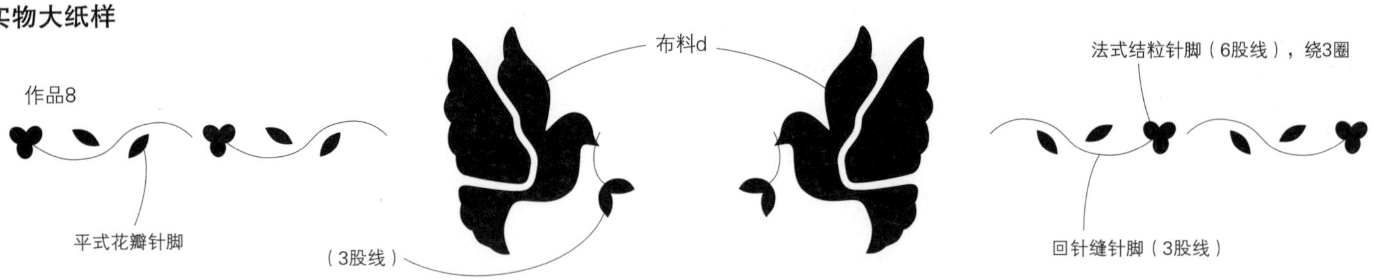

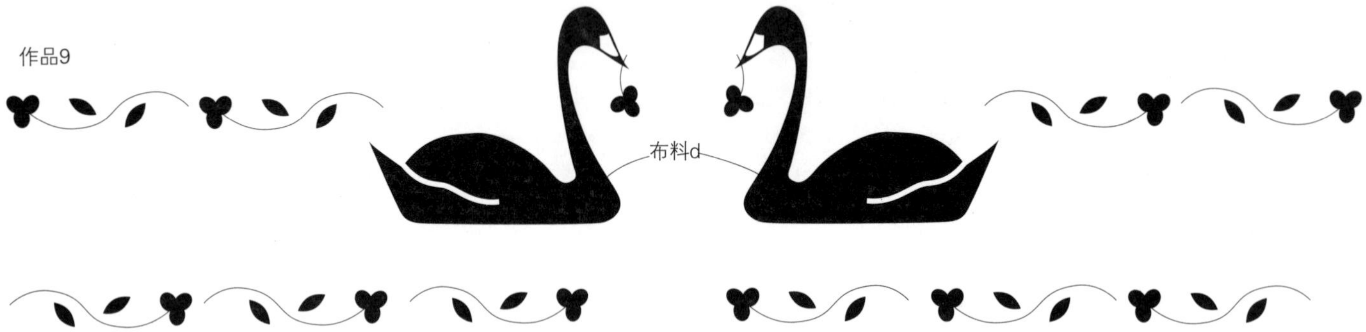

刺绣的方法

回针缝针脚

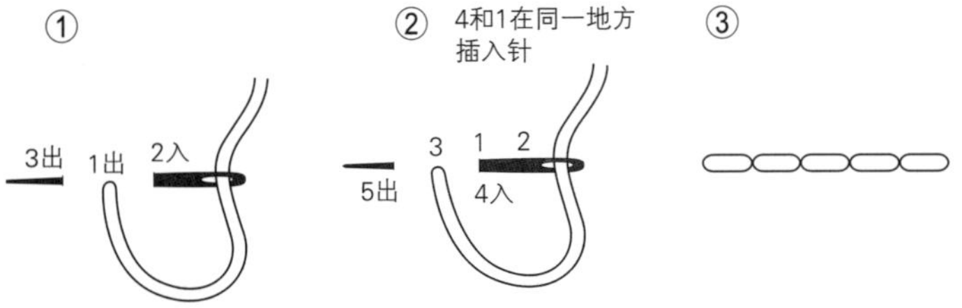

平式花瓣针脚

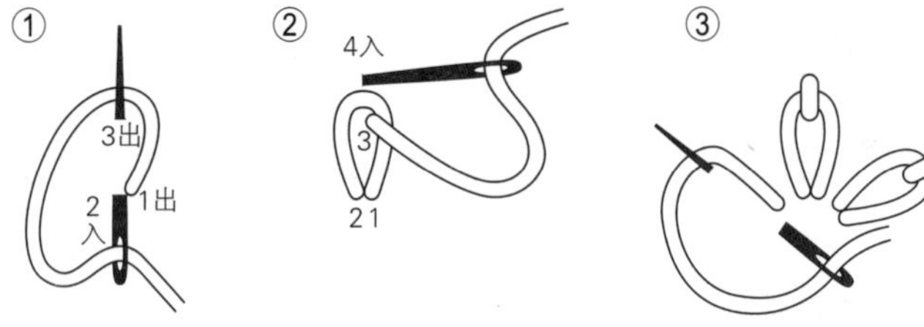

法式结粒针脚

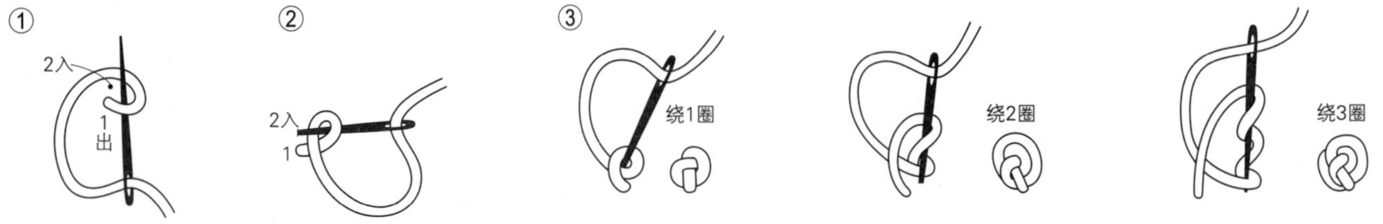

26 page 53 花瓶套

材料

牛奶盒（1000ml）1个
外侧布料（羊羔绒）13cm × 30cm
布料（纯色）10cm × 10cm
花边 25cm
链子 20cm
T形钩（长15mm）1个
圆形钩（直径5mm）2个
珍珠串珠（直径6mm）1颗
标签 1.8cm × 7cm 1张

牛奶盒的裁剪方法

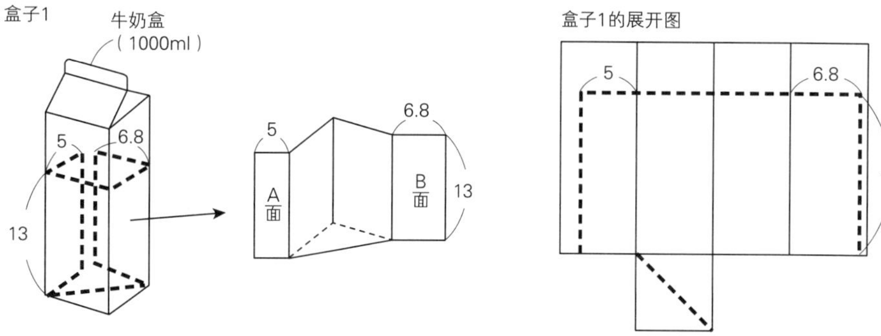

制作方法

①A面与B面重叠粘贴，底面用透明胶粘贴。

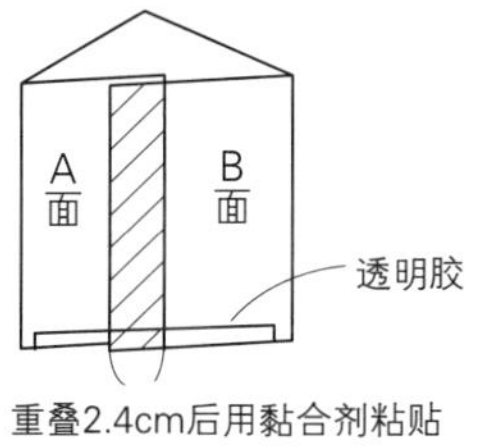

②纯色布料粘贴到底面。

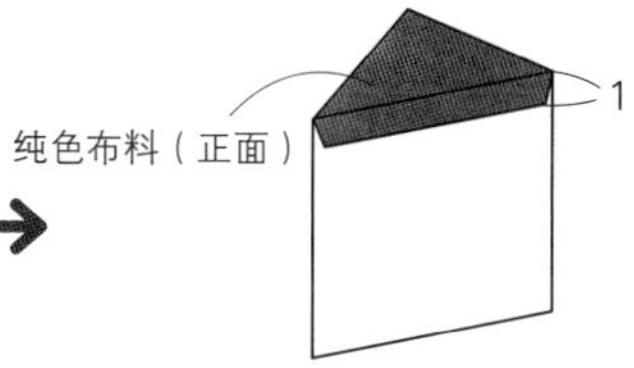

③外侧布料粘贴到侧面。

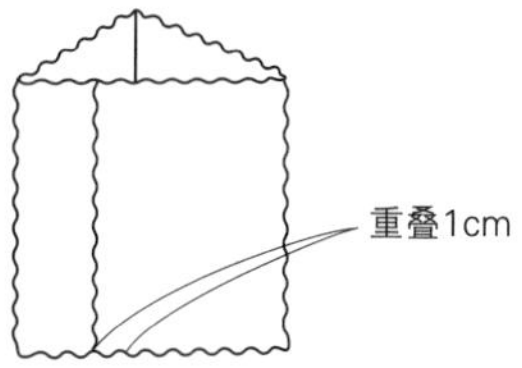

④花边粘贴到内侧。

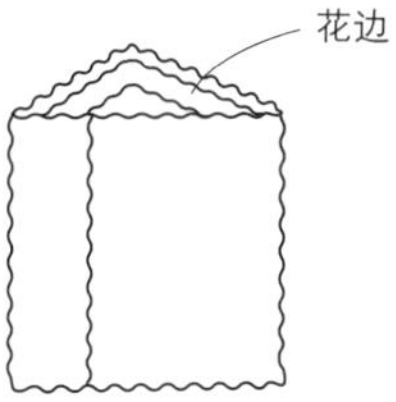

⑤装上链子。

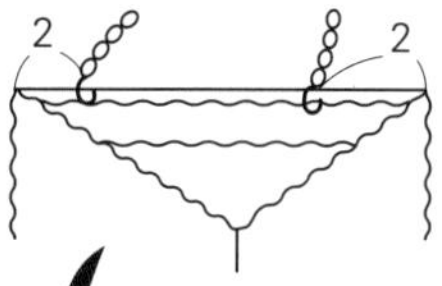

⑥拼接珍珠和标签，完成。

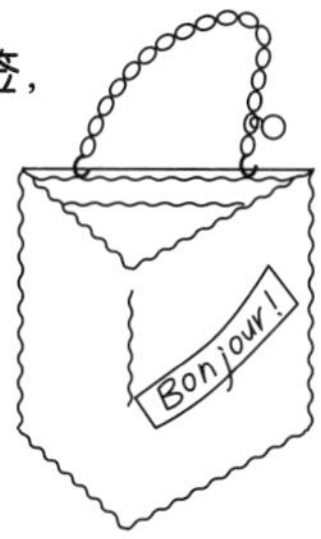

链子的安装方法

①将圆形钩的接缝打开。

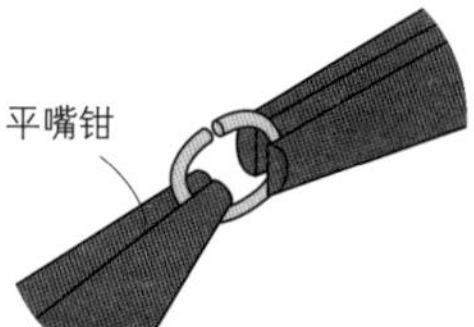

圆形钩的接缝向上，用平嘴钳和圆嘴钳夹住圆环的两侧

左手向内，右手向外，将接缝前后错开

②用锥子在主体上扎出孔，再穿入圆形钩。

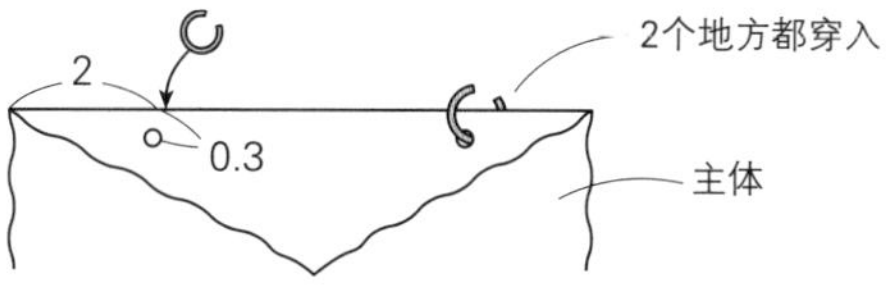

③链子的两端分别穿入圆形钩，然后捏合。

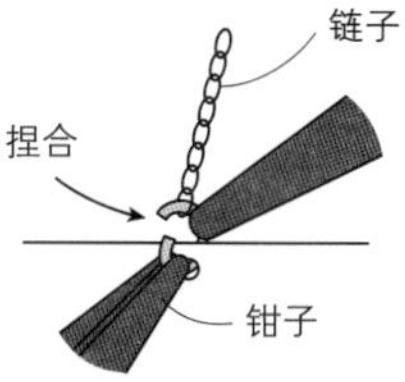

拼接珍珠的方法

①珍珠穿入T形钩中。

②沿珍珠的边缘，用钳子将钩子拧成直角。

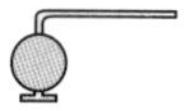

③留出7~8mm后用钳子剪断。

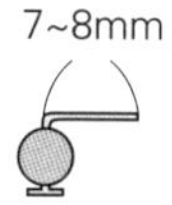

④用圆嘴钳夹住钩子顶端，然后转动手腕，拧出一个弯钩。

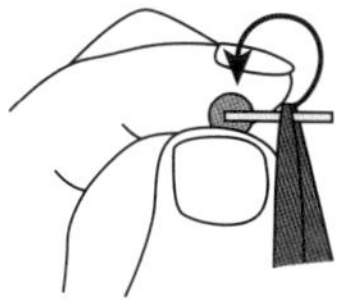

⑤调整弧度，让钩子整体保持垂直。

⑥制作好的弯钩穿过链子，与圆形钩间隔一段距离，然后捏合。

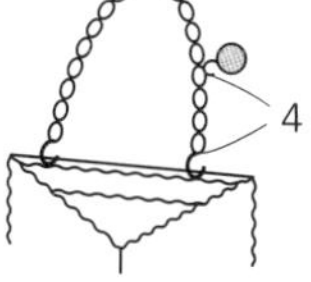

实物大纸样

6 page 10 葡萄色的隔层盒

材料

牛奶盒（1000ml）6个
布料a（方格、粗）35cm×35cm
布料b（方格、细）15cm×15cm
布料c（法兰绒花案）25cm×45cm
布料d（棉质、纯色、紫色）10cm×10cm
布料e（棉质、纯色、淡紫色）20cm×20cm
布料f（棉质、小花、白色×紫色）20cm×35cm
布料g（棉质、小花、粉色）10cm×10cm
布料h（棉质、小花、淡紫色）20cm×20cm

牛奶盒的裁剪方法

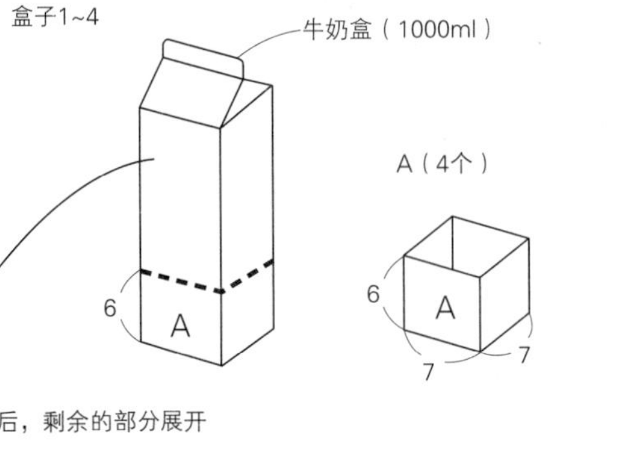

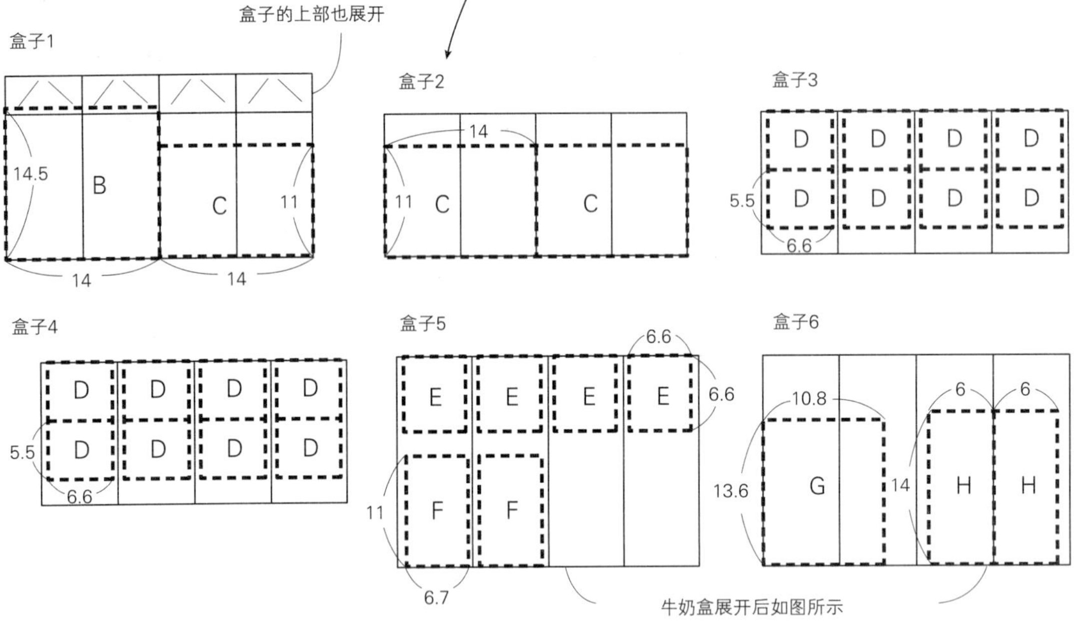

实物大纸样

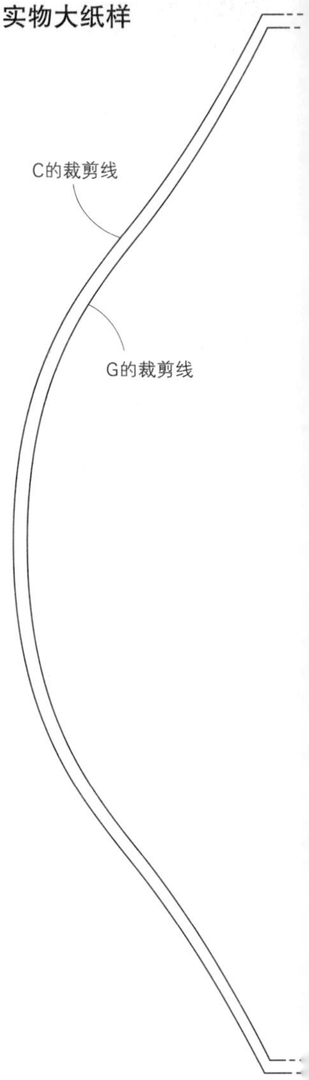

布料的组合图

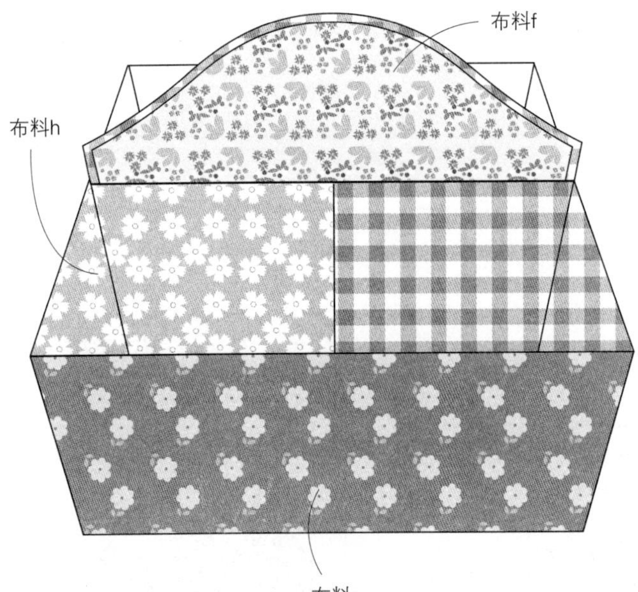

<侧面图>

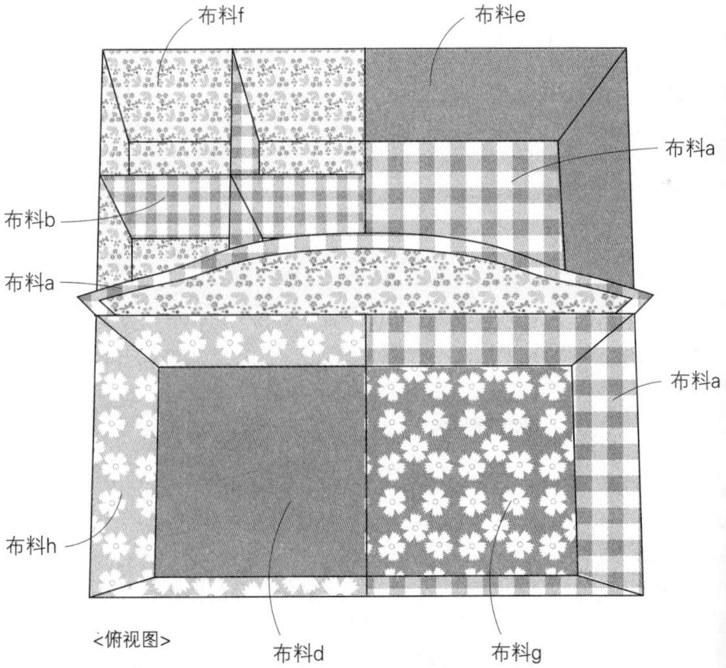

<俯视图>

制作方法

①制作提手。

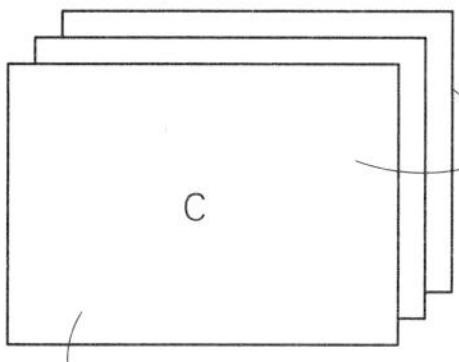

②将C和G的上部与图纸对齐裁剪。

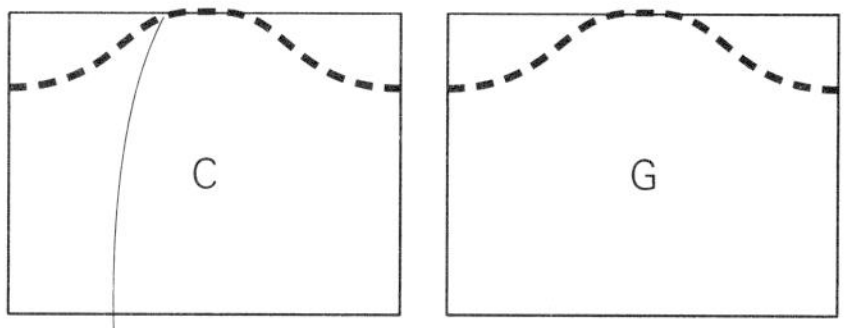

③用布料a粘贴包好C。

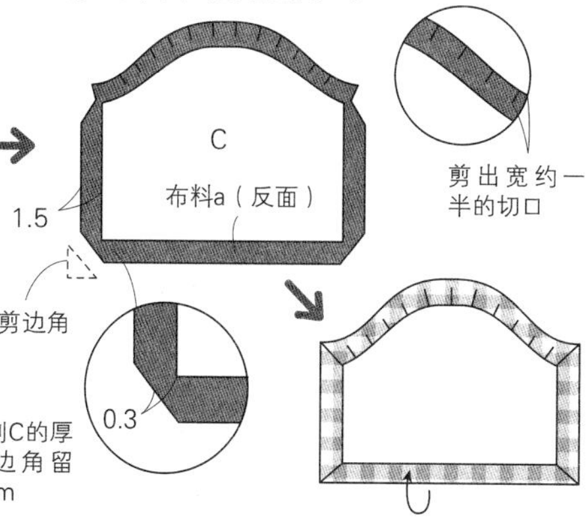

④用布料f粘贴包好G。

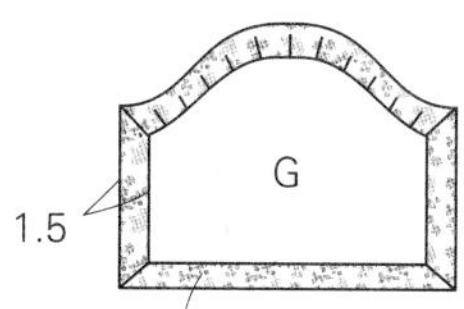

⑤再将G粘贴到C上。

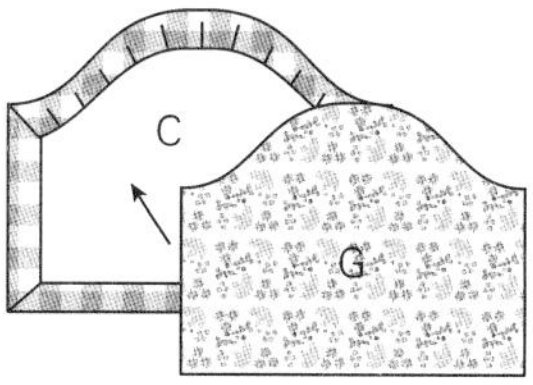

⑥黏合A，制作主体。

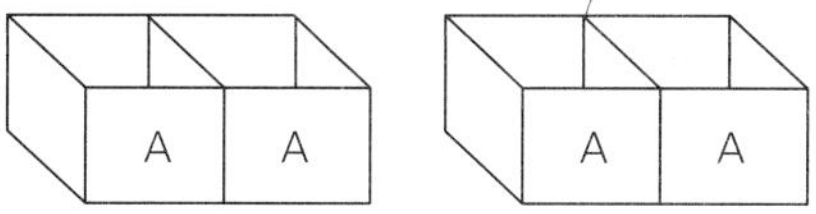

⑦将H黏合到主体正面。

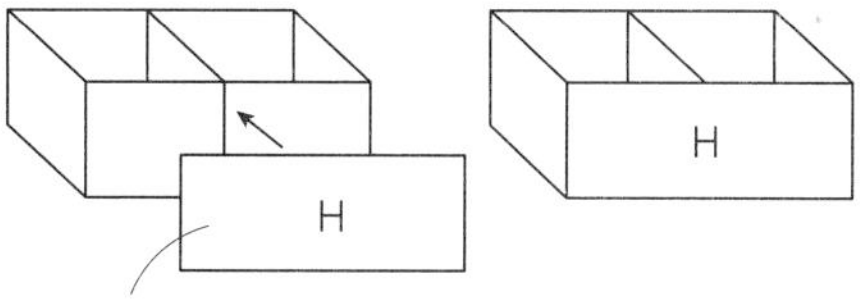

⑧布料c粘贴到主体侧面。

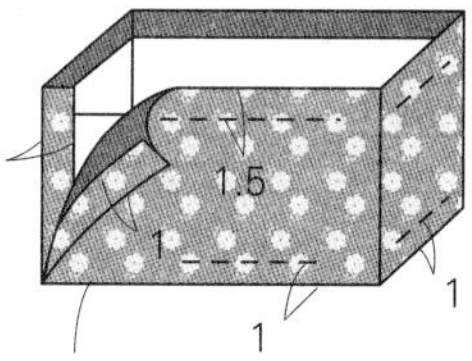

⑨折叠开口处。

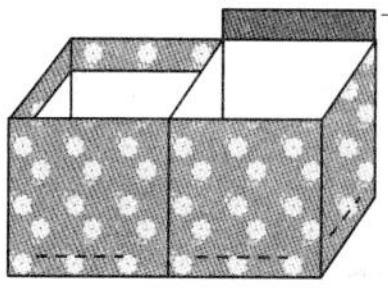

⑩折叠底面。

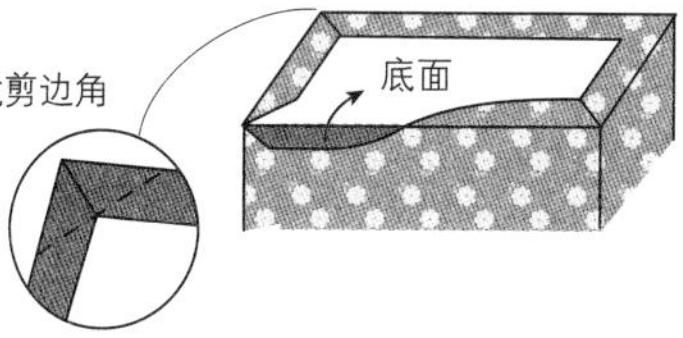

⑪布料c贴到隔层上。

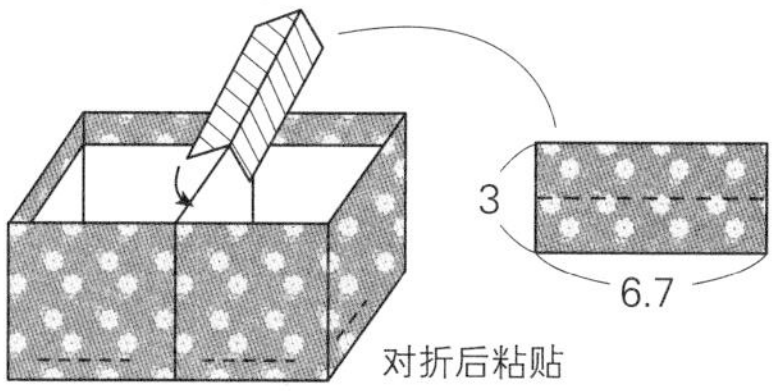

⑫提手拼接到主体上。

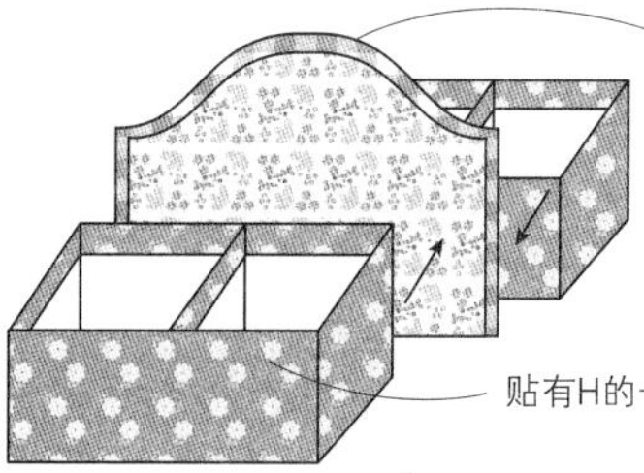

⑬制作主体的内侧。

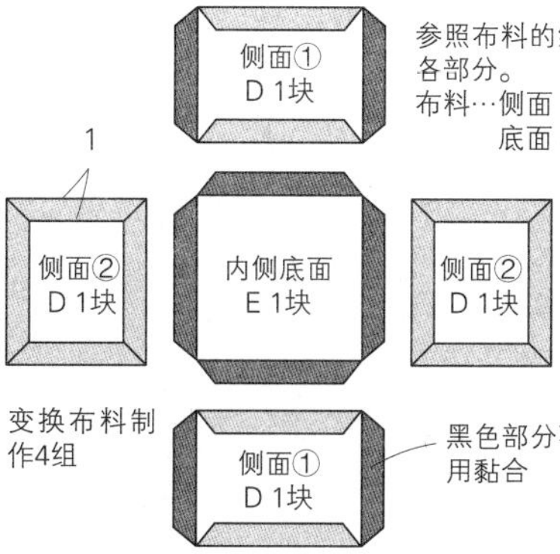

参照布料的组合图，将布料粘贴到各部分。
布料…侧面 a、e、f、h（各4块）
底面 a、d、f、g（各4块）

⑭将内侧底面粘贴到主体。

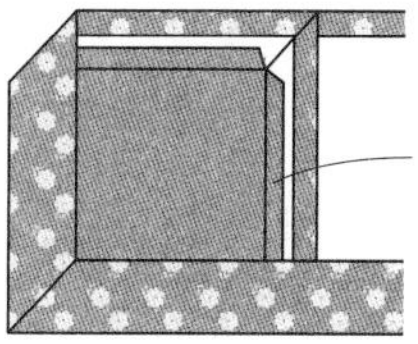

⑮将内侧侧面粘贴到主体。

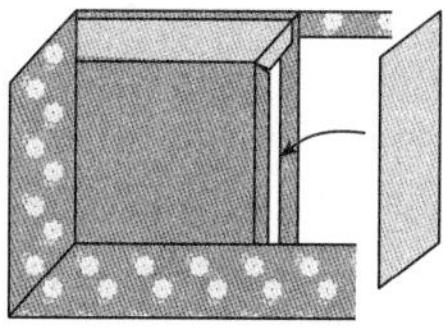

⑯对折F，黏合。

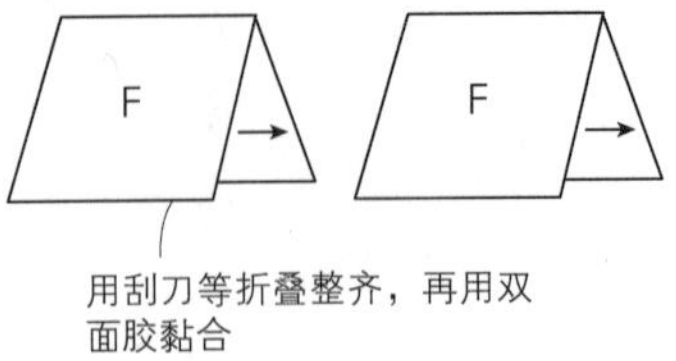

⑰布料b粘贴到F上，然后沿F裁剪。

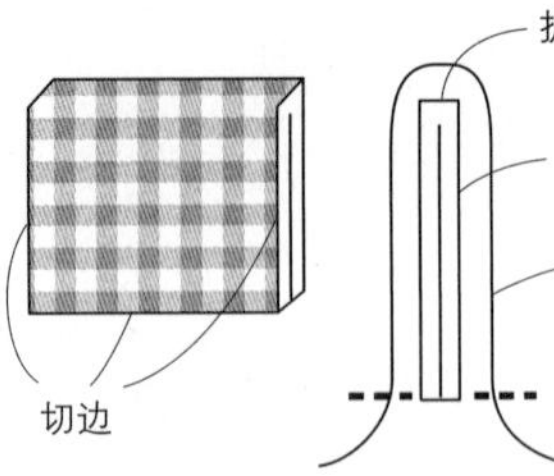

⑱在F上剪出切口。

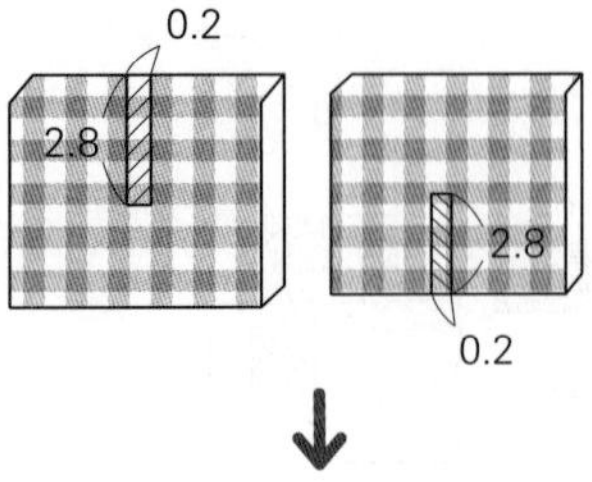

⑲2块F组合后，粘贴到主体上。

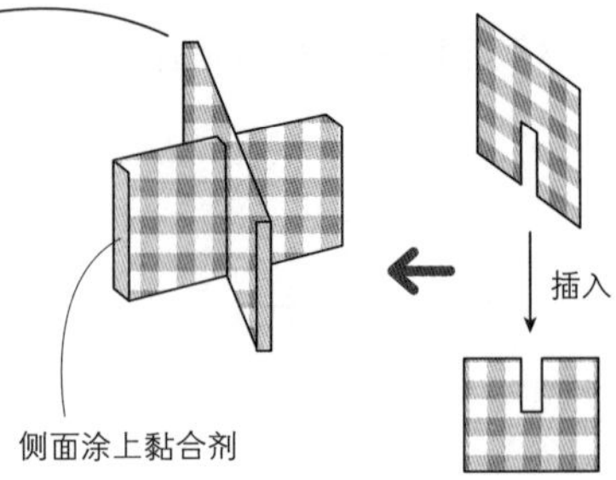

⑳制作外侧底面，粘贴到主体上。

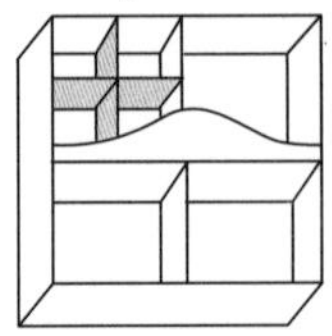

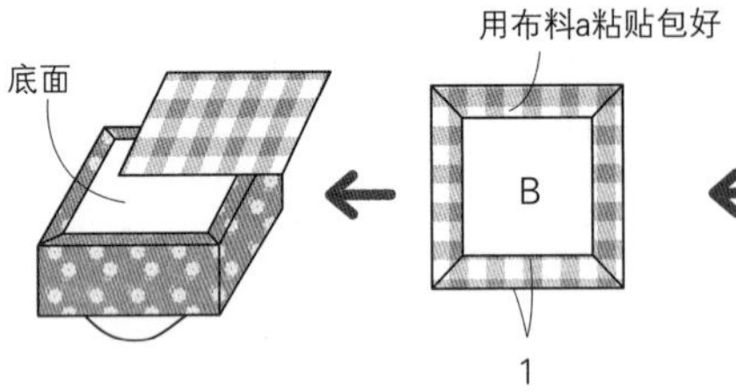

完成。

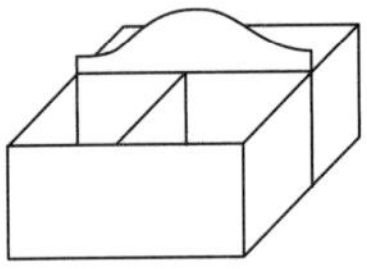

6 page 11 带盖的小布盒

材料

牛奶盒（1000ml）2个
外侧布料（亚麻纯色）20cm×30cm
内侧布料（棉质印花）20cm×40cm
铺棉芯（特厚）7cm×7cm
包口（1.3cm）1个
绳带（粉色）7cm
铁丝 5cm

牛奶盒的裁剪方法

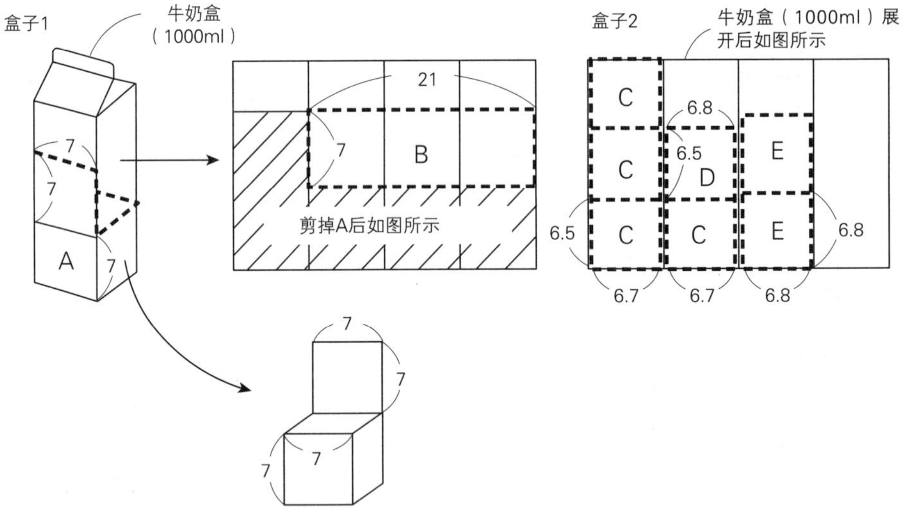

制作方法

①剪掉A的盒盖部分。

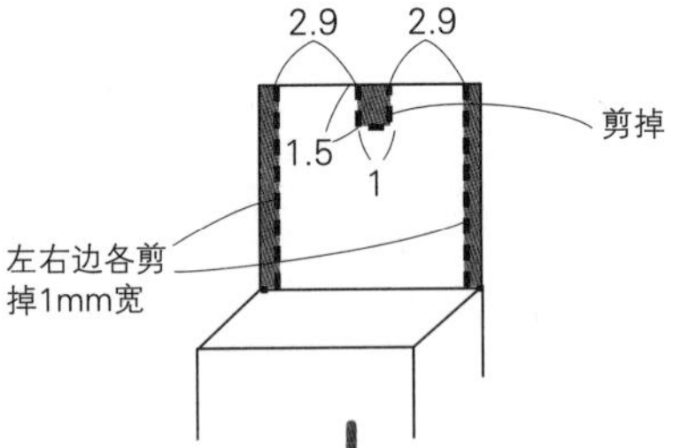

②A的周围贴上外侧布料。

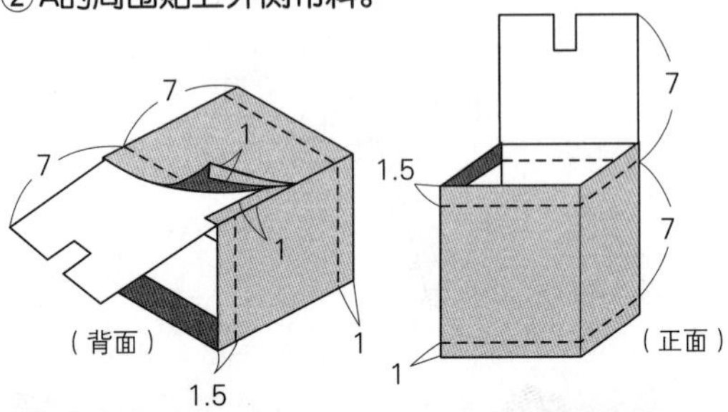

③开口处折叠。

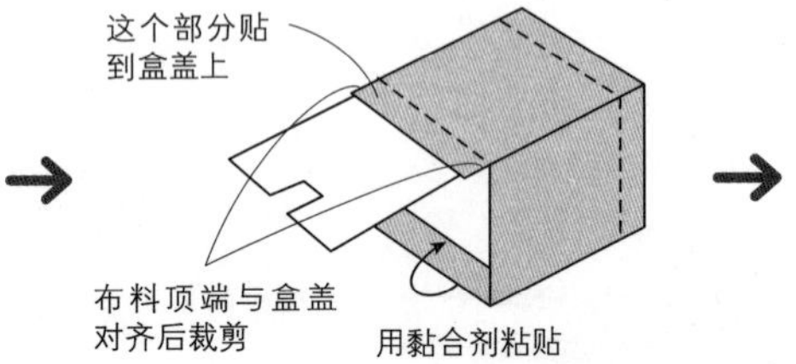

④折叠底面。

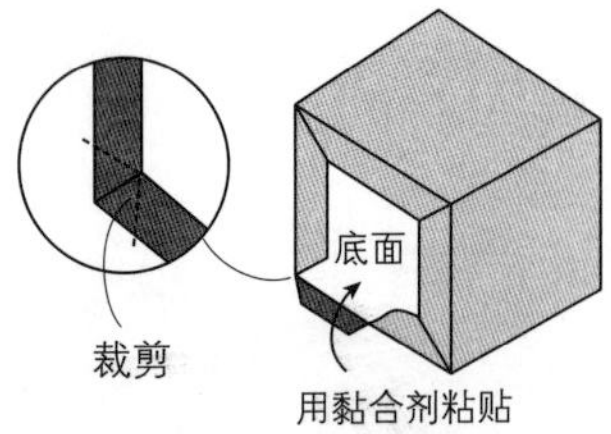

⑤盒盖底部用刮刀等划出印痕，然后再贴上外侧布料。

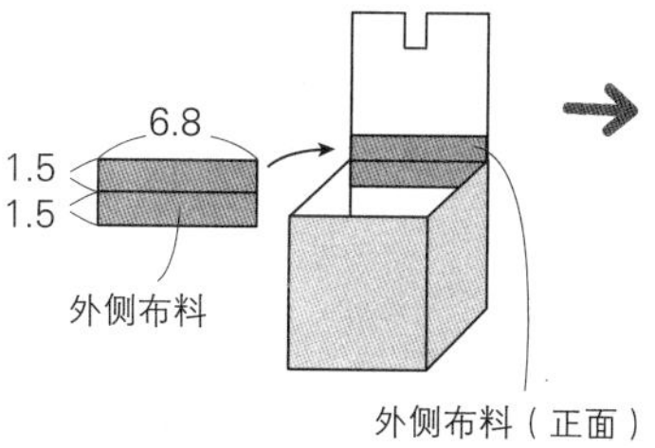

⑥在正面的侧面凿出小孔。

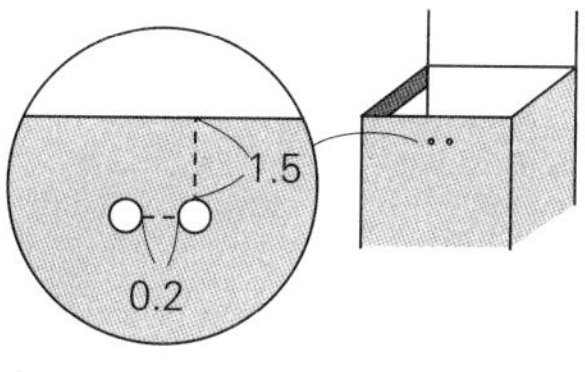

⑦缝上包扣。

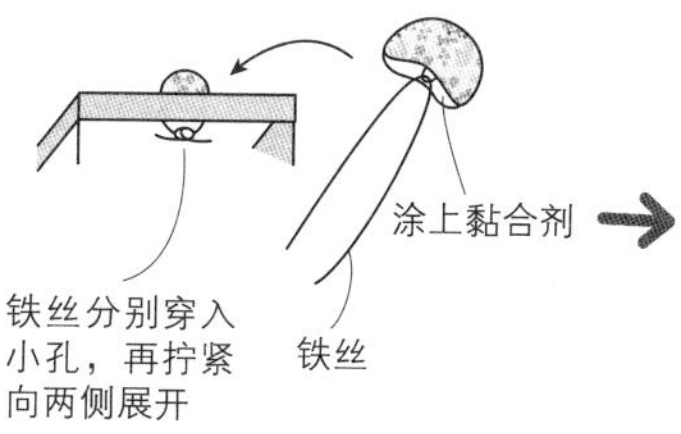

⑧制作外侧底面。

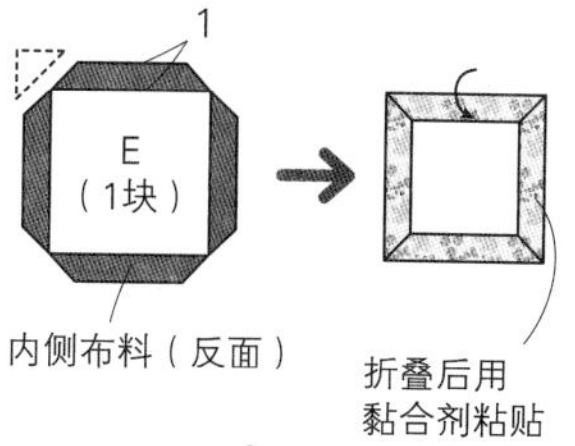

⑨将外侧底面贴到主体上。

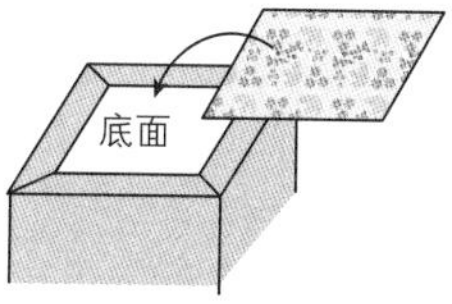

⑩制作主体内侧。

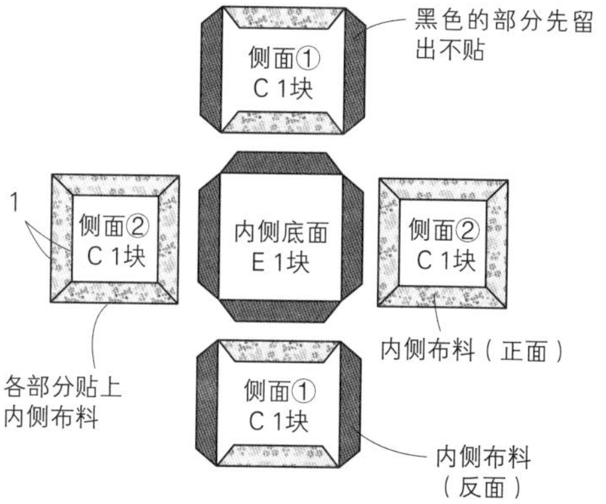

⑪内侧底面粘贴到主体上。

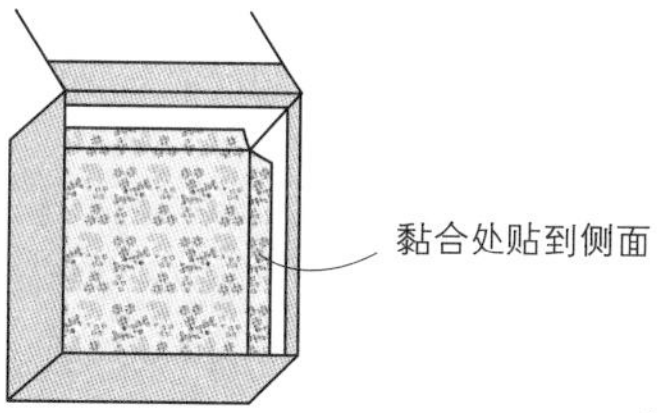

⑫内侧粘贴到主体上。

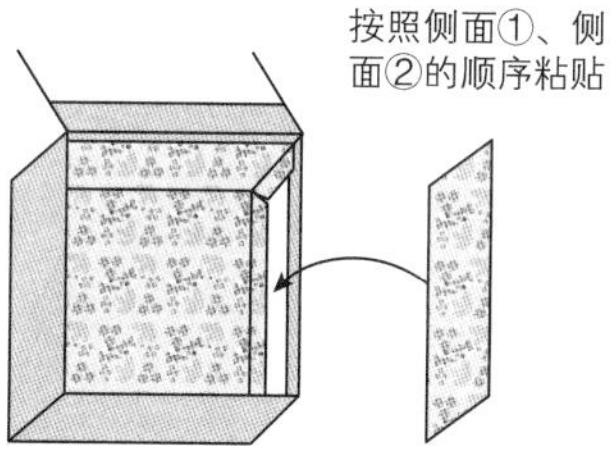

⑬制作盒盖内侧，粘贴。

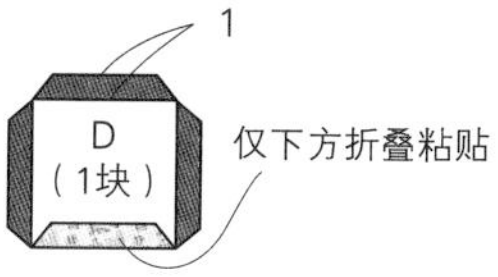

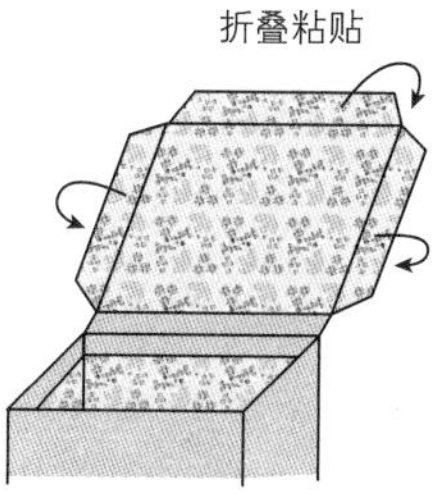

⑭盒盖上凹陷的部分拼接绳带。

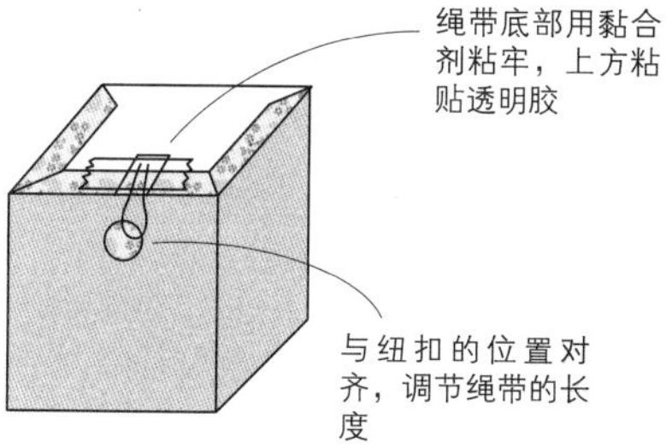

⑮折叠B，将它粘贴成1块底板。

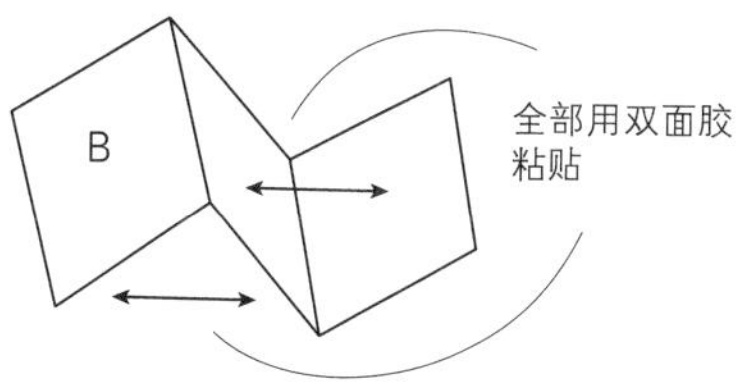

⑯B的边缘贴上双面胶，之后再放上铺棉芯。

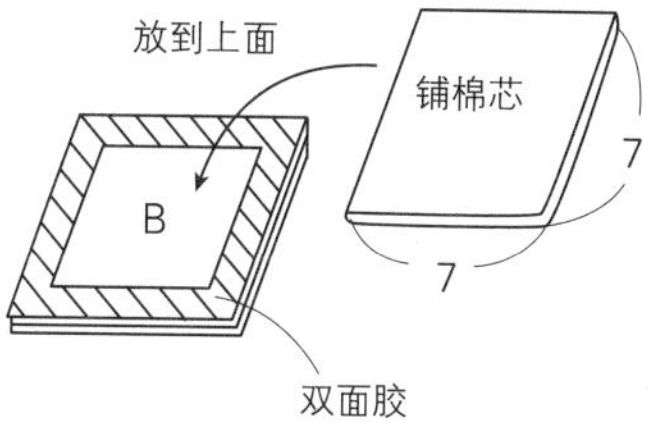

⑰用外侧布料包裹B。

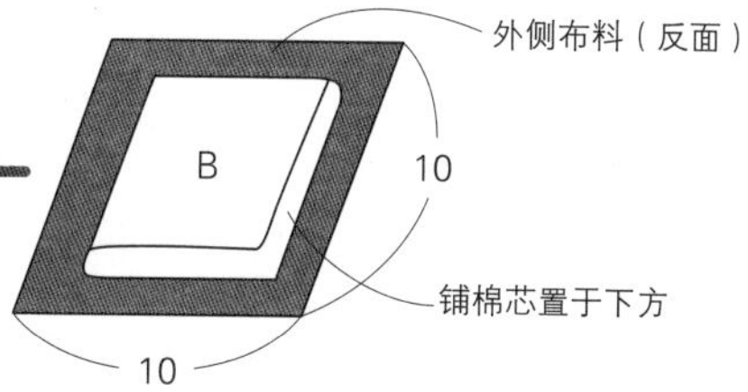

⑱将步骤⑰中制成的外侧盒盖粘贴到主体上，完成。

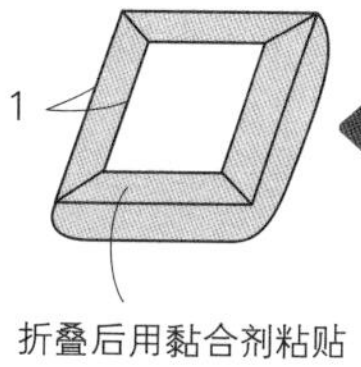

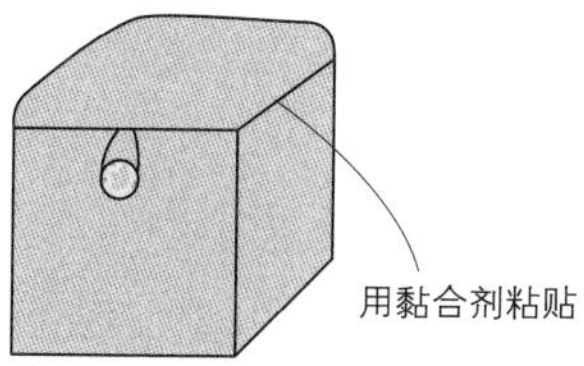

7 page 12 文具托盘

材料

牛奶盒（1000ml）6个
布料a（亚麻纯色）20cm×90cm
布料b（棉质花案）20cm×40cm
布料c（棉质花案）10cm×25cm
布料d（棉质方格、粗）10cm×10cm
布料e（棉质方格、细）10cm×20cm

牛奶盒的裁剪方法

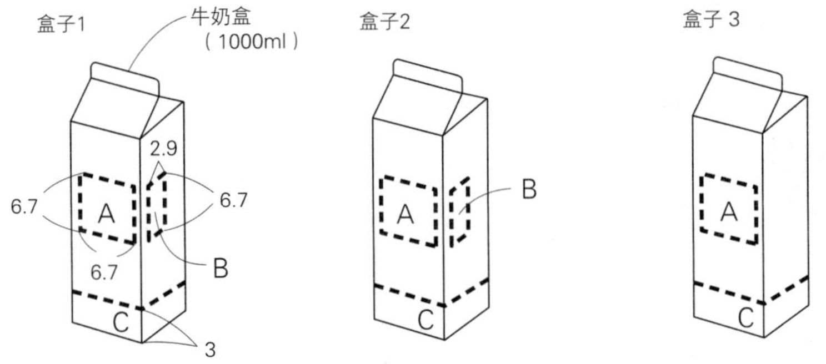

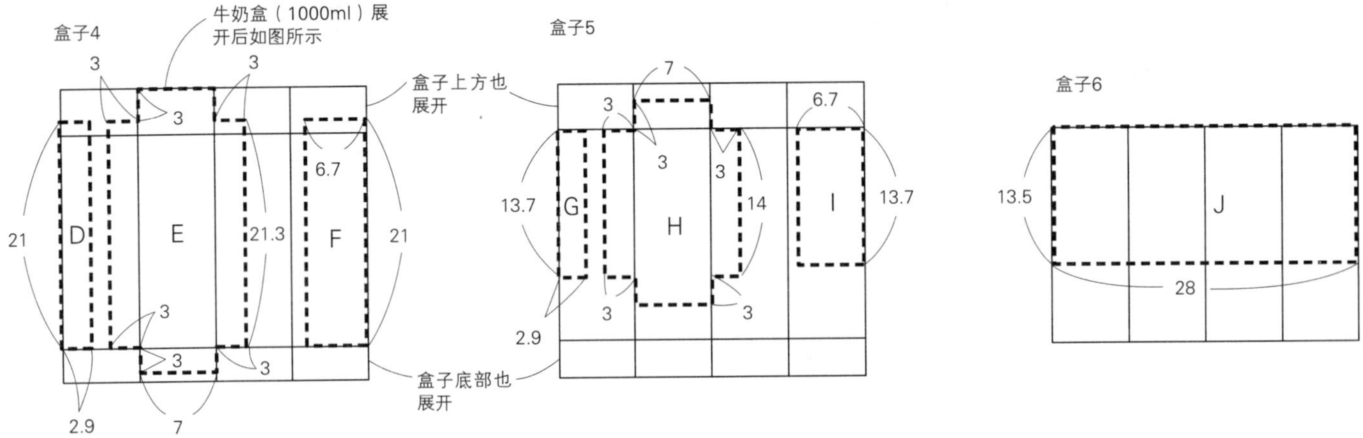

制作方法

①E、H的侧面立起后组成盒子。

②粘贴C、E、H，制作主体。

③主体的侧面用透明胶贴一周。

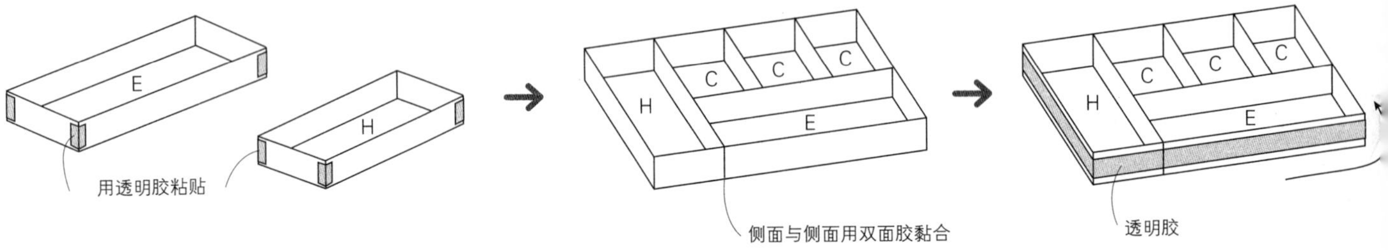

④制作隔层的各部分。

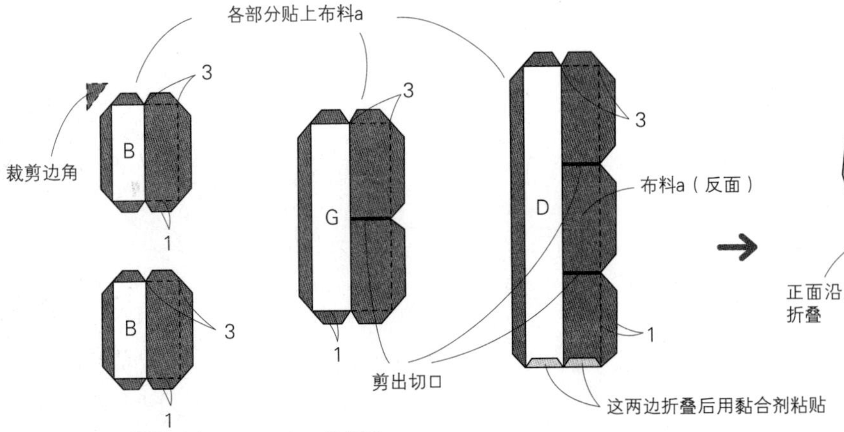

※ 布料a留出8.5cm×90cm后使用

⑤将隔层B粘贴到主体。

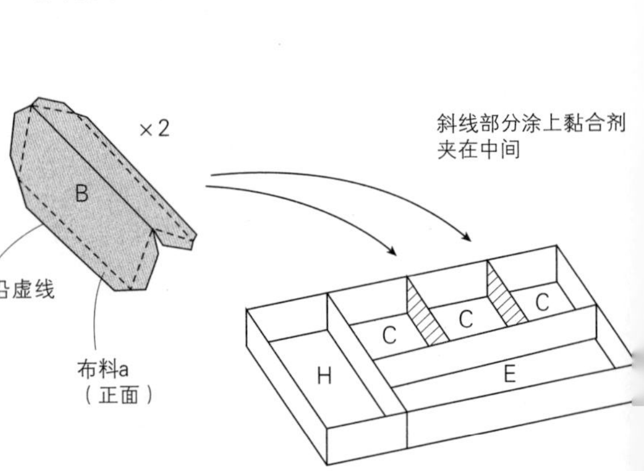

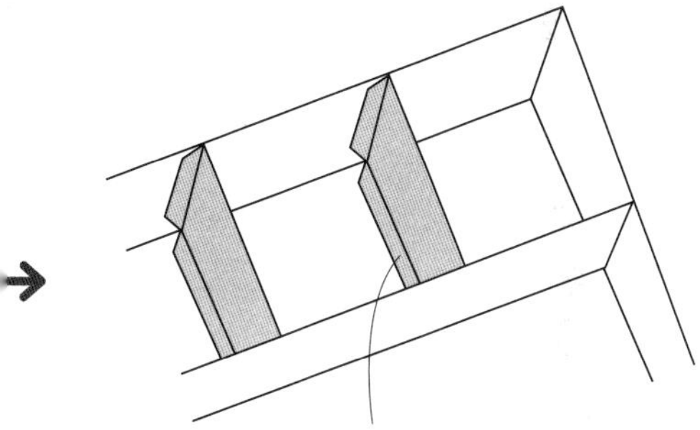

⑥用同样的方法，将隔层G、隔层D按顺序粘贴到主体上。

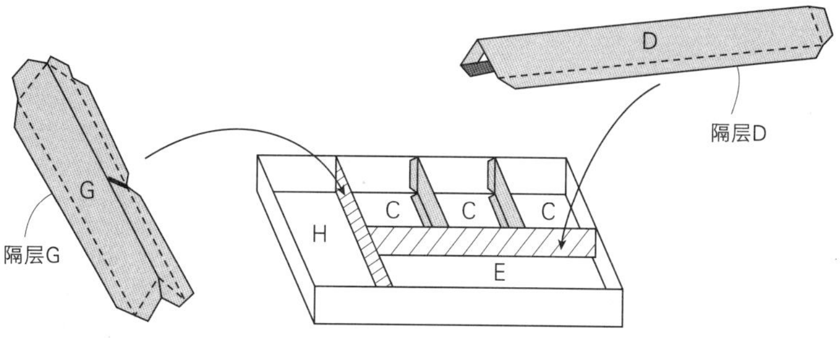

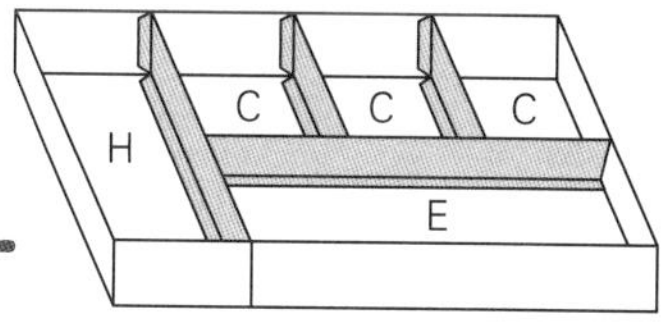

⑦将布料a粘贴到主体侧面。

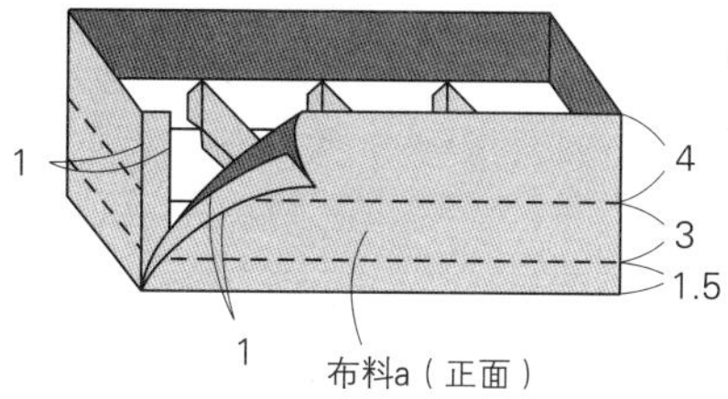

⑧折叠开口处。

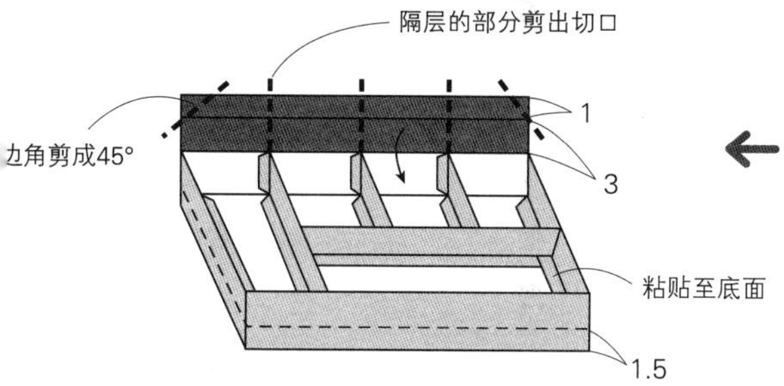

⑨折叠底面。

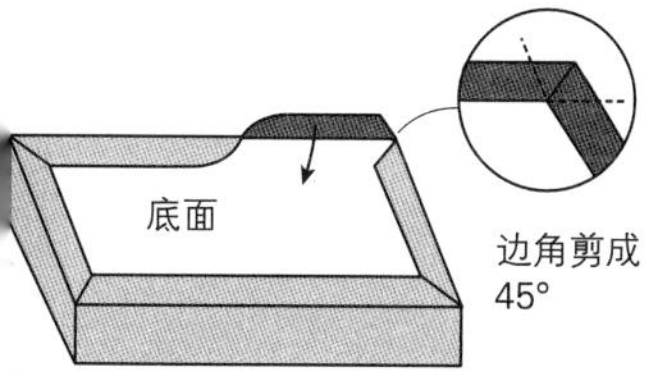

⑩制作内侧底面。

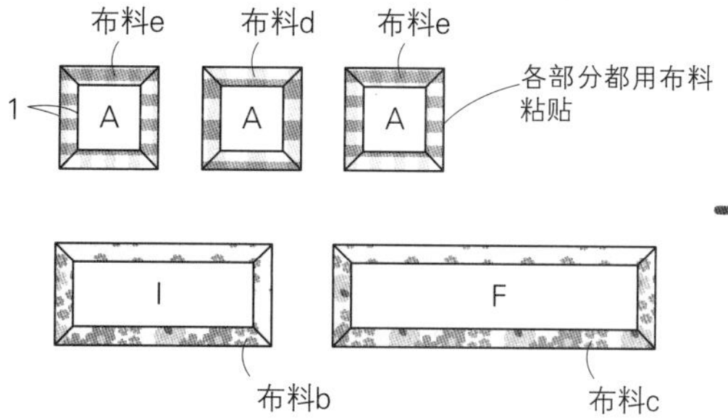

⑪将内侧底面粘贴到主体。

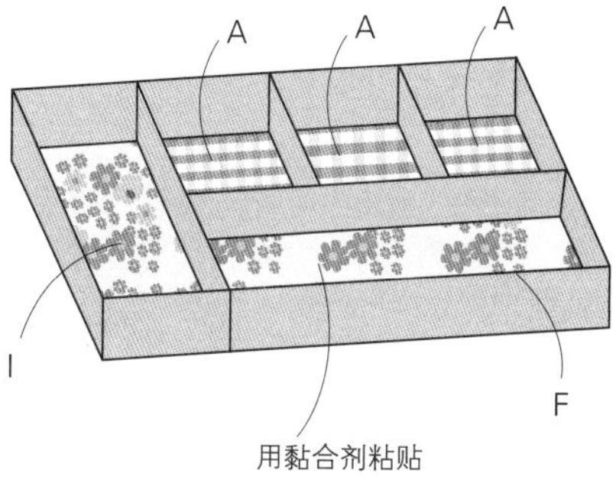

⑫制作外侧底面。

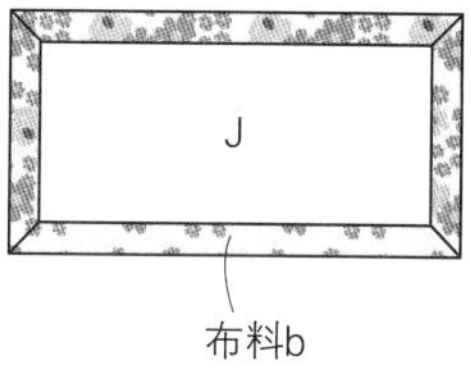

⑬将外侧底面粘贴到主体上。

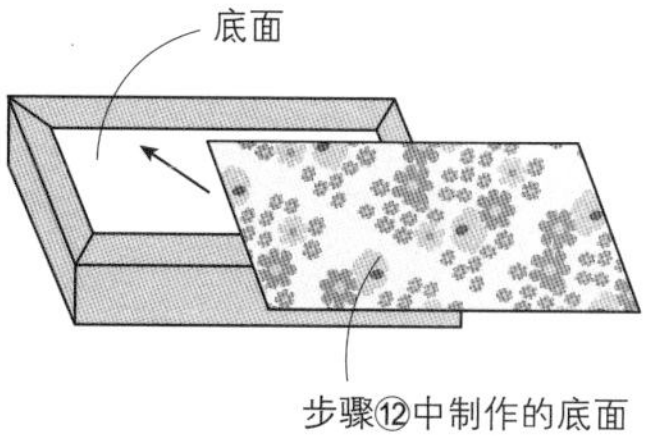

完成。

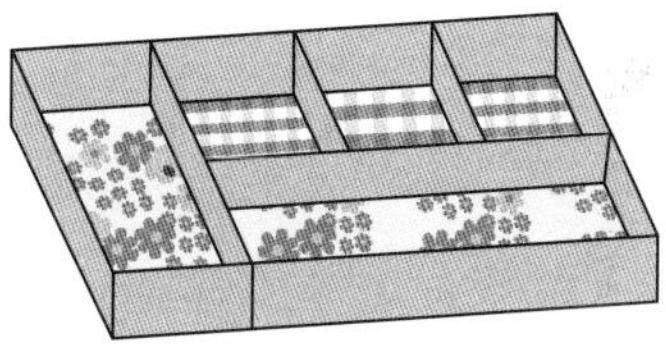

9 page 17 笔架

材料

- 牛奶盒（1000ml）5个
- 外侧布料（亚麻纯色）30cm×60cm
- 内侧布料（棉质印花）40cm×60cm
- 毛毡（焦茶色）4cm×5cm
- 厚纸 3cm×4cm

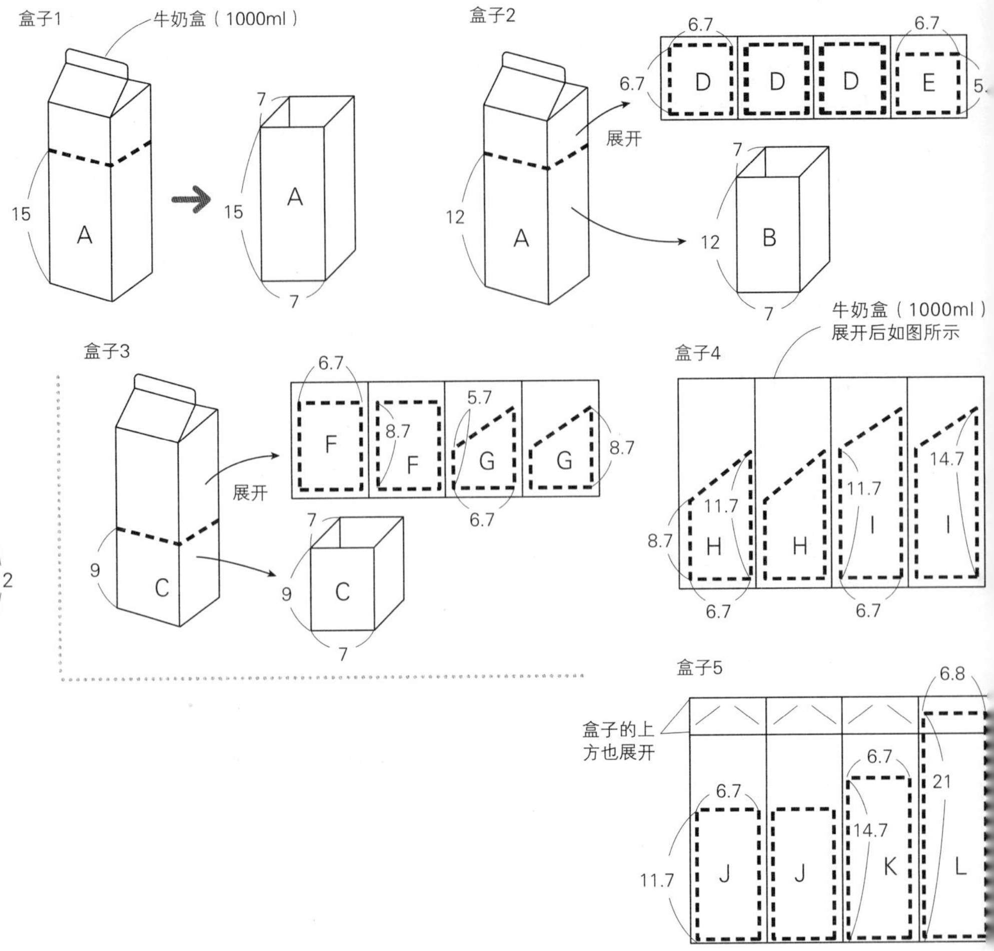

制作方法

①裁剪A、B、C。

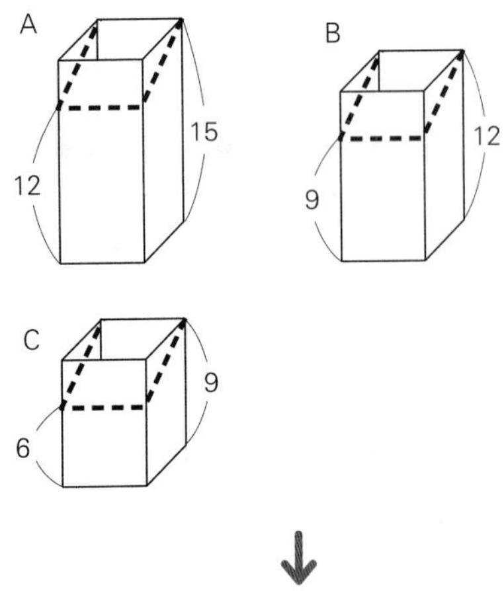

②黏合A、B、C，制作主体。

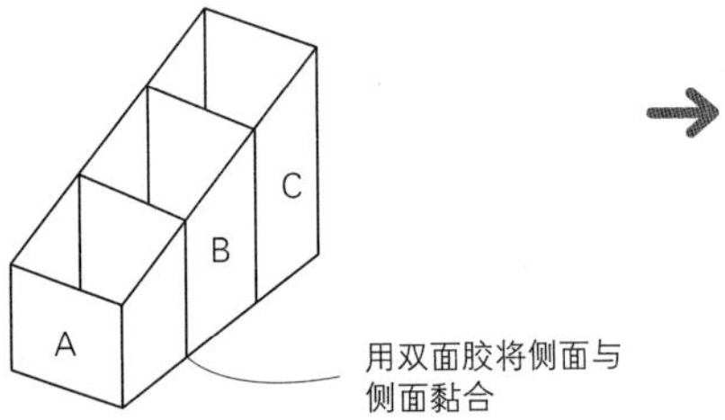

③主体侧面贴上外侧布料。

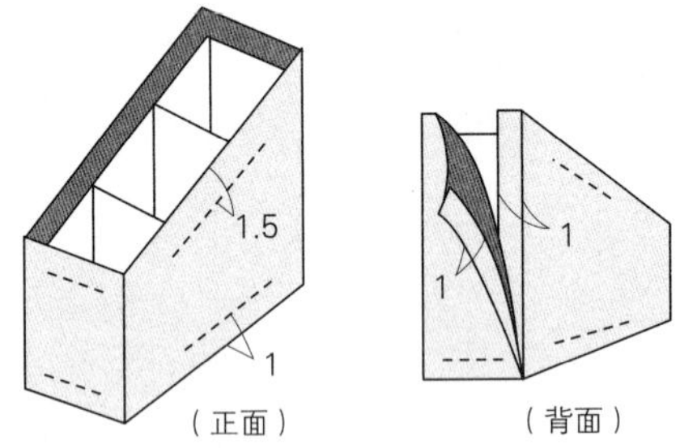

④折叠开口处。

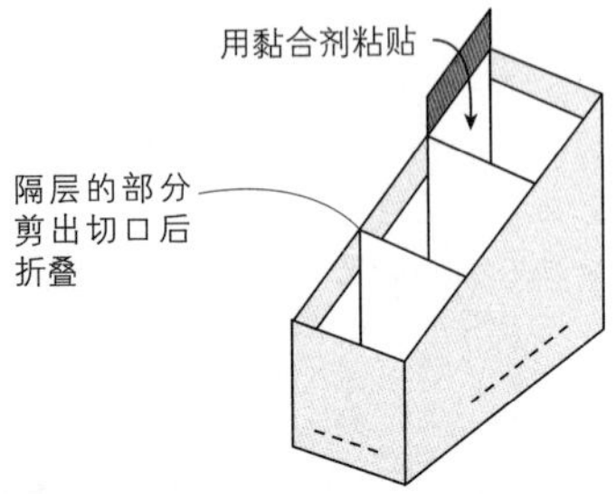

⑤折叠底面。

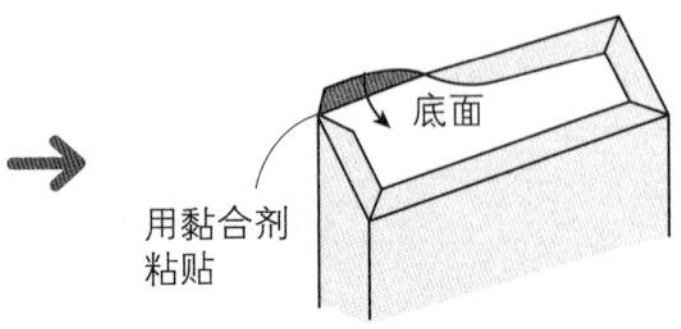

⑥制作外侧底面。

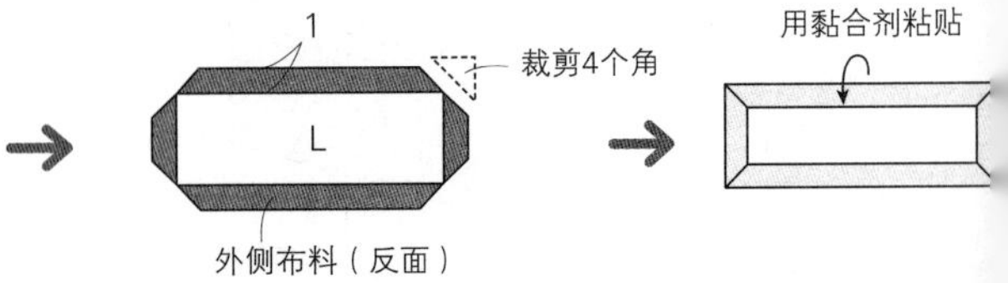

⑦ 将外侧底面粘贴到主体。

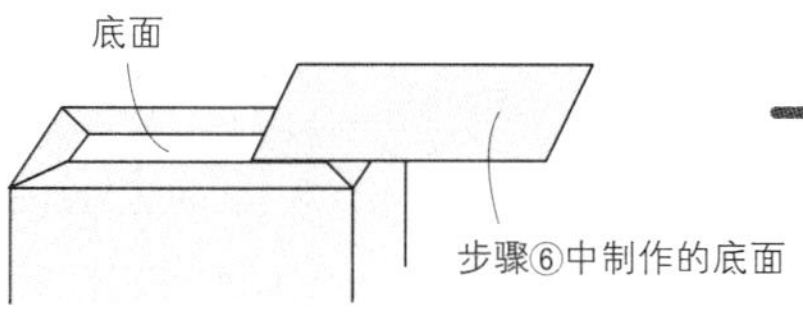

⑧ 隔层贴上内侧布料。

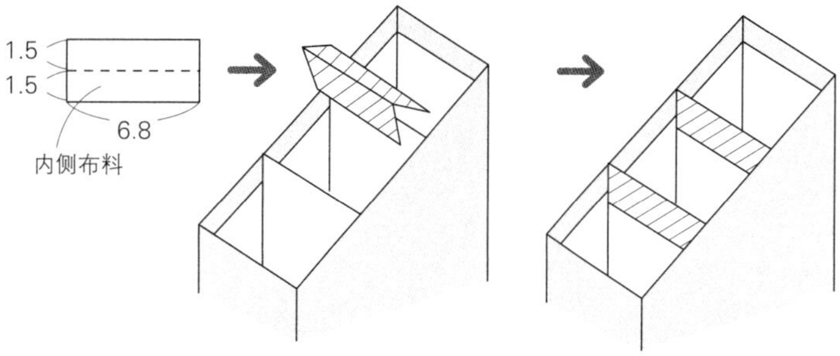

⑨ 制作主体的内侧底面。

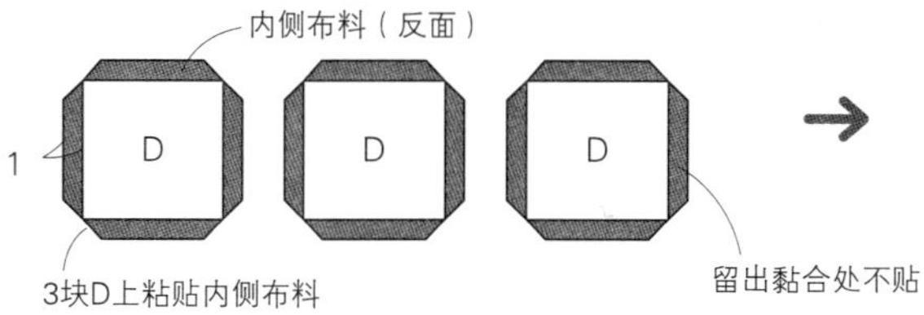

⑩ 粘贴主体内侧底面。

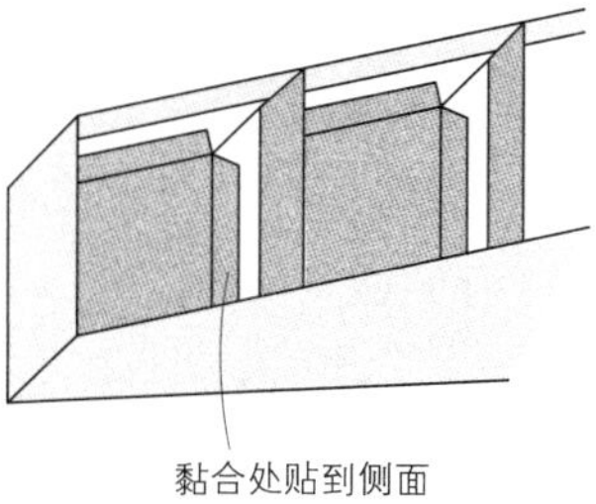

⑪ 制作主体内侧中央部分的侧面。

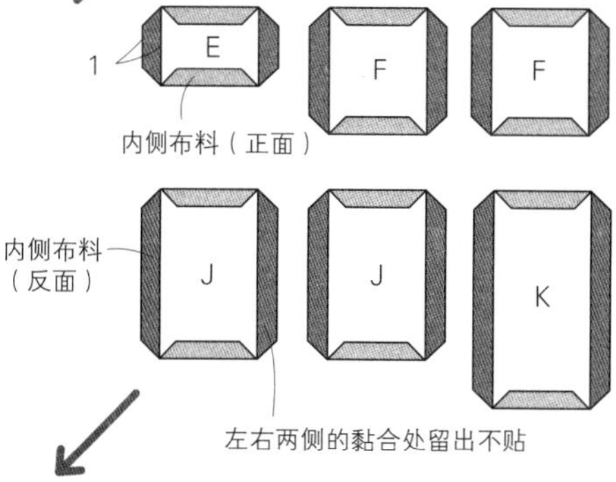

⑫ 中央侧面粘贴到主体的内侧。

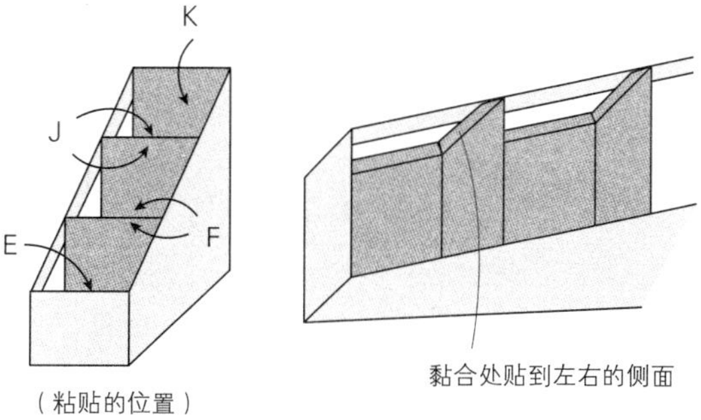

⑬ 制作主体内侧的左右侧面。

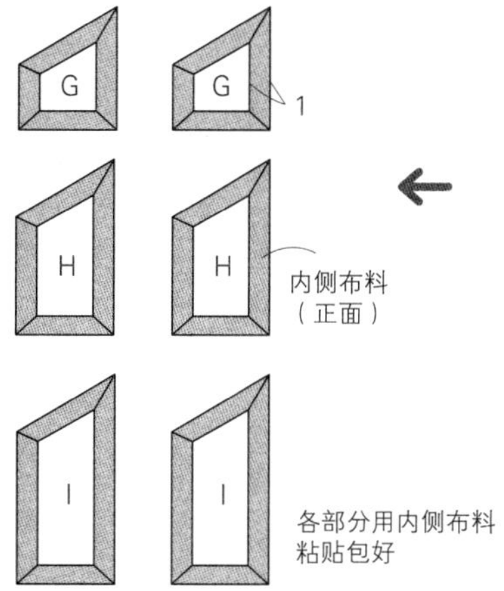

⑭ 左右侧面粘贴到主体内侧。

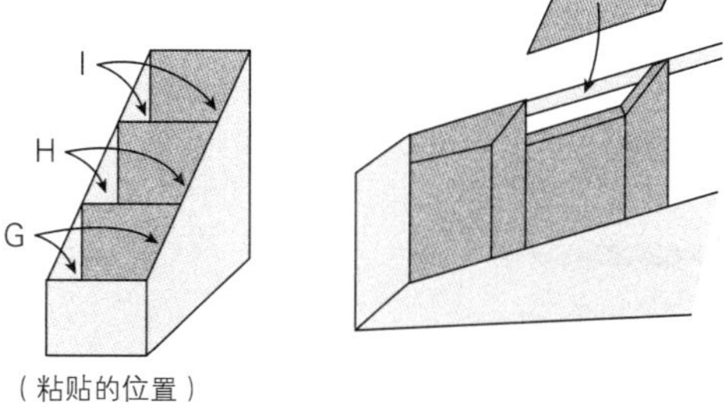

⑮ 用毛毡制作标签袋，粘贴到主体正面。

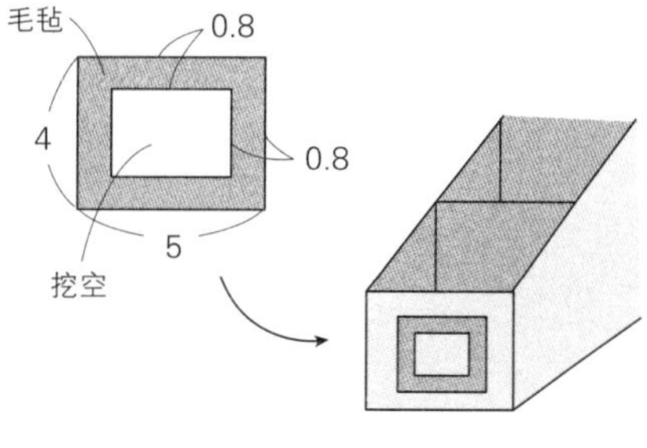

⑯ 放入厚纸剪成的标签，完成。

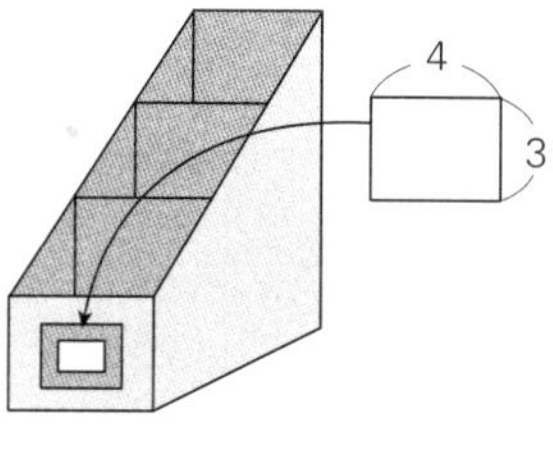

8 page 14、15 小画框

材料

牛奶盒（1000ml） 1个
外侧布料（亚麻纯色）20cm×15cm
内侧布料（棉质印花）10cm×15cm
缎纹丝带（宽3mm） 10cm
喜欢的花案 1个
作品14…丝带（宽4mm） 18cm
作品15…花边（宽9mm） 18cm

制作方法

①用布料将A、B、C的各部分包好。

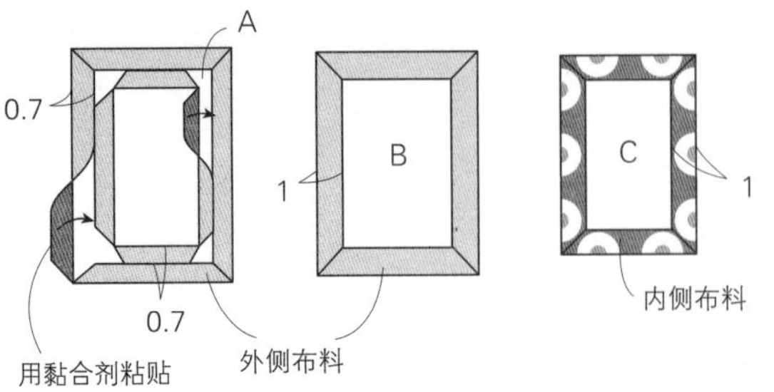

牛奶盒的裁剪方法

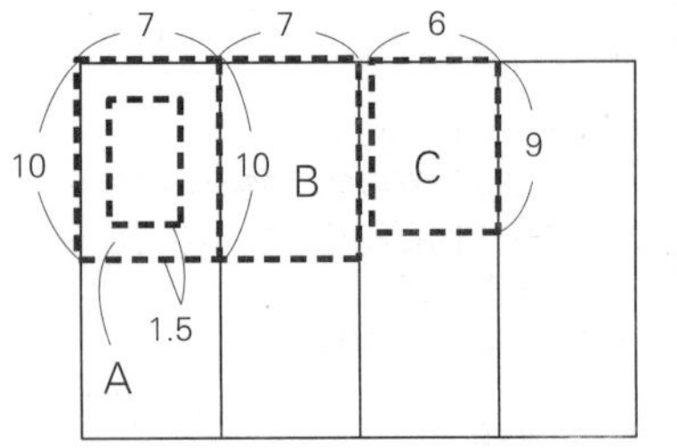

②花边贴到A的表面，然后再粘贴丝带。

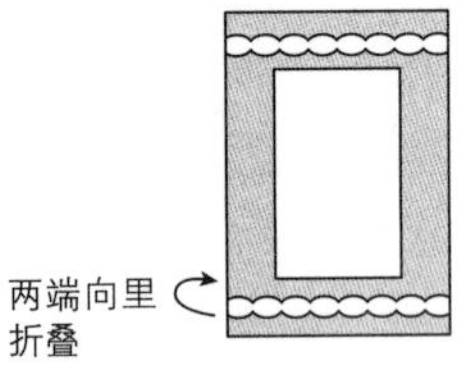

③缎纹丝带插入B中。

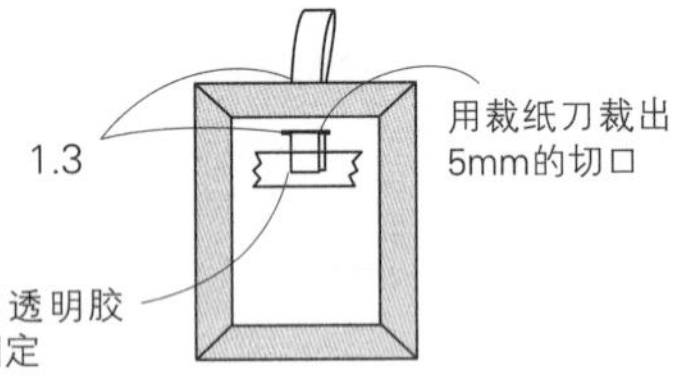

④将C粘贴到B的中心，然后再将A贴到上面。

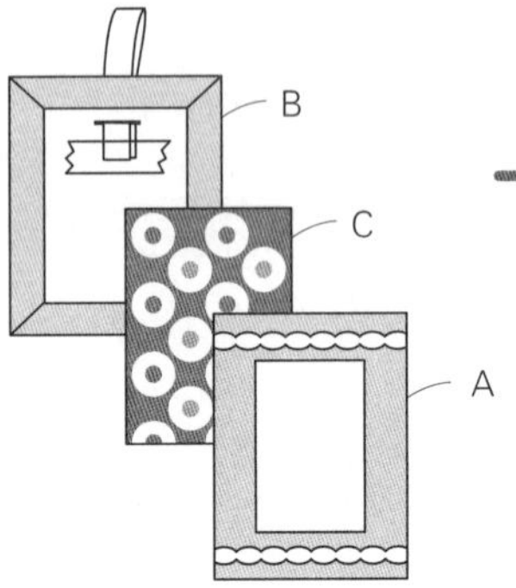

⑤加上自己喜欢的花样，完成。

13 page 23~25 小画框

材料

作品23
牛奶盒（1000ml）2个
外侧布料（棉质印花）20cm×25cm
内侧布料（棉质条纹）15cm×20cm
铺棉芯10cm×20cm
徽章
绳带（粗1mm）8cm

作品 24、25
牛奶盒（1000ml） 1个
外侧布料（棉质印花）11cm×22cm
内侧布料（亚麻纯色）11cm×11cm
铺棉芯 9cm×9cm
徽章
绳带（粗1mm）8cm

牛奶盒的裁剪方法

作品23 另外1个牛奶盒也按同样的方法裁剪

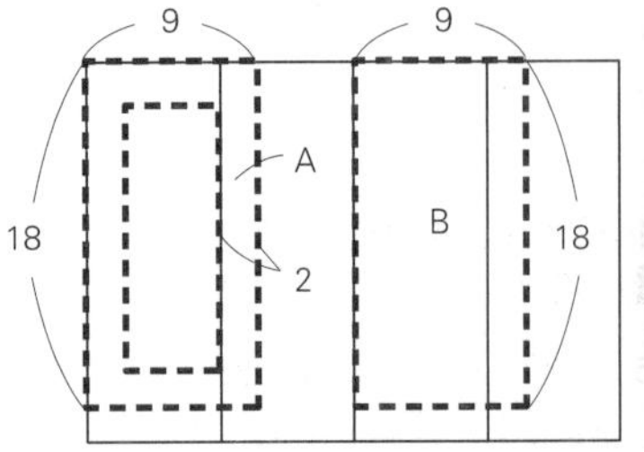

制作方法

①2块A用双面胶黏合。

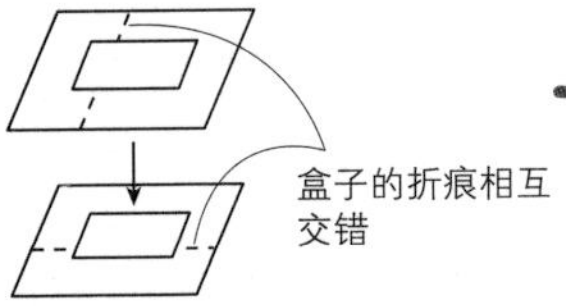

②用外侧布料将粘贴好的2块A和铺棉芯包好。

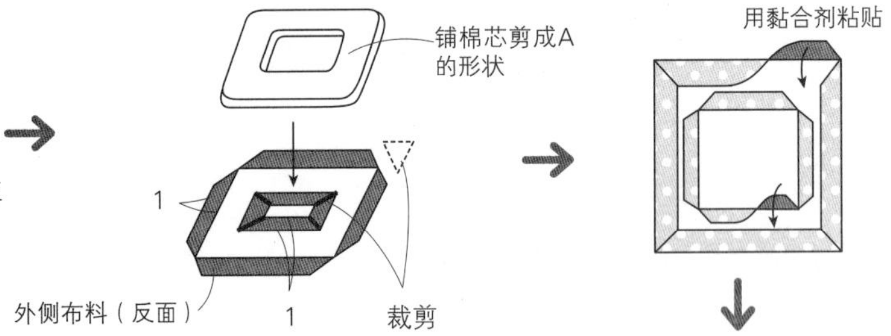

③2块B分别用布料粘贴包好，制作基底和内侧板。

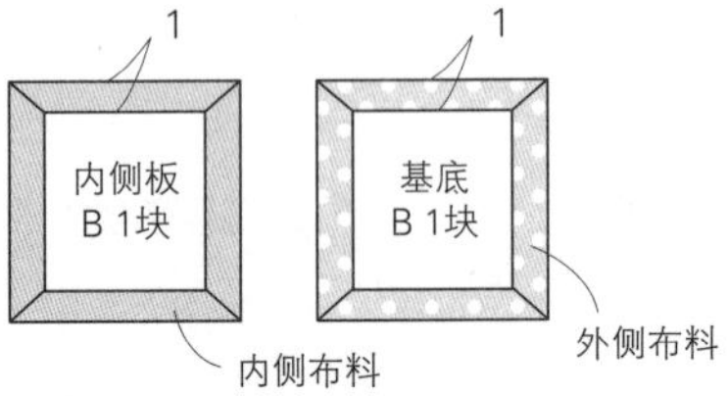

④绳带拼接到基底上，然后按照基底→内侧板→A的顺序黏合。

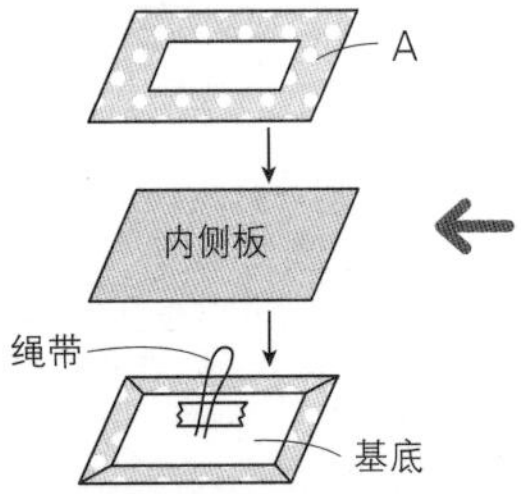

⑤徽章粘贴到内侧板上，完成。

作品24、25

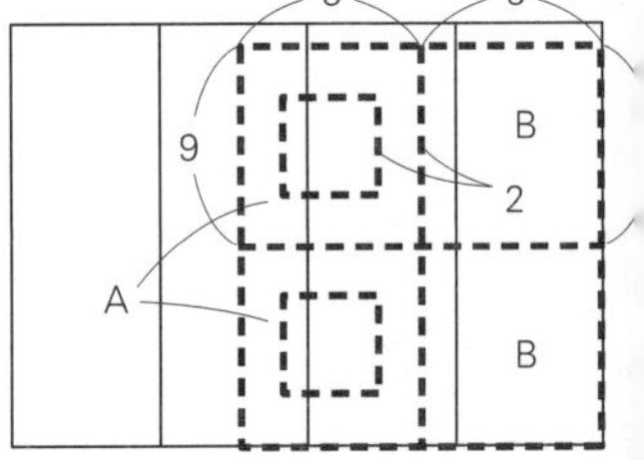

9 page 16 航空信件般的布盒

材料

牛奶盒（1000ml）4个
外侧布料（亚麻纯色）65cm×30cm
内侧布料（棉质印花）30cm×30cm
饰物（邮票、印章等）
丝带（宽4mm）105cm

牛奶盒的裁剪方法

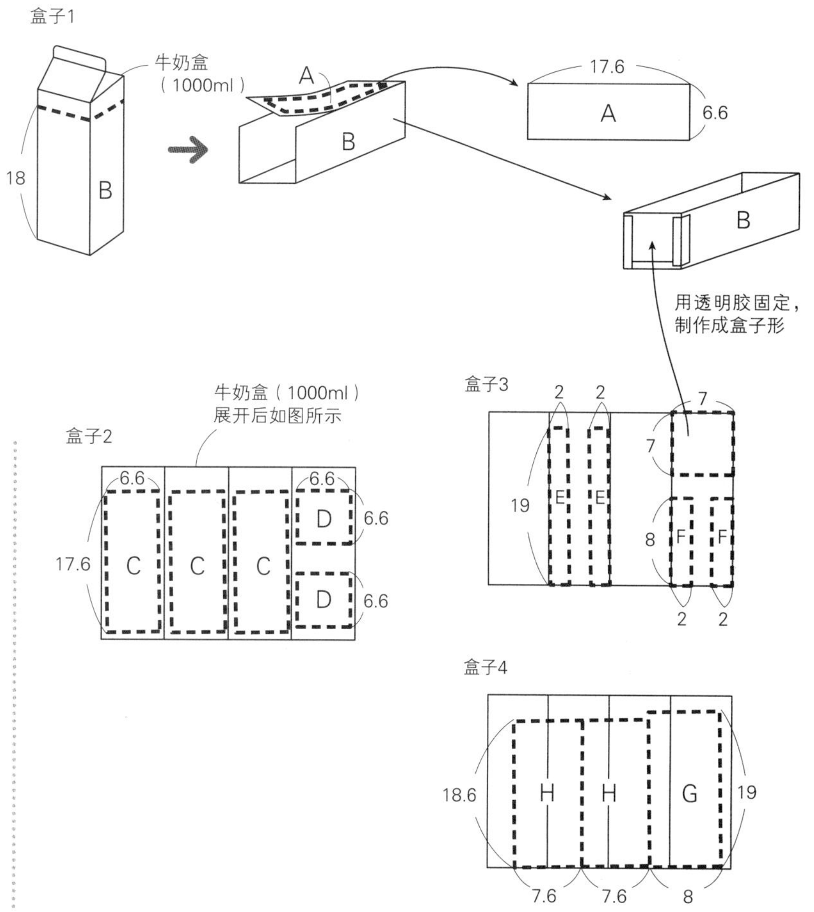

制作方法

①外侧布料粘贴到B的周围。

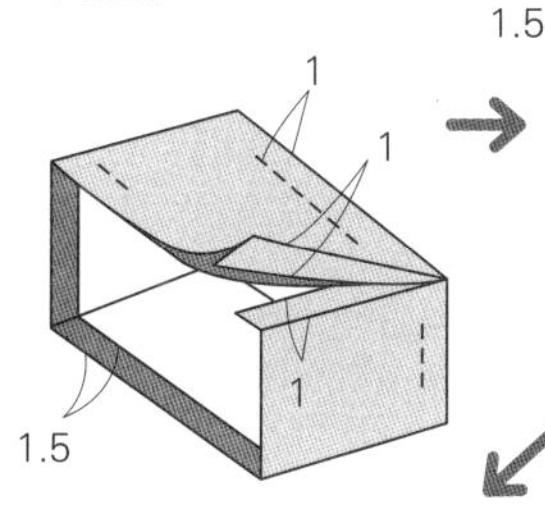

②折叠开口处。

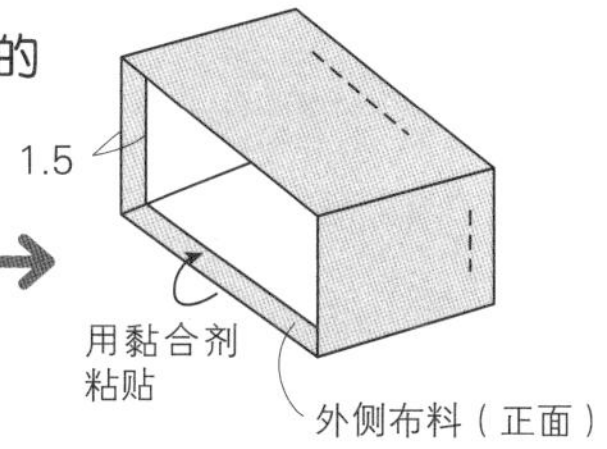

③折叠底面。

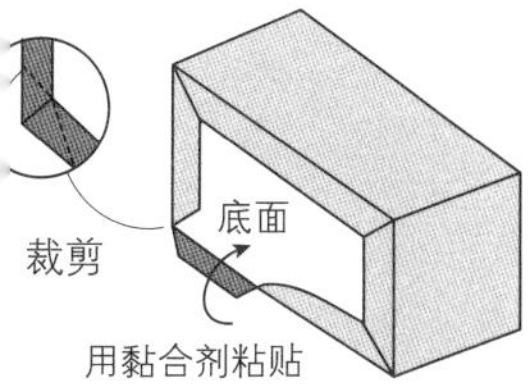

④制作外侧底面。

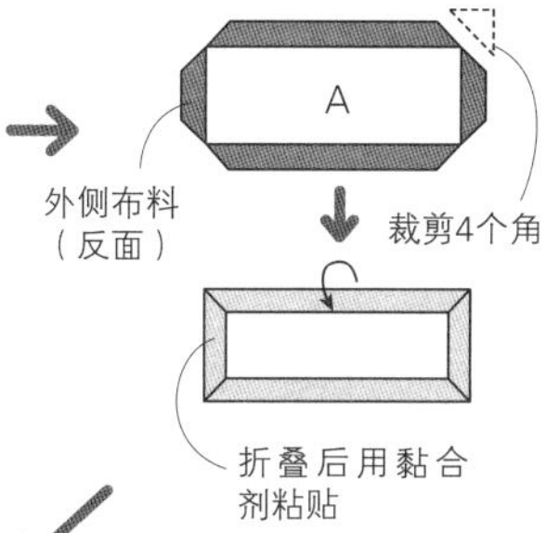

⑤外侧底面粘贴到B上。

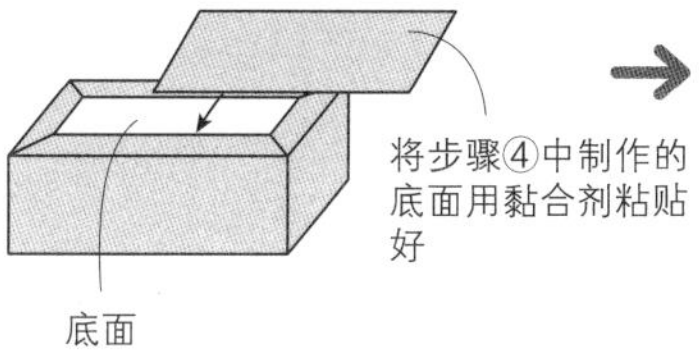

⑥制作主体内侧。

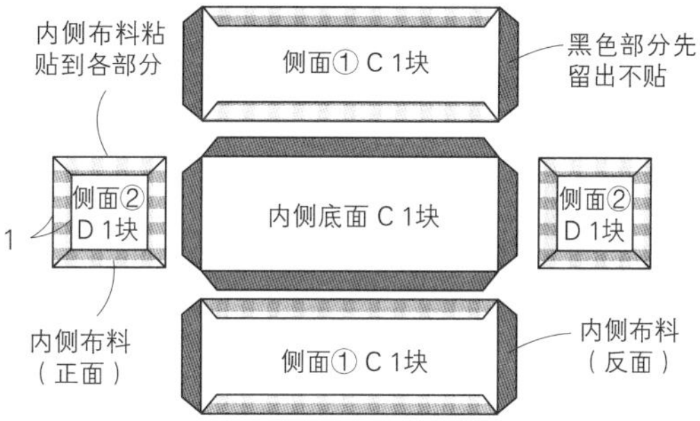

⑦内侧底面贴到主体。

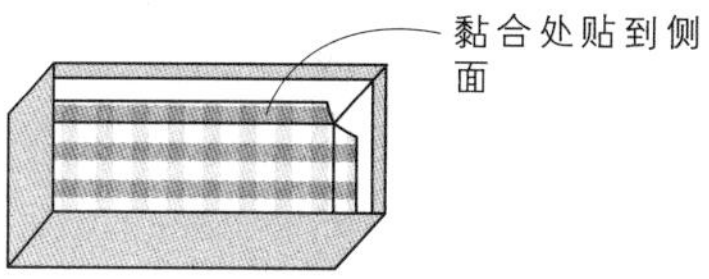

⑧内侧侧面粘贴到主体上。

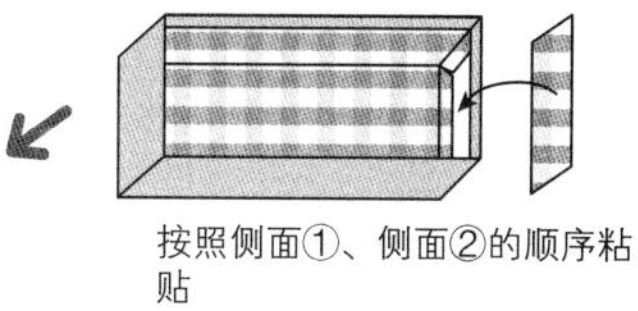

⑨组合盒盖。

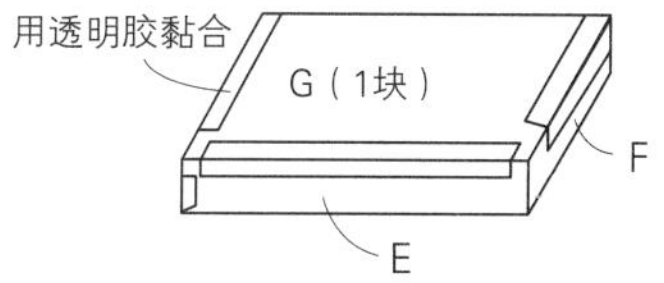

⑩盒盖的侧面贴上外侧布料。

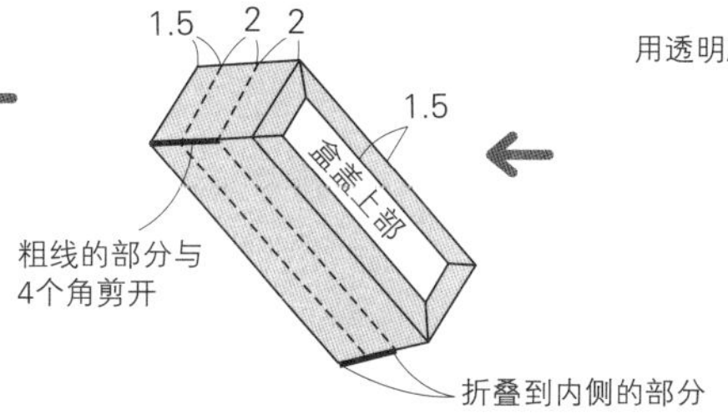

⑪将步骤⑩粘贴的布料折叠到内侧。

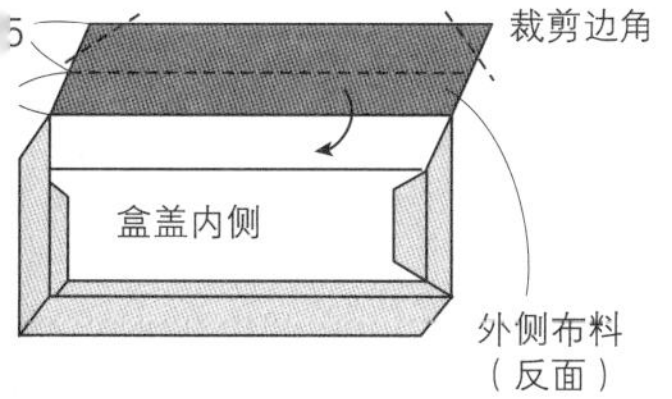

⑫制作盒盖的内盖和外盖。

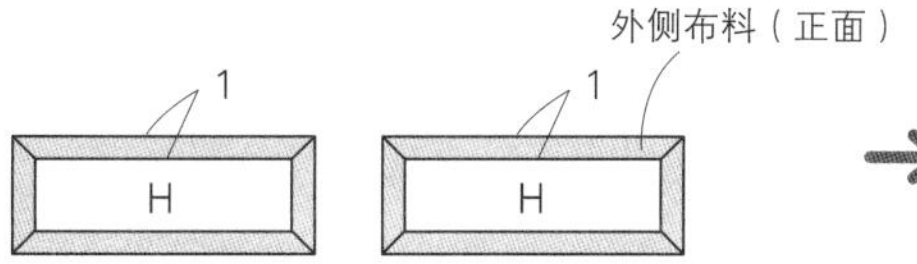

⑬粘贴到盒盖的内侧。

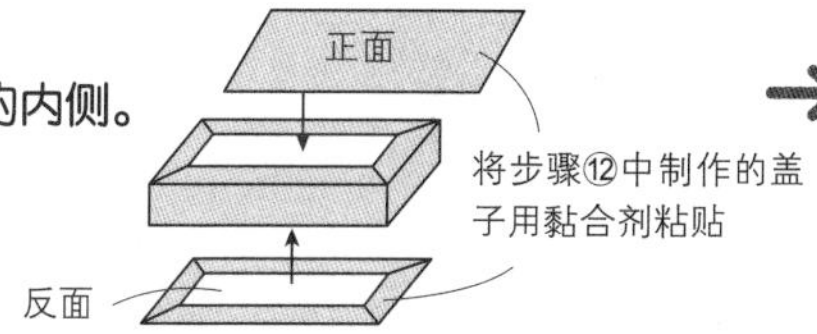

⑭饰物粘贴到盒盖上部，丝带打结后完成。

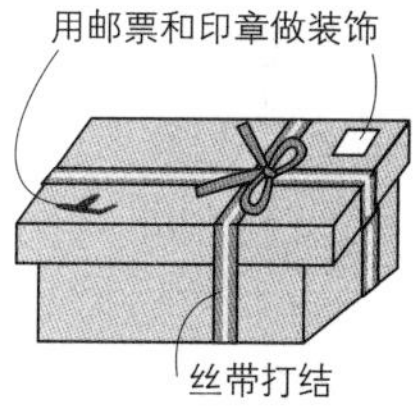

21 page 42 篮子状的布盒

材料

牛奶盒（1000ml）7个
外侧布料（亚麻纯色）20cm × 75cm
内侧布料（黑色）35cm × 90cm
蝴蝶结（丝带）1个
圆形钩（直径5mm）1个
圆形吊饰（王冠）1个

牛奶盒的裁剪方法

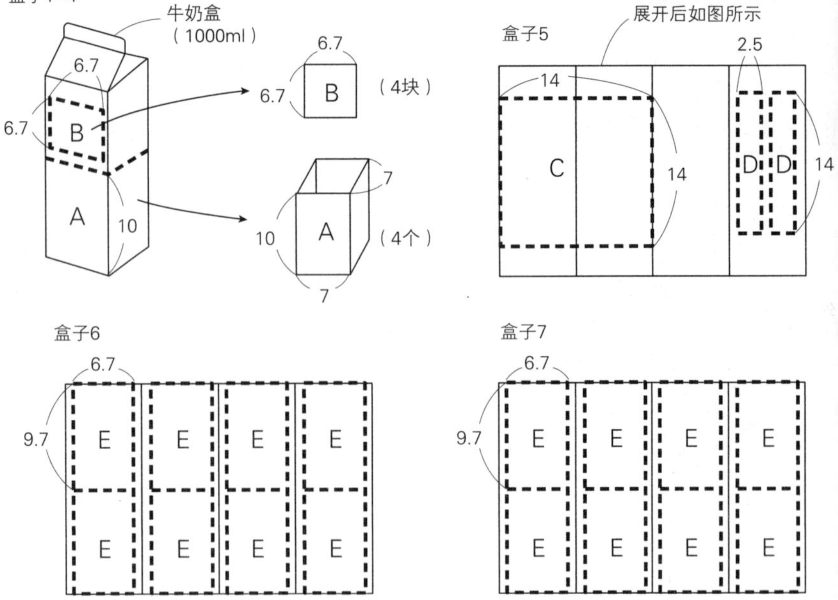

制作方法

① A的开口处粘贴内侧布料。

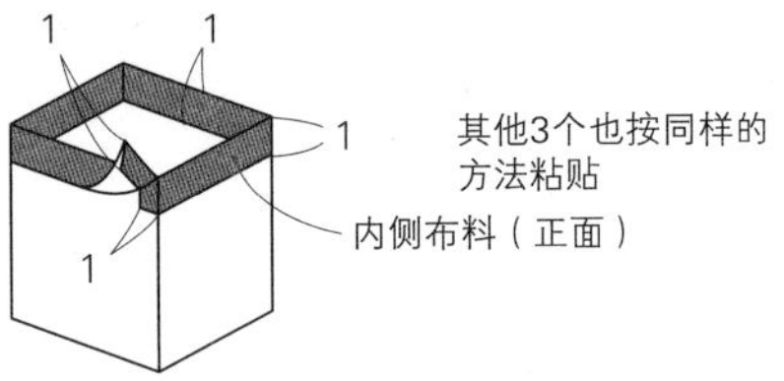

② 制作A的内侧。

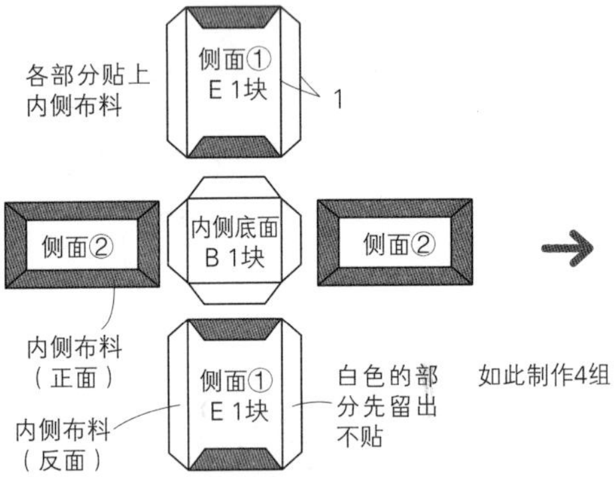

③ 内侧底面粘贴到A上。

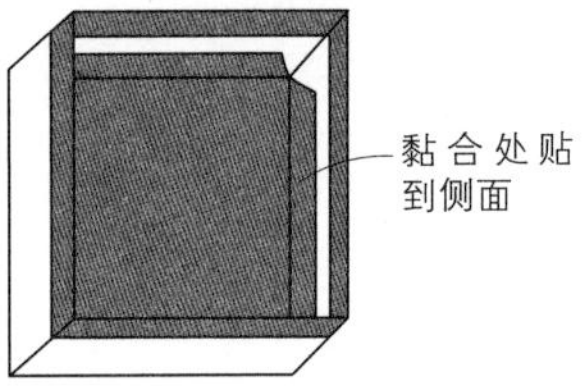

④ 内侧侧面粘贴到A上。

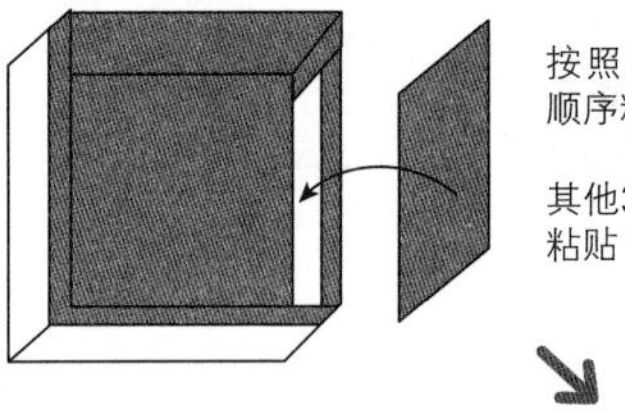

⑤ 将4个A用黏合剂黏合。

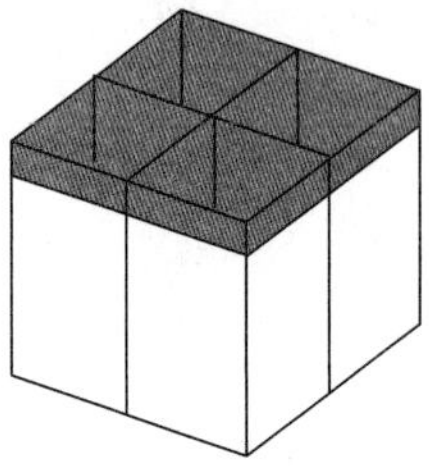

⑥ 制作提手。

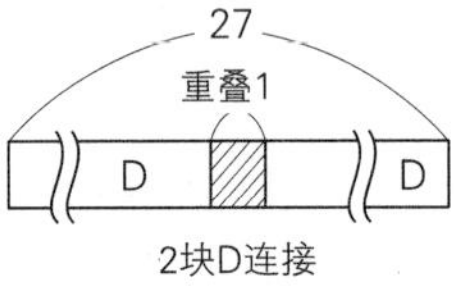

⑦ 内侧布料粘贴到提手上。

⑧ 提手拼接到主体上。

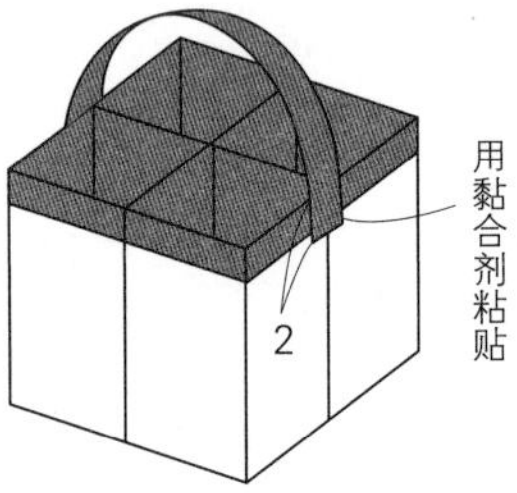

⑨ 粘贴外侧布料。

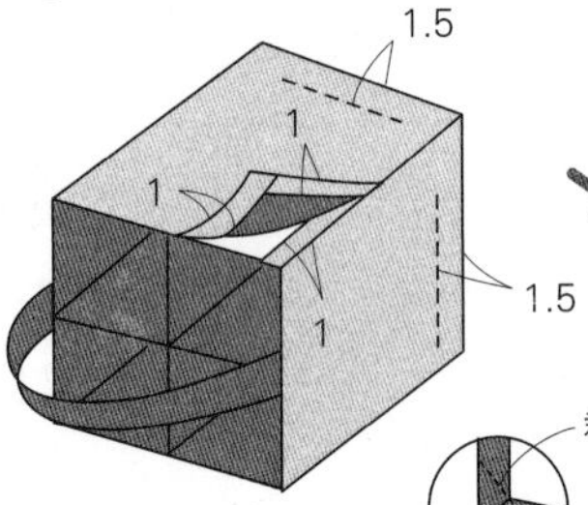

⑩ 粘贴底面。

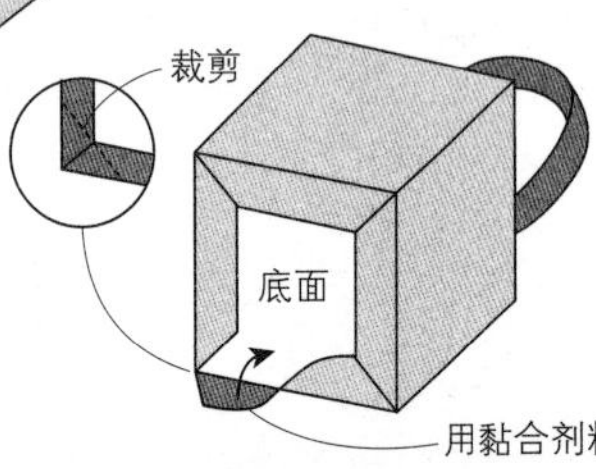

⑪ 制作外侧底面。

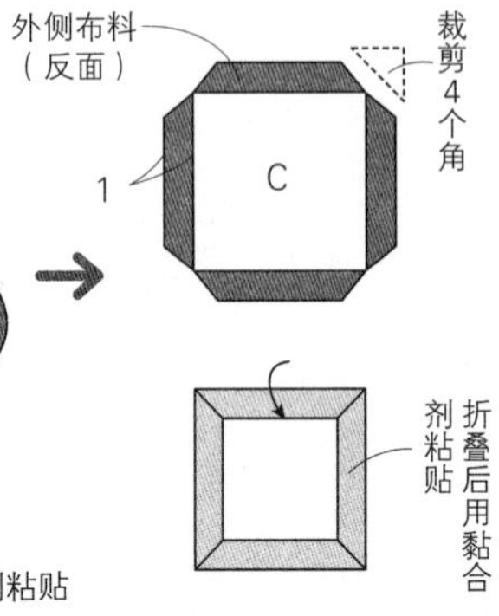

⑫ 外侧底面粘贴到主体。

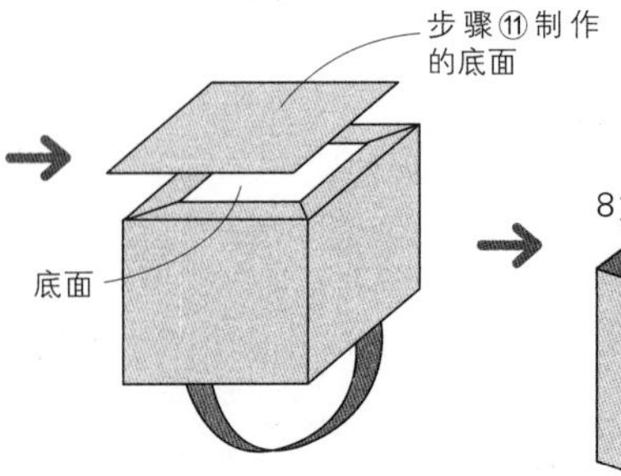

⑬ 加上蝴蝶结和吊饰，完成。

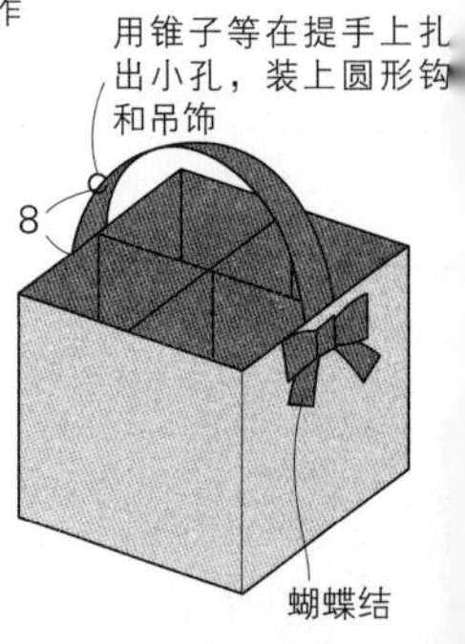

8 page 13 手提箱式的盒子

牛奶盒的裁剪方法

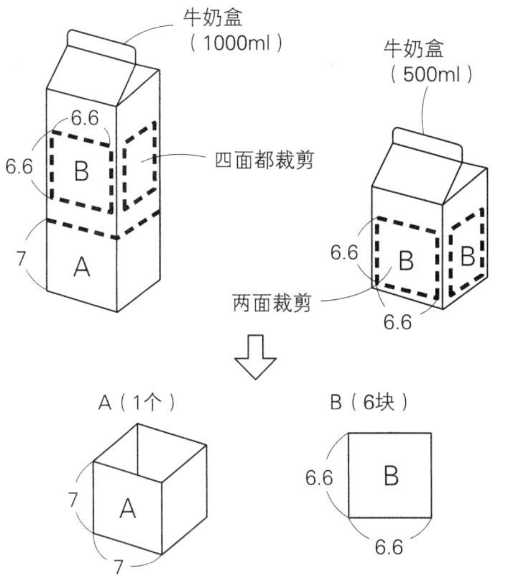

材料

牛奶盒（1000ml）1个
牛奶盒（500ml）1个
外侧布料（亚麻纯色）40cm×10cm
内侧布料（棉质印花）50cm×10cm
毛毡（焦茶色）10cm×20cm
饰物（毛毡、邮票、印章等）

制作方法

①外侧布料粘贴到A的周围。

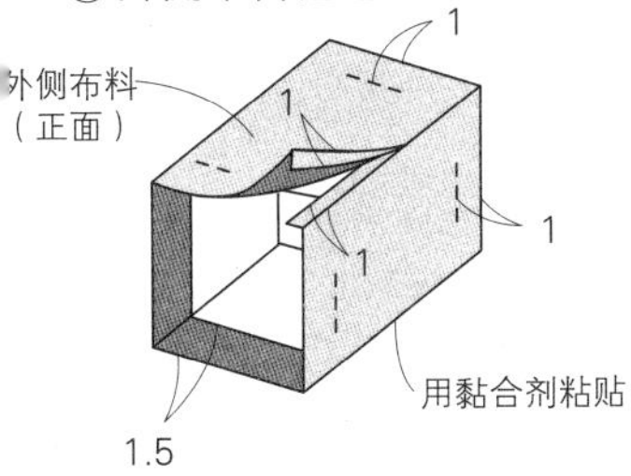

②折叠开口处。

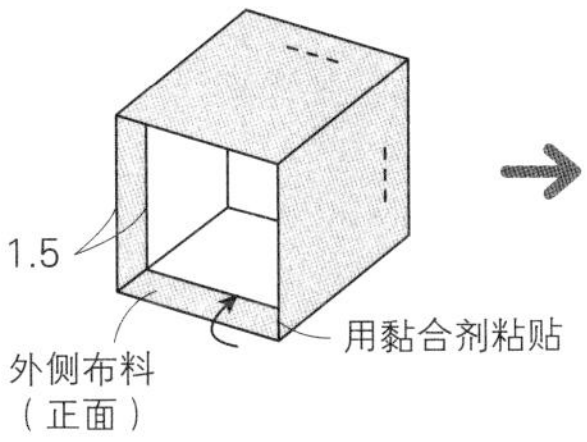

③折叠底面。

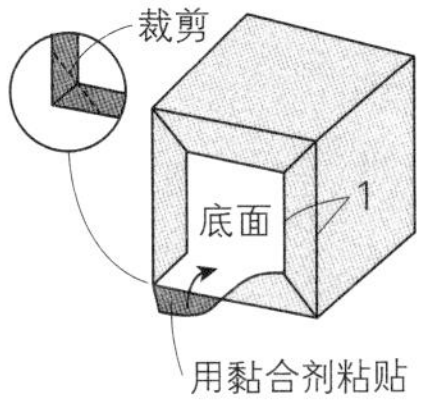

④制作外侧底面。

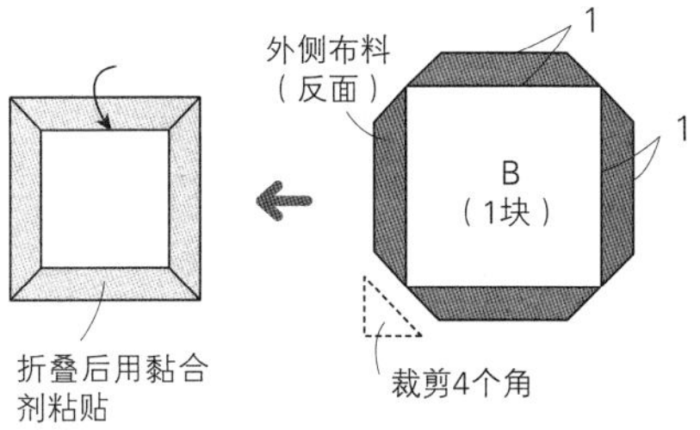

⑤外侧底面粘贴到主体上。

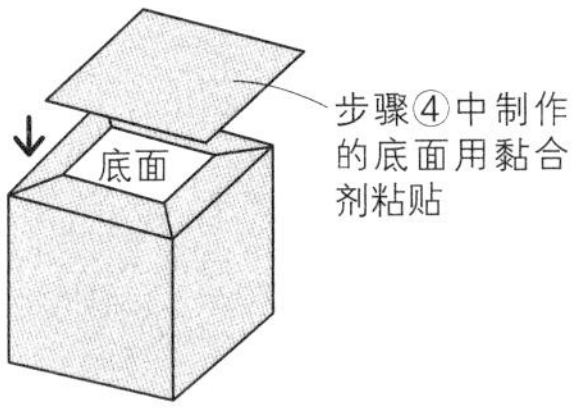

⑥制作主体内侧。

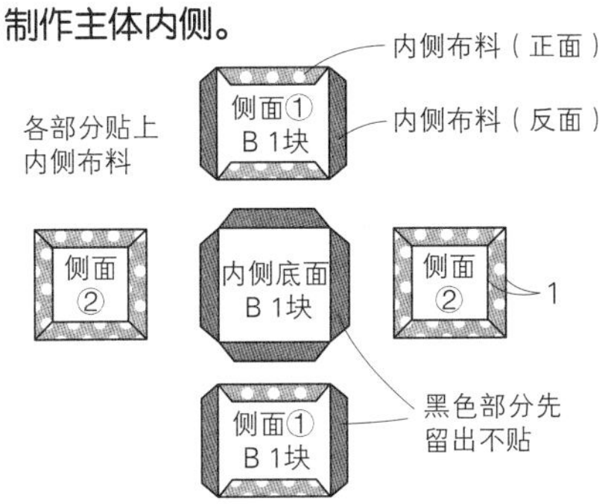

⑦内侧底面粘贴到主体。

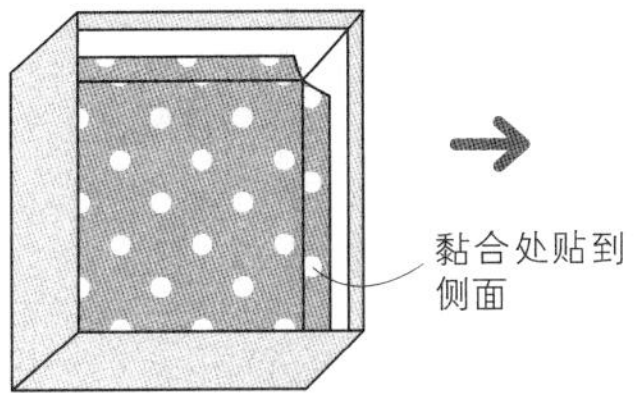

⑧内侧的侧面粘贴到主体上。

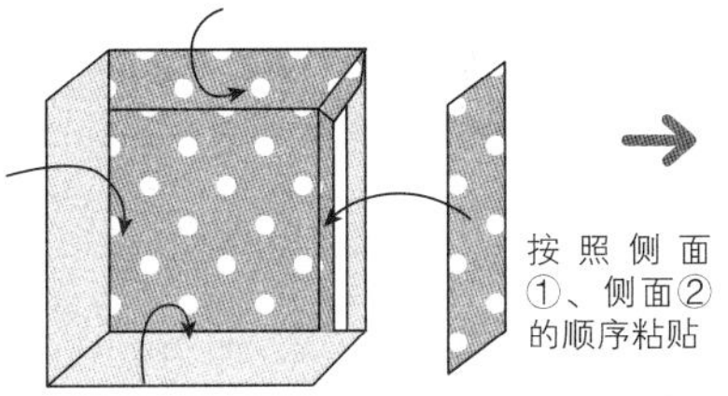

⑨裁剪毛毡，粘贴提手。

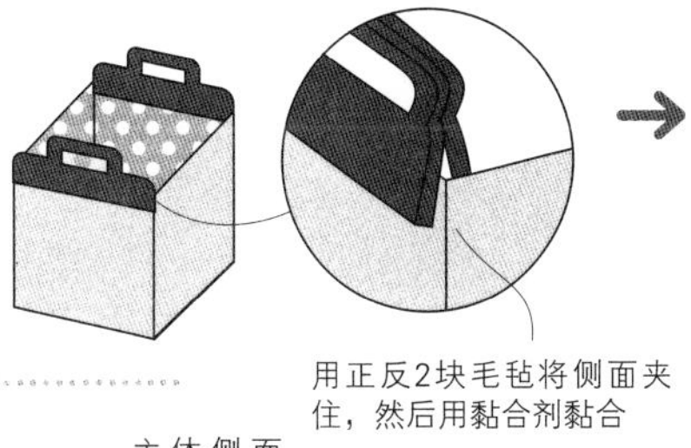

⑩下侧粘贴两块毛毡，然后加上标签、印章等喜欢的饰物。

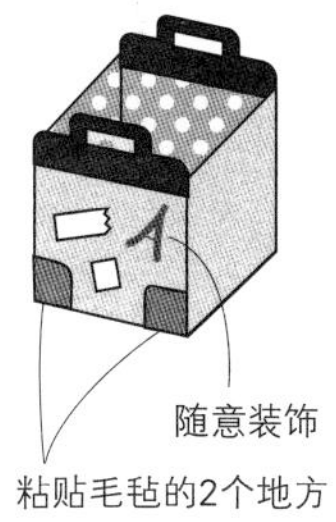

实物大纸样

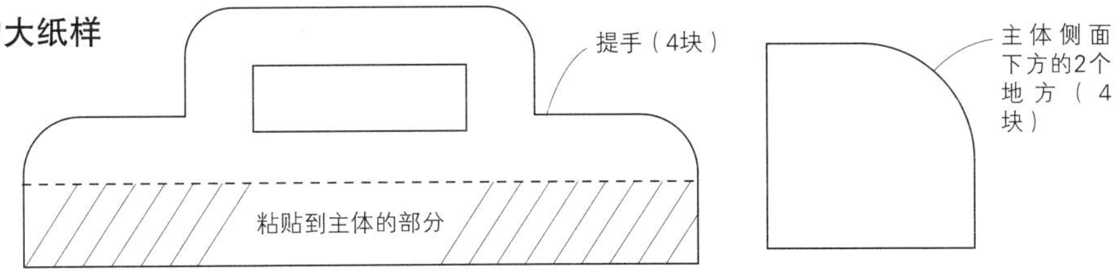

牛奶盒的裁剪方法与作品13的方法相同

29 page 63 小花篮

材料

牛奶盒（1000ml）1个
牛奶盒（500ml）1个
外侧布料（印花）40cm×10cm
内侧布料（纯色）50cm×10cm
毛毡（黄绿色）6cm×3cm
毛毡（焦茶色）4cm×2cm
丝带 30cm
绳带（粗4mm）15cm 2条
金属扣眼（直径5mm）4颗
串珠（3mm的珍珠）2颗

制作方法

①按照作品13的方法制作到步骤⑧。

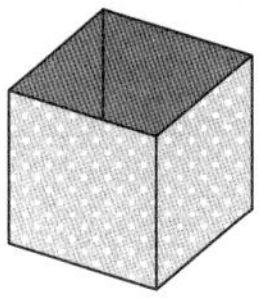

②凿出小孔后，装上金属扣眼。

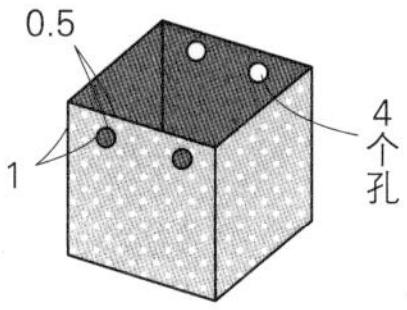

③穿入绳带。

④丝带粘贴到侧面，再贴上毛毡花朵，完成。

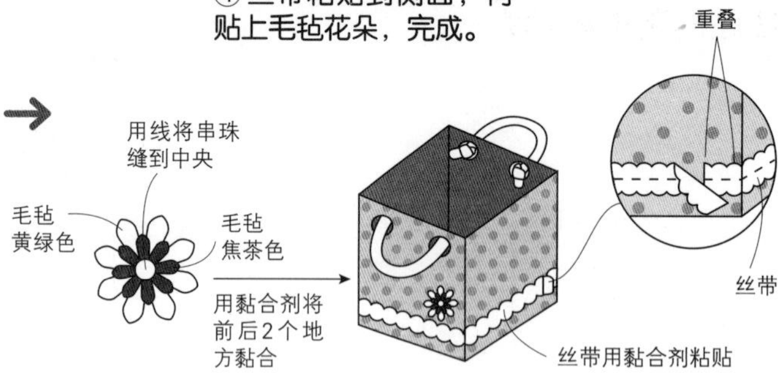

实物大纸样

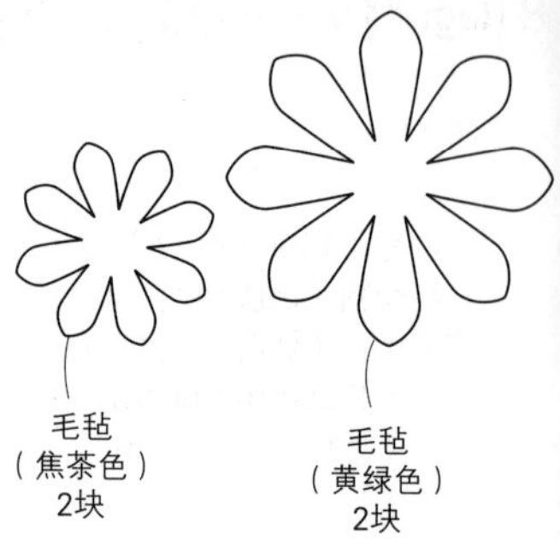

29 page 62 小花篮

材料

牛奶盒（1000ml）1个
牛奶盒（500ml）1个
外侧布料（印花）40cm×20cm
内侧布料（纯色）50cm×15cm
毛毡（白色）6cm×6cm
花边（宽15mm）30cm

牛奶盒的裁剪方法

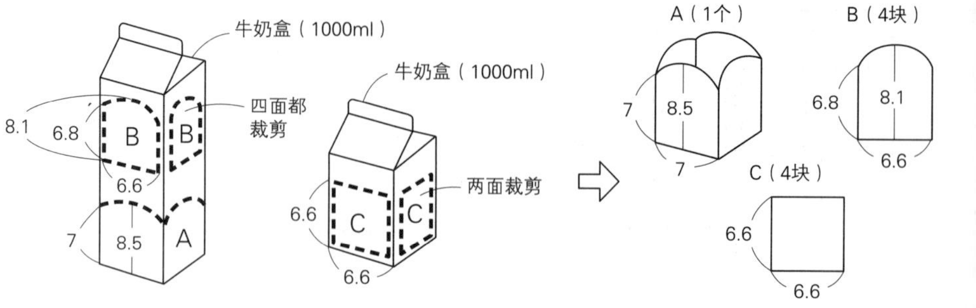

制作方法

①裁剪外侧布料，边缘比A大1cm，然后粘贴到A的周围。

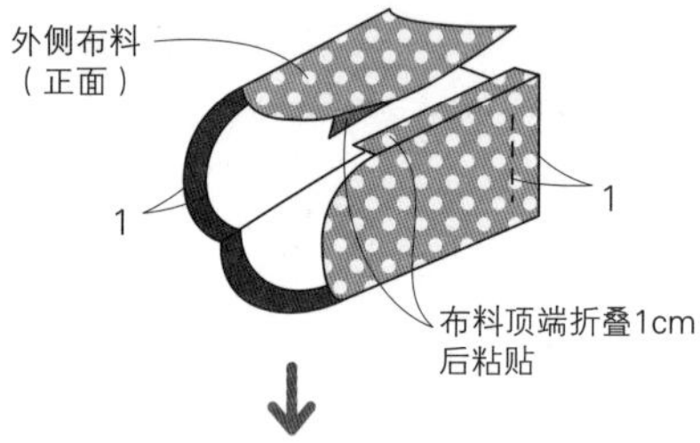

实物大纸样

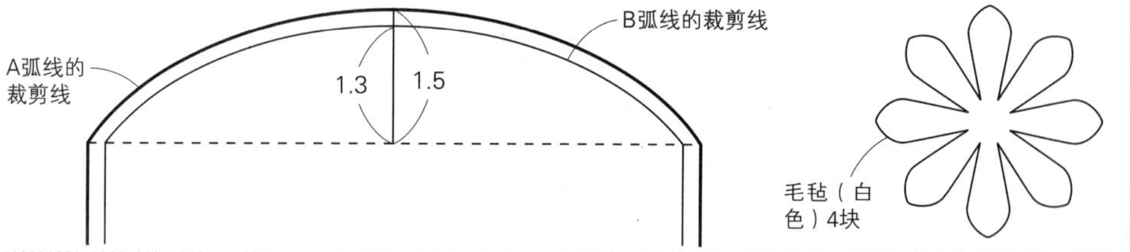

②折叠开口处和底面。

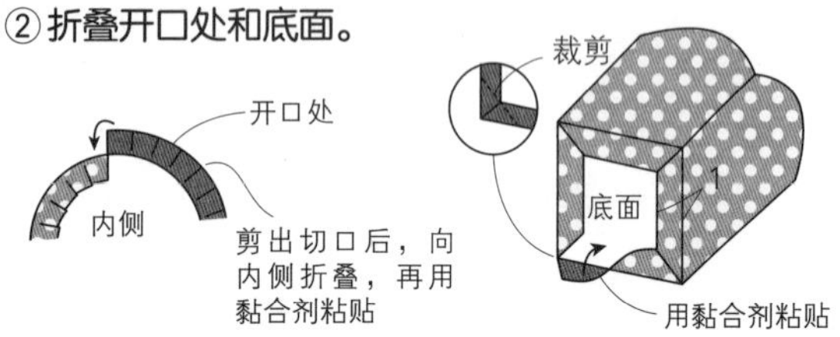

③花边粘贴到开口处的内侧。

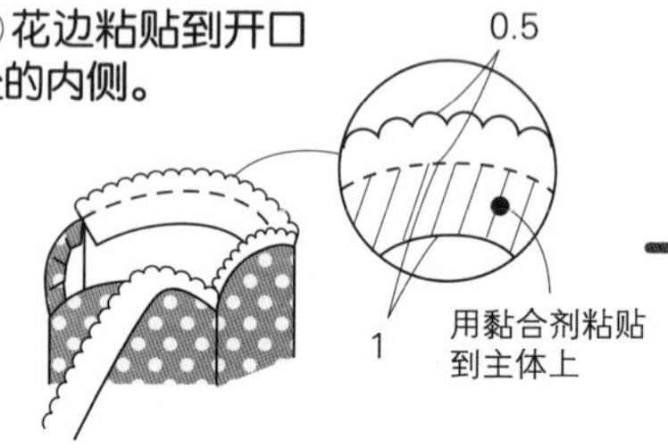

④制作外侧底面。

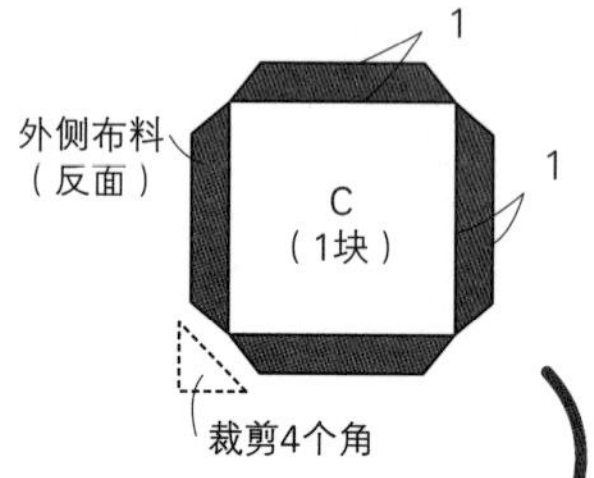

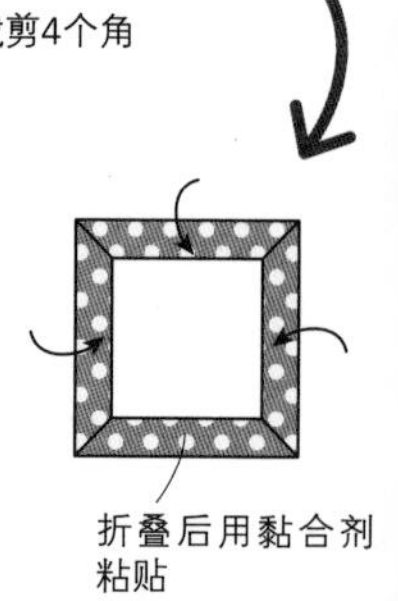

⑤外侧底面粘贴到主体上。

⑥制作主体内侧。

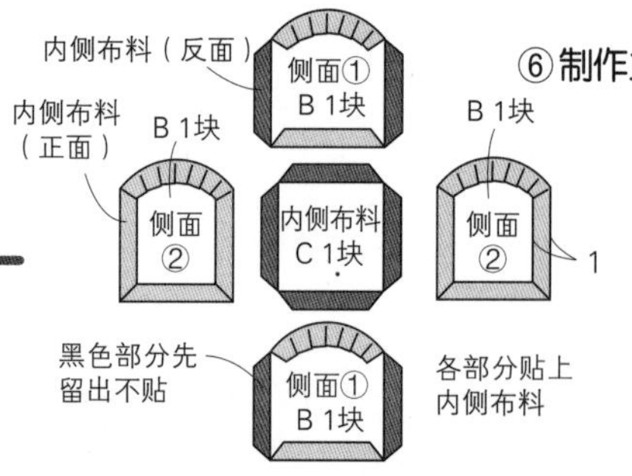

⑦内侧底面粘贴到主体上。

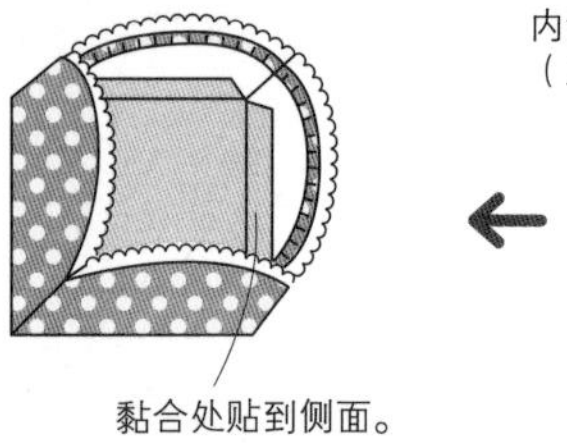

⑧内侧侧面粘贴到主体上。

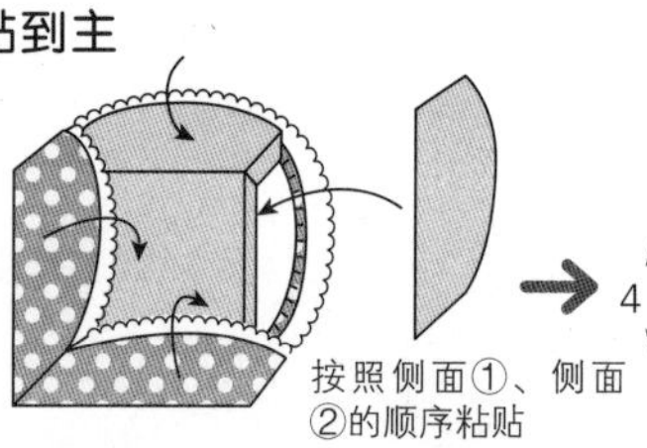

⑨制作提手。

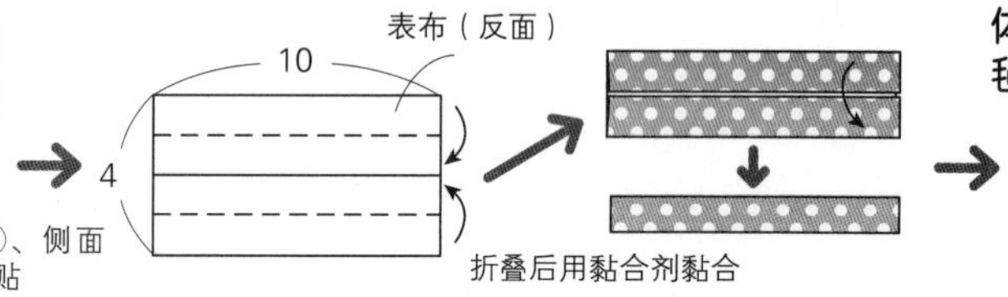

⑩提手拼接到主体，然后再贴上毛毡花朵，完成。

10、11 page 19、20 带抽屉的装饰收纳盒

材料

作品19
牛奶盒（1000ml）7个
外侧布料（棉质纯色）40cm×110cm
内侧布料（亚麻圆点）20cm×30cm
花边（宽25mm）50cm
（宽12mm）14cm
徽章 1个

作品20
牛奶盒（1000ml）7个
外侧布料（亚麻纯色）40cm×110cm
内侧布料（亚麻圆点）20cm×30cm
花边（宽11mm）40cm
小垫布（直径3~3.5cm）2块

盒子1、2

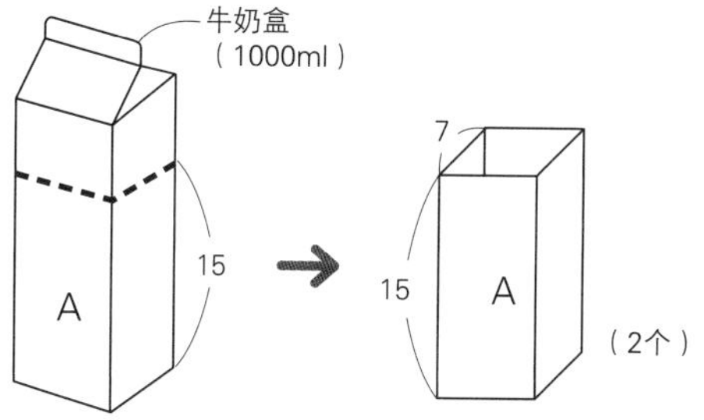

盒子3

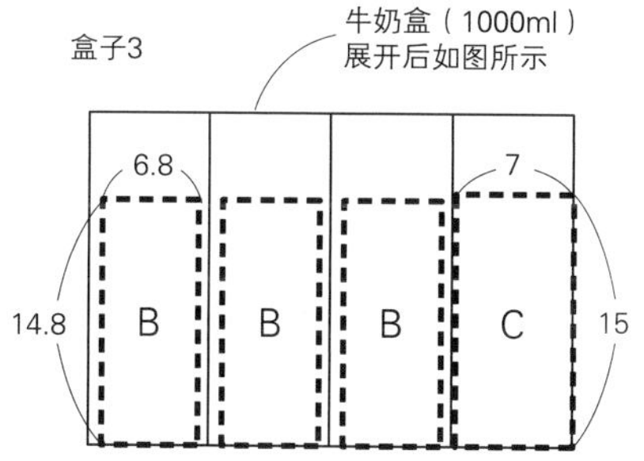

盒子4

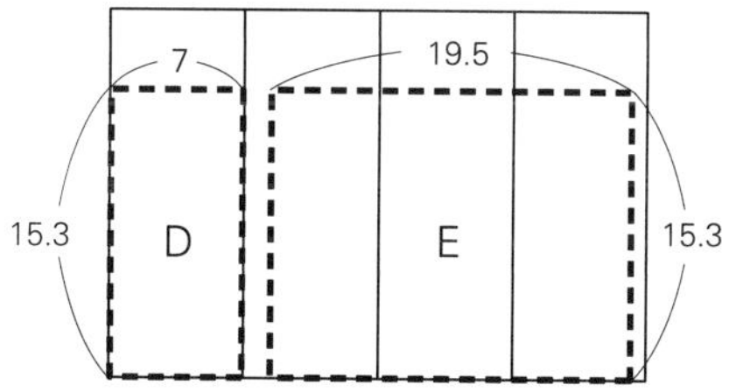

盒子5

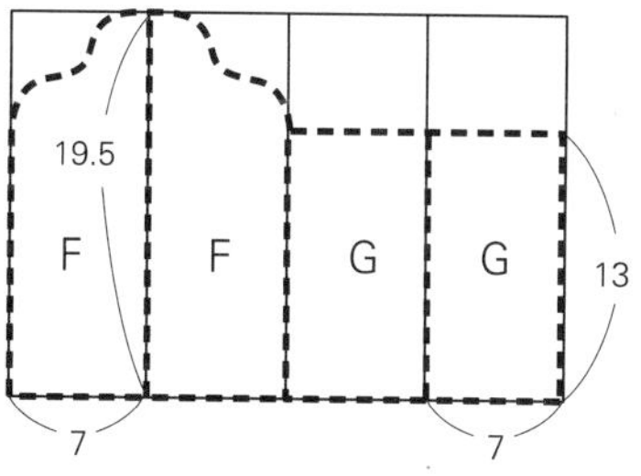

盒子6

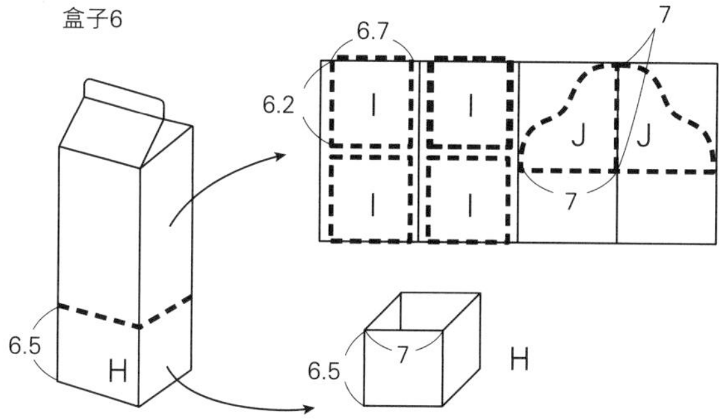

盒子7

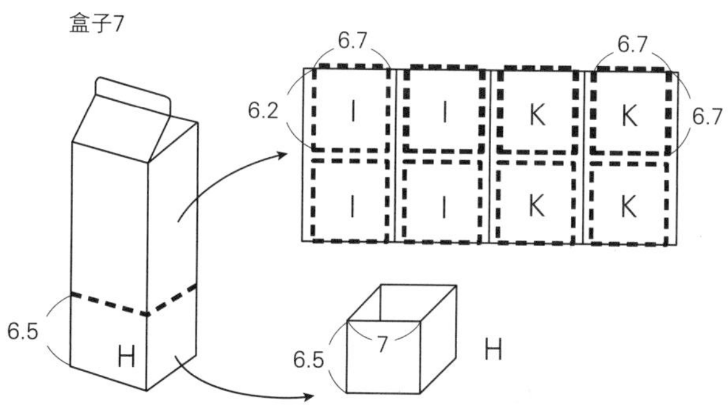

实物大纸样

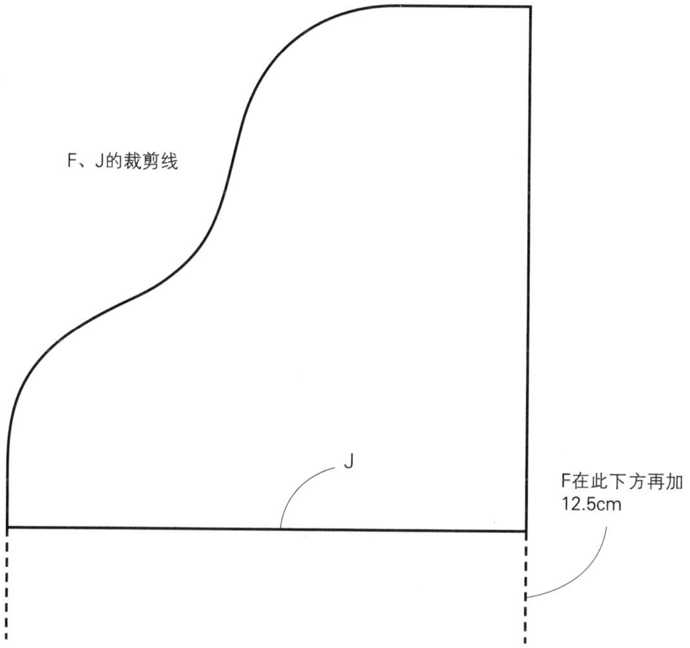

制作方法

①裁剪2个A的侧面。

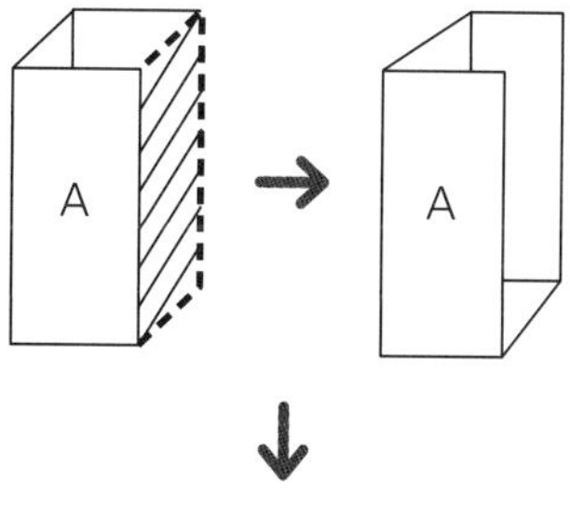

②步骤①中裁剪过的部分再剪一次，粘贴到A上。

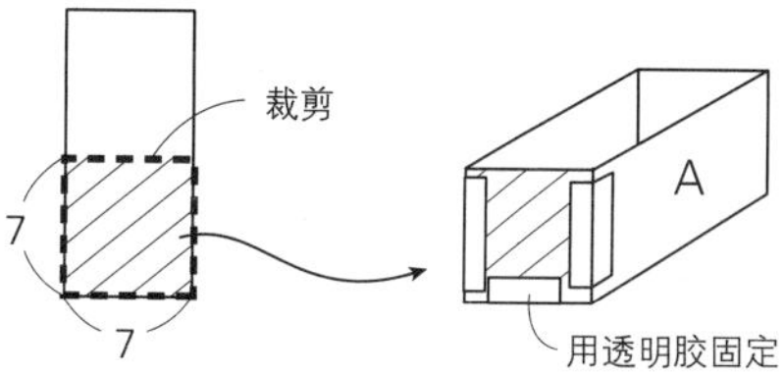

③ 2个A的内侧分别贴上外侧布料。

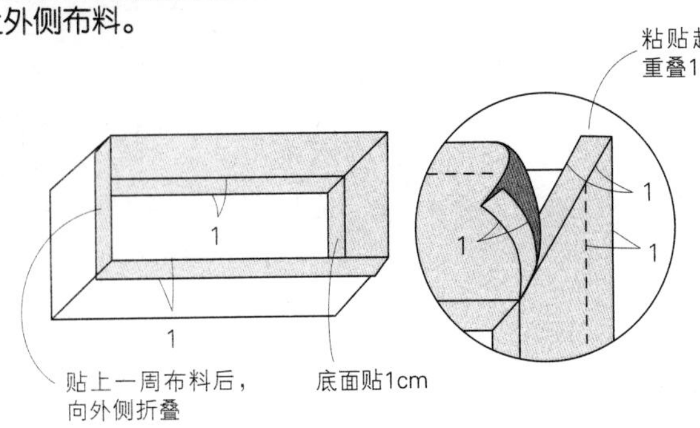

④ 制作A的内侧底面。

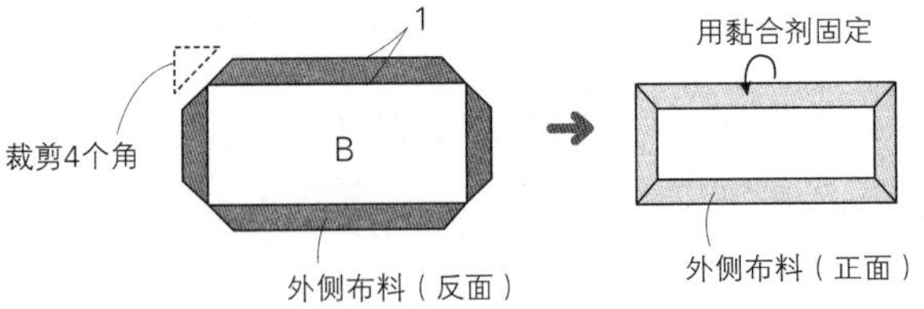

⑤ 内侧底面粘贴到A上。

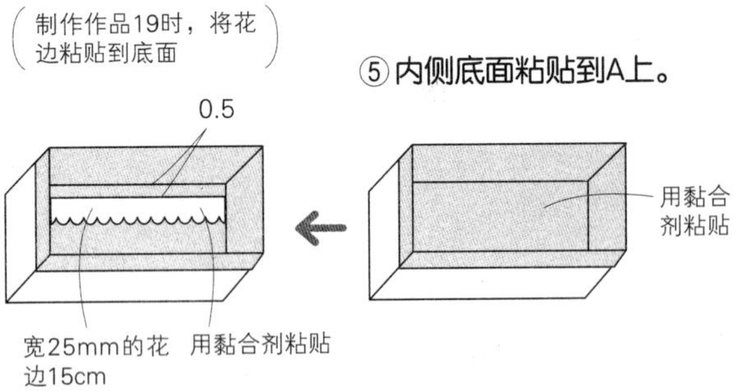

⑥ 在G上折叠出印痕。

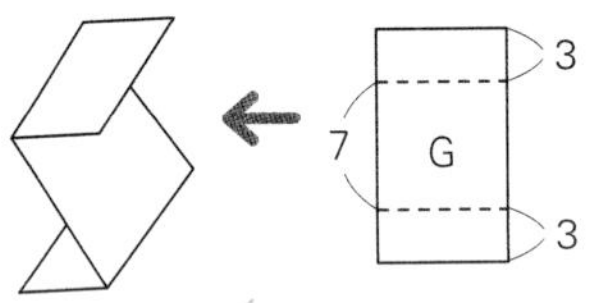

⑦ 外侧布料粘贴到G上。

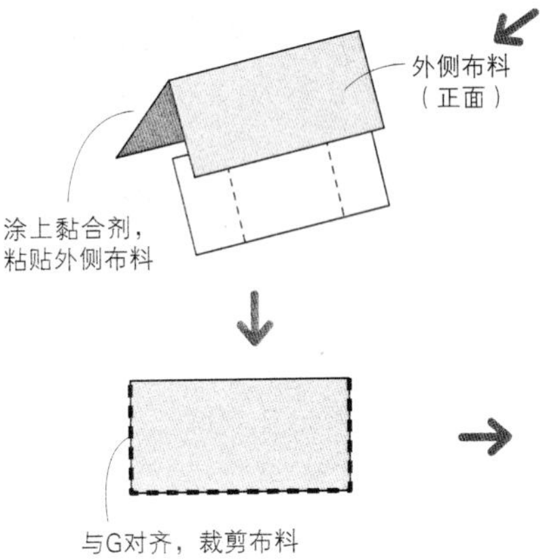

⑧ 在A上剪出2个切口，插入F。

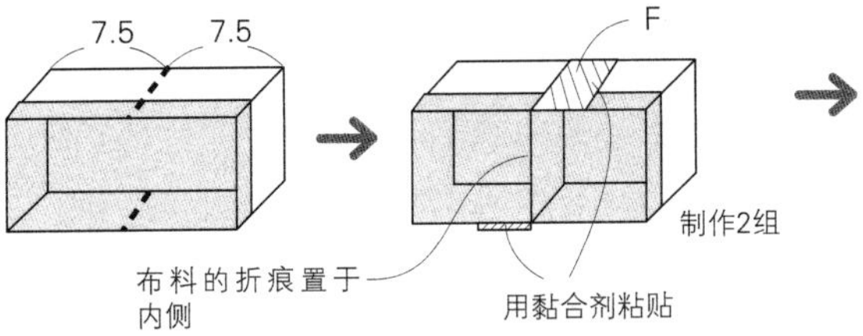

⑨ 将2个A上下黏合，制作主体。

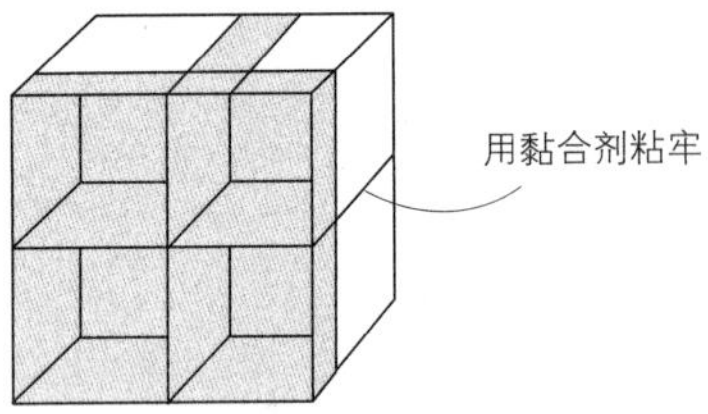

⑩ 制作外壁。

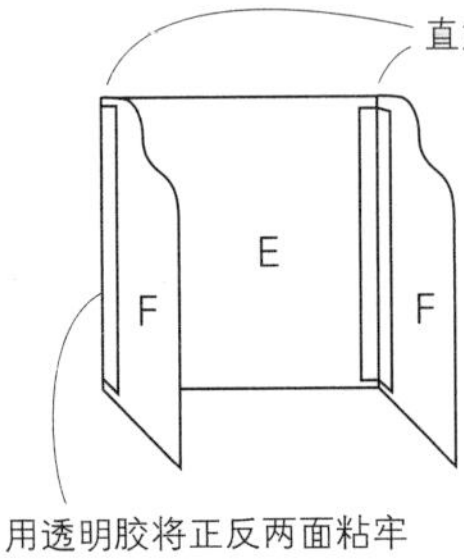

⑪ 用外侧布料包好外壁，粘贴。

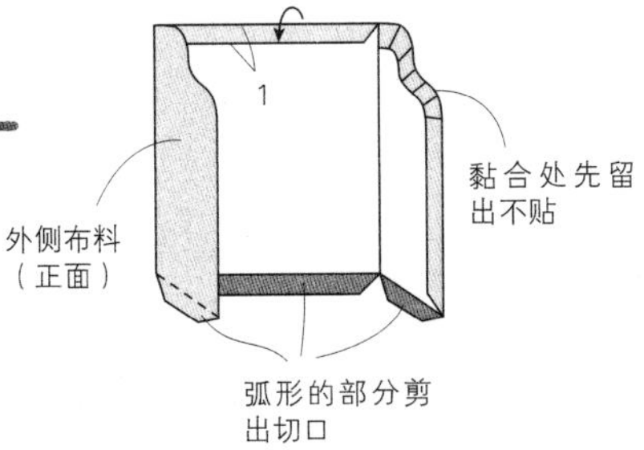

⑫ 内壁也按同样的方法制作，之后用外侧布料粘贴包好。

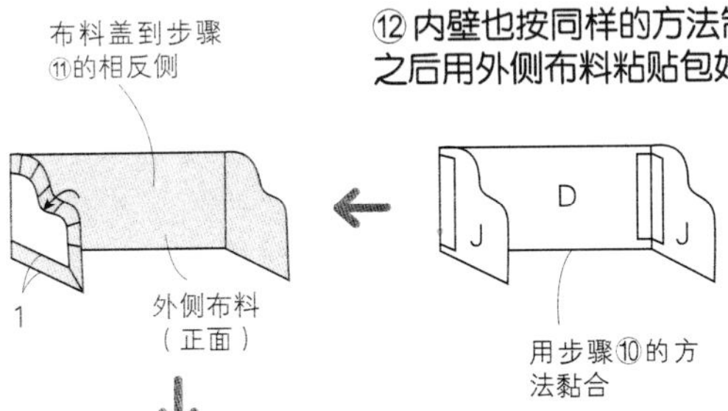

⑬ 花边贴到内壁。

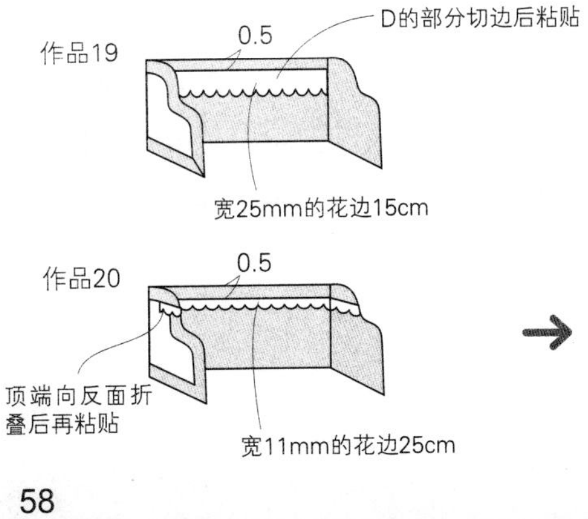

⑭ 外壁与内壁黏合。

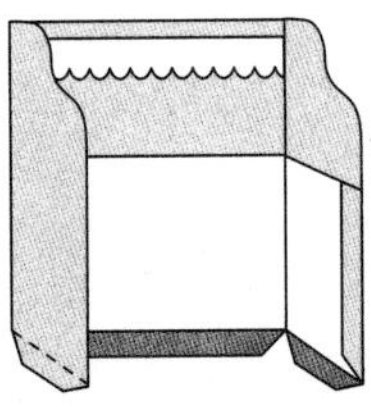

⑮ 主体粘贴到壁上。

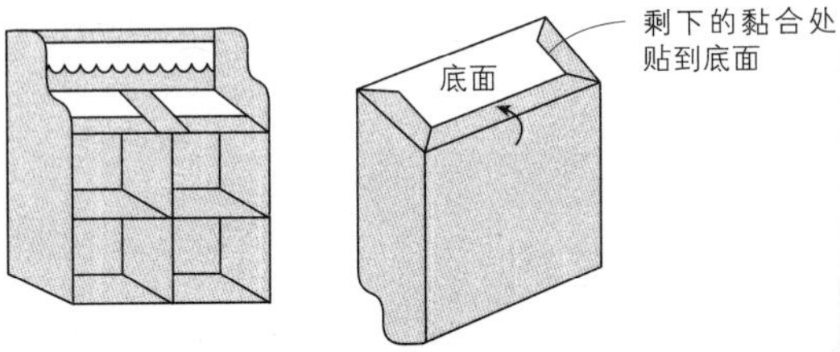

⑯制作主体外侧底面和顶。

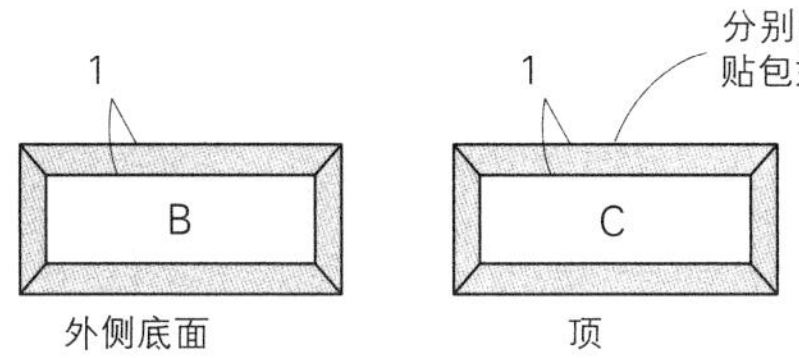

⑰将外侧底面和顶粘贴到主体上。

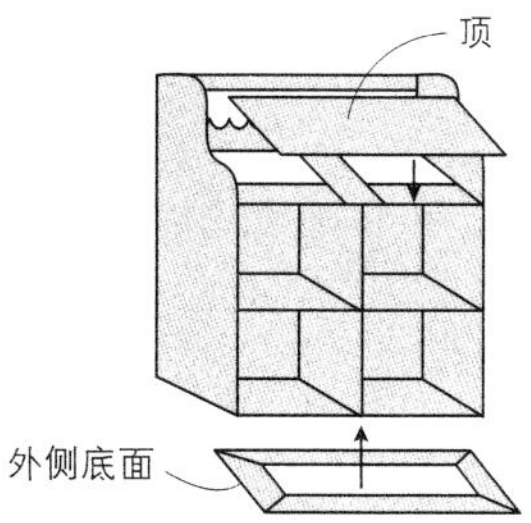

⑱装饰顶。

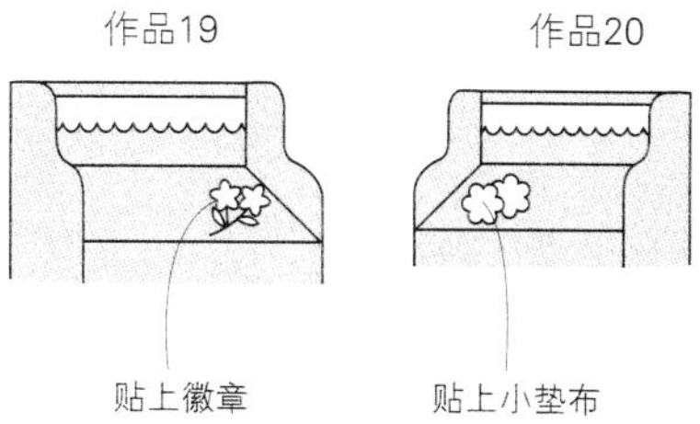

⑲制作抽屉。

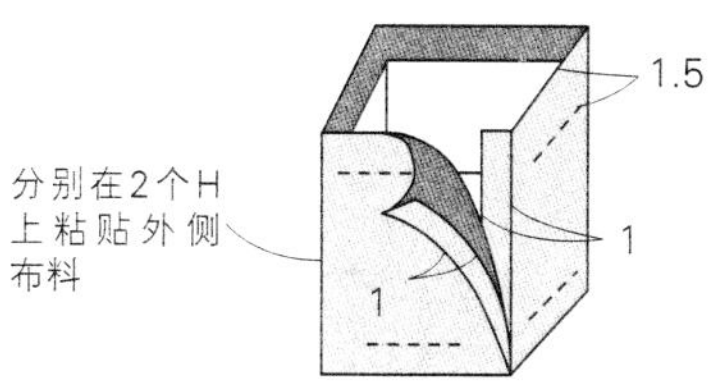

⑳折叠入口处。

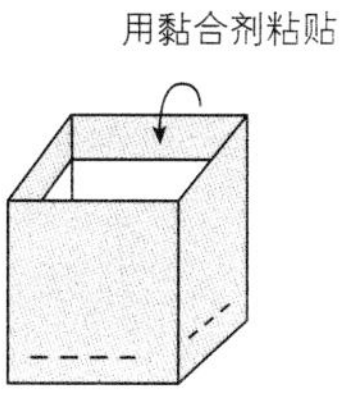

㉑折叠底面。

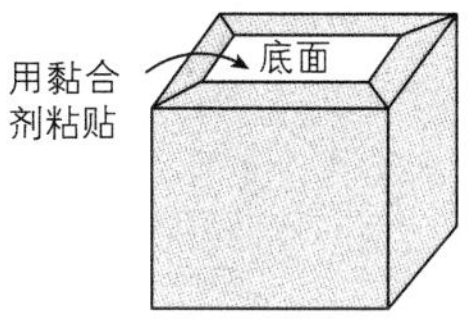

㉒制作抽屉的外侧底面。

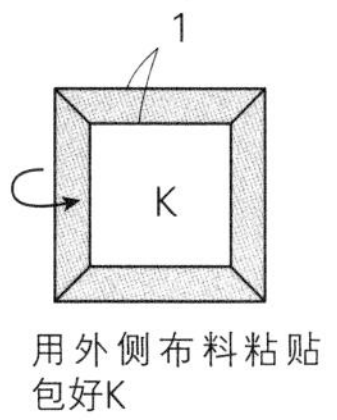

㉓外侧底面贴到抽屉上。

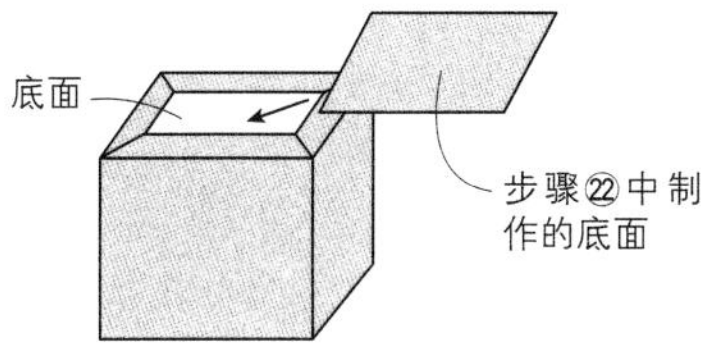

㉔制作抽屉的内侧。

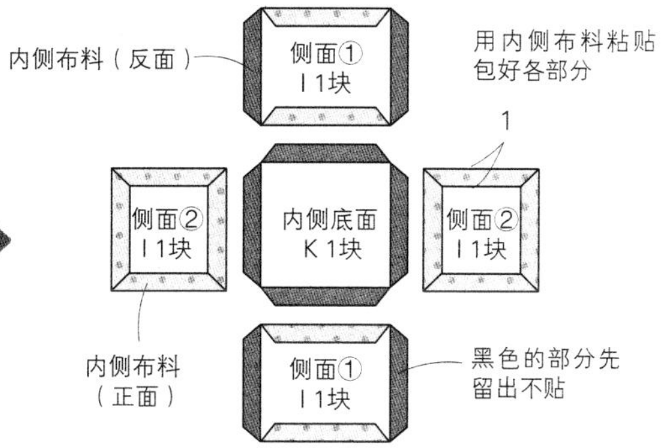

㉕内侧底面贴到抽屉上。

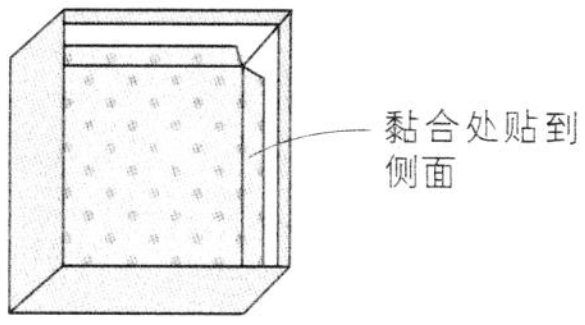

㉖将内侧侧面粘贴到抽屉上。

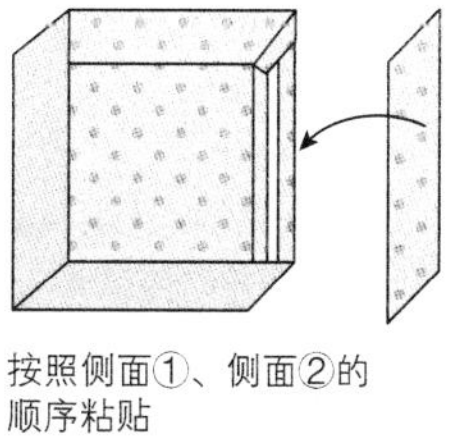

㉗抽屉上粘贴花边。

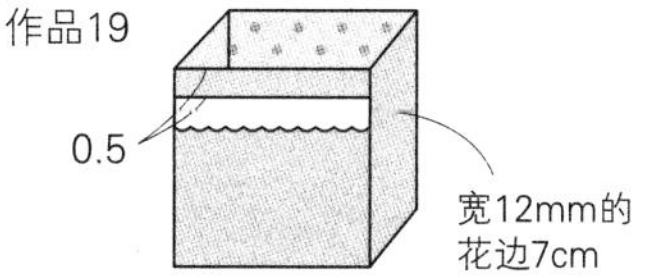

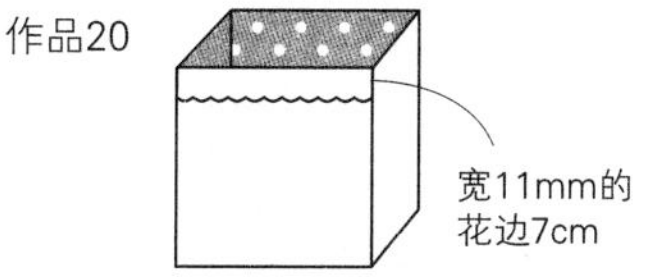

㉘抽屉放入主体中，完成。

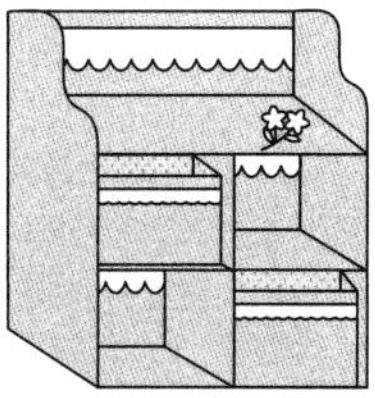

10 page 18 小装饰盒

材料

牛奶盒（1000ml）2个
外侧布料（亚麻纯色）10cm×50cm
内侧布料（棉质纯色、焦茶色）20cm×40cm
花边（宽1cm）7cm
圆形花边纸（直径约10cm）1块

牛奶盒的裁剪方法

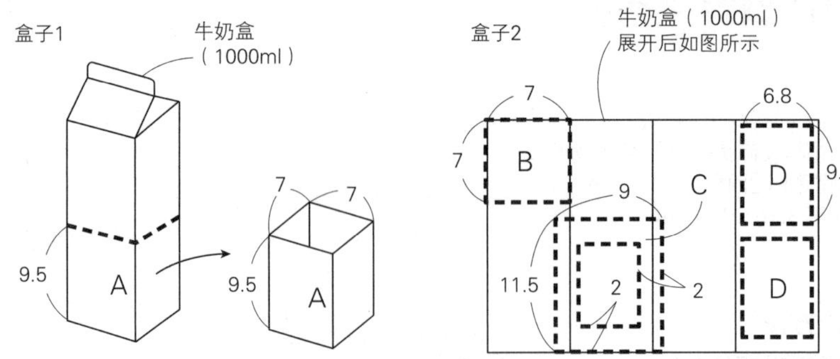

制作方法

①裁剪A的侧面。

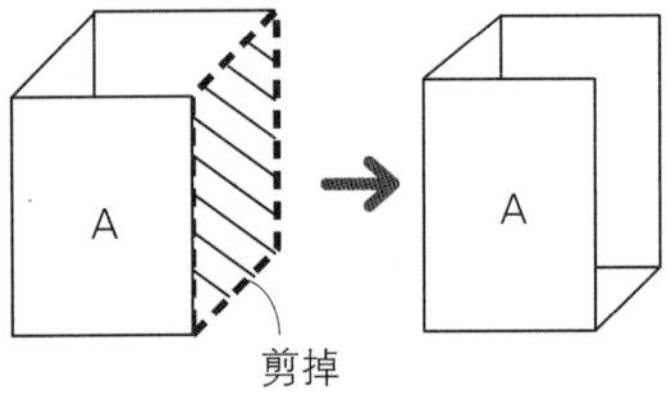

②将B粘贴到A上，制作主体。

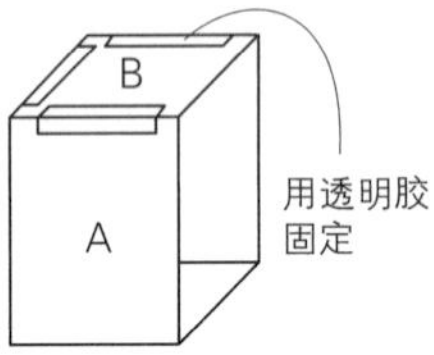

③在A的内侧粘贴内侧布料。

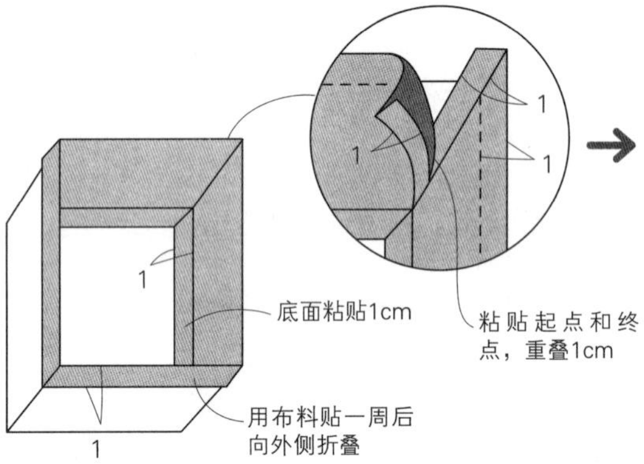

④制作内侧底面。

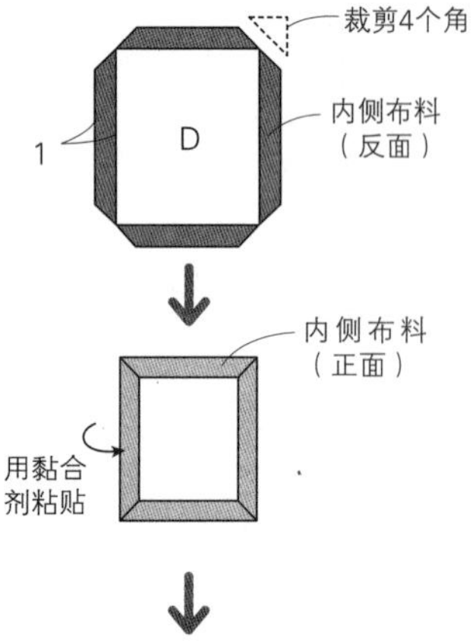

⑤内侧底面与主体粘贴。

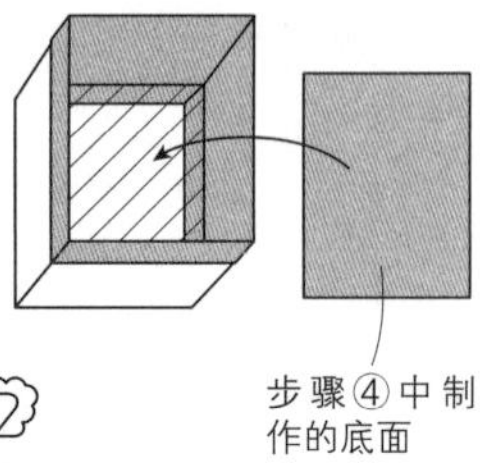

⑥花边纸粘贴到主体内侧。

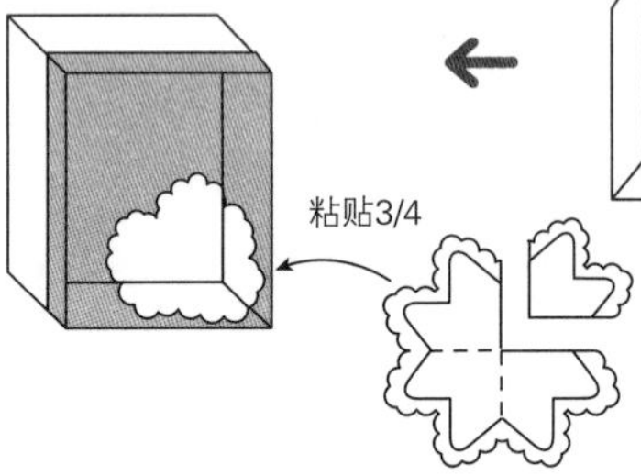

⑦裁剪C的4个角。

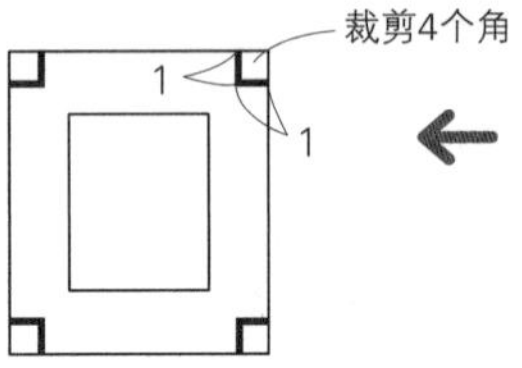

⑧用内侧布料粘贴包好C。

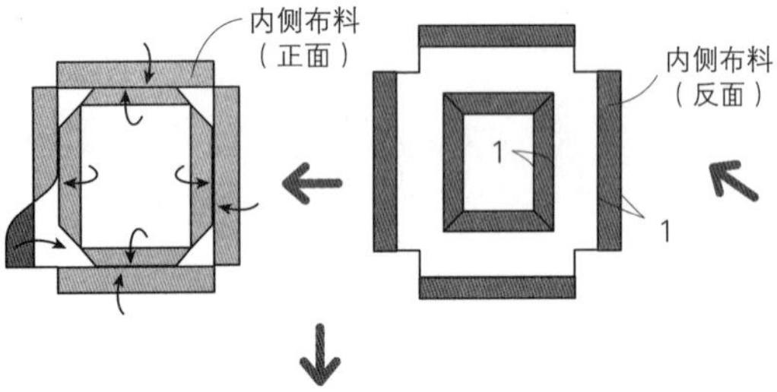

⑨花边粘贴到C上。

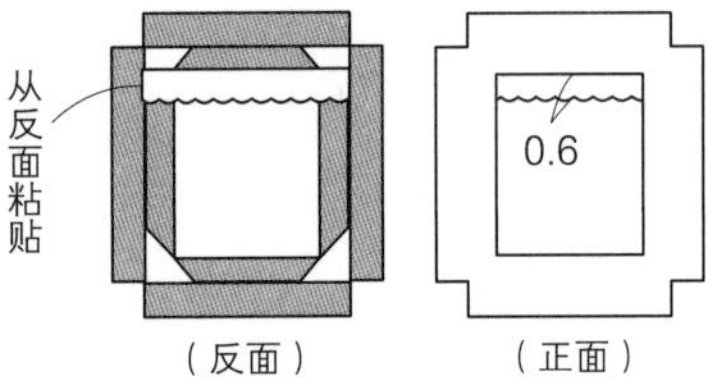

⑩折叠C，粘贴到主体正面。

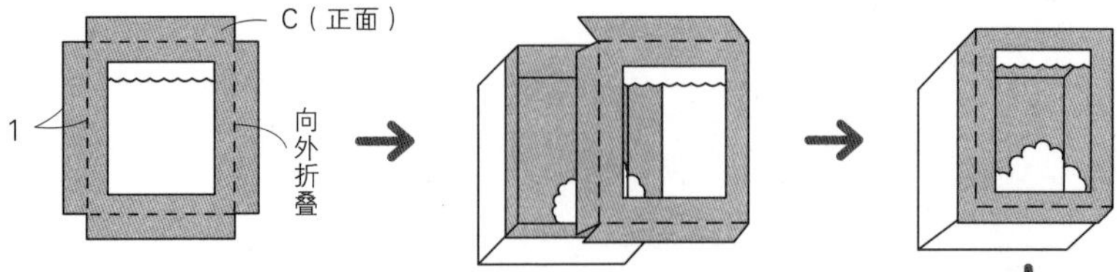

⑪外侧布料粘贴到主体侧面。

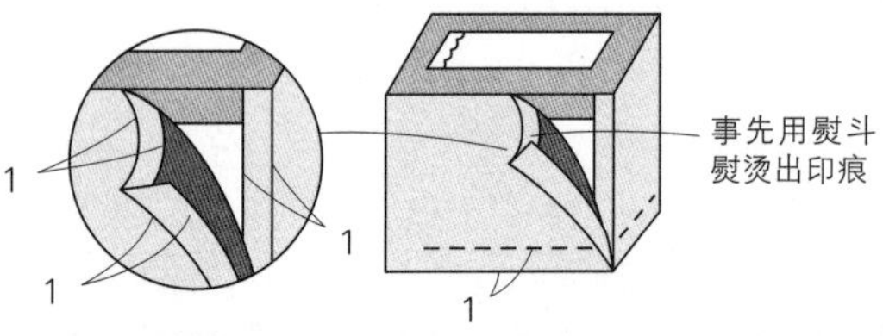

⑫折叠底面。

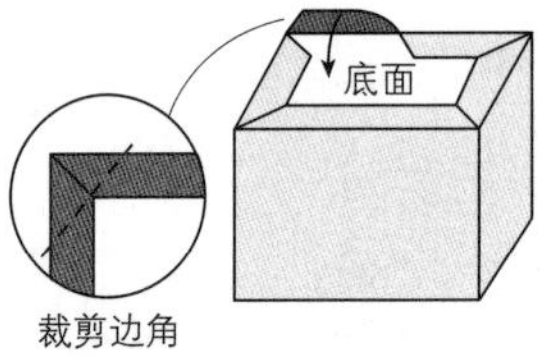

⑬按照步骤④的方法，用外侧布料与D制作外侧底面，然后与主体黏合。

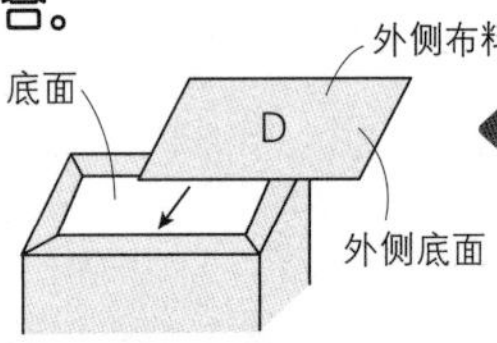

完成。

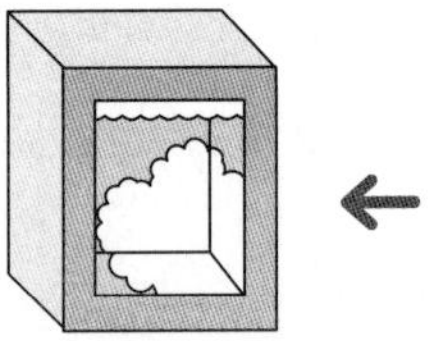

12 page 21 字母布盒

材料

牛奶盒（1000ml）4个
外侧布料（棉质条纹）30cm×50cm
内侧布料（亚麻纯色）30cm×60cm
铺棉芯 8cm×11.5cm
徽章

制作方法

①将B粘贴到A上，制作主体。

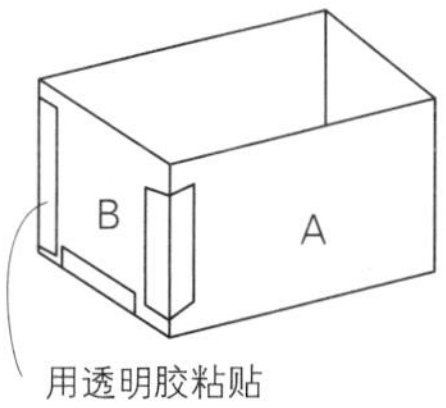

②主体的侧面上粘贴外侧布料。

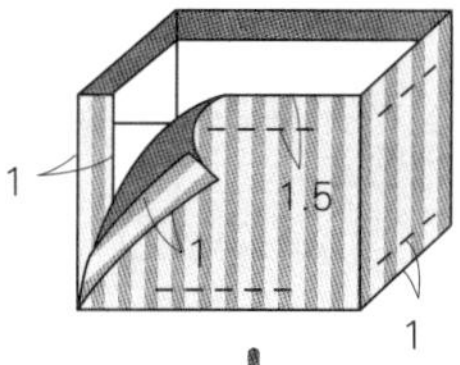

③折叠入口处。

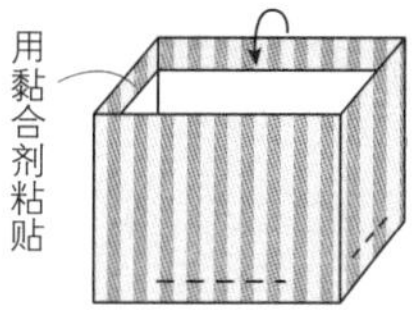

④折叠底面。

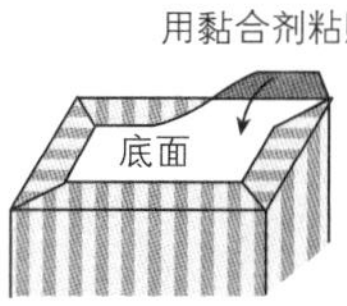

⑤制作主体的外侧底面。

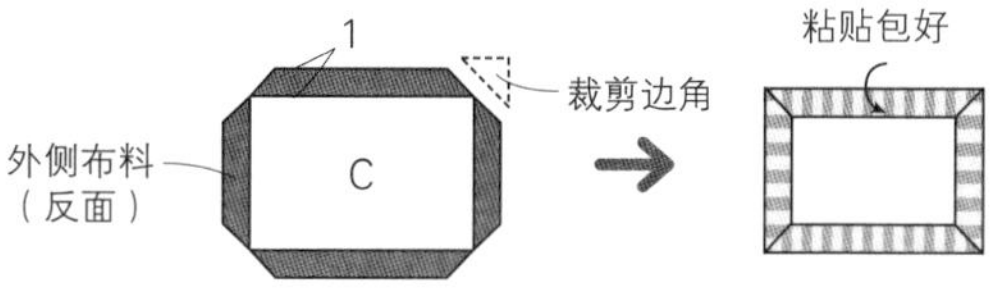

⑥外侧底面粘贴到主体上。

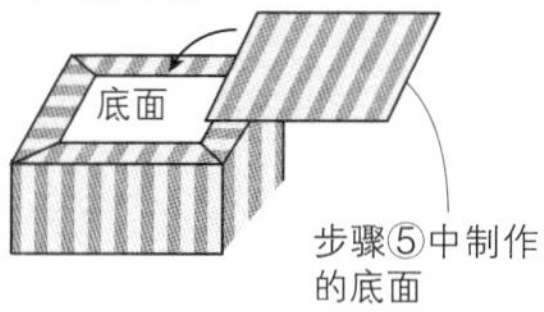

⑦制作主体内侧。

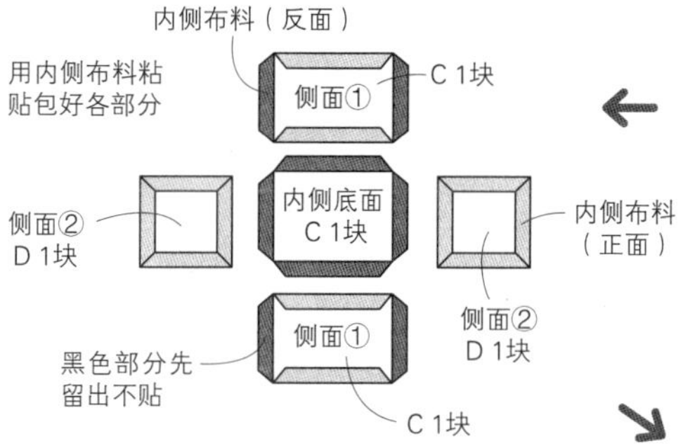

⑧内侧底面粘贴到主体上。

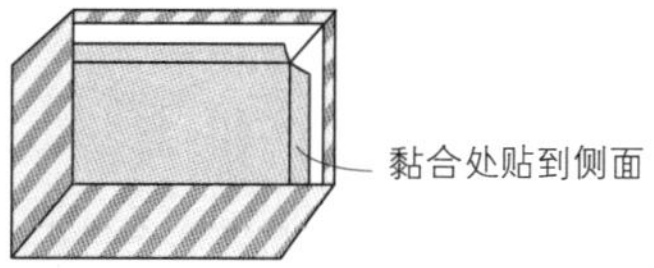

⑨粘贴主体内侧的侧面。

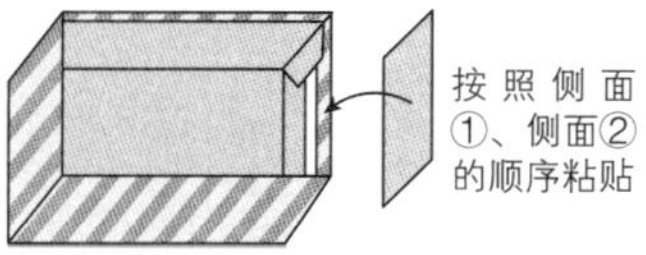

⑩组合盒盖。

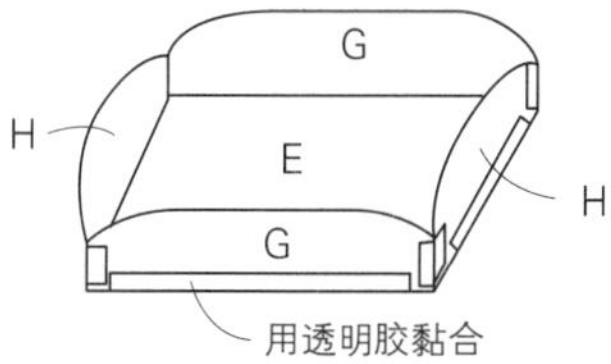

⑪外侧布料粘贴到盒盖侧面。

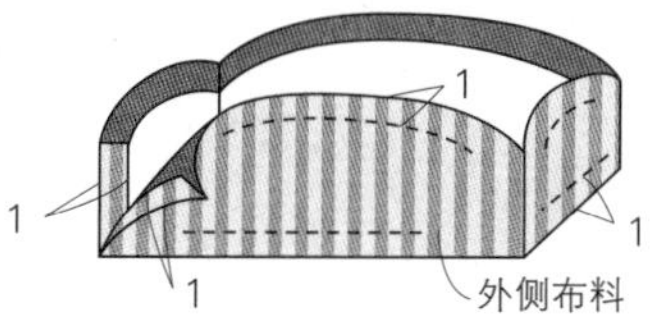

⑫折叠盒盖的弧形。

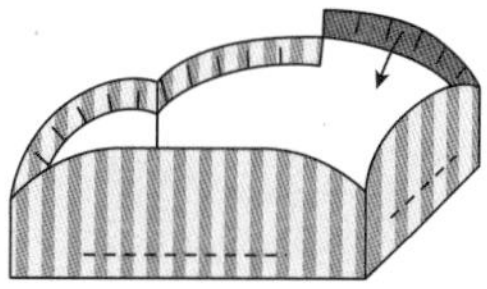

⑬折叠盒盖的上部。

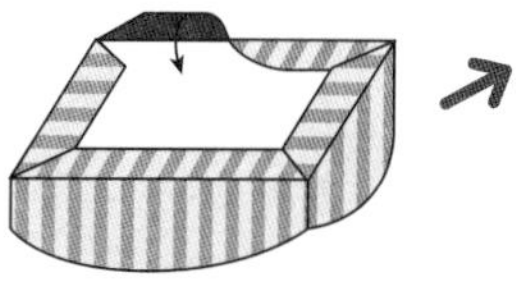

牛奶盒的裁剪方法

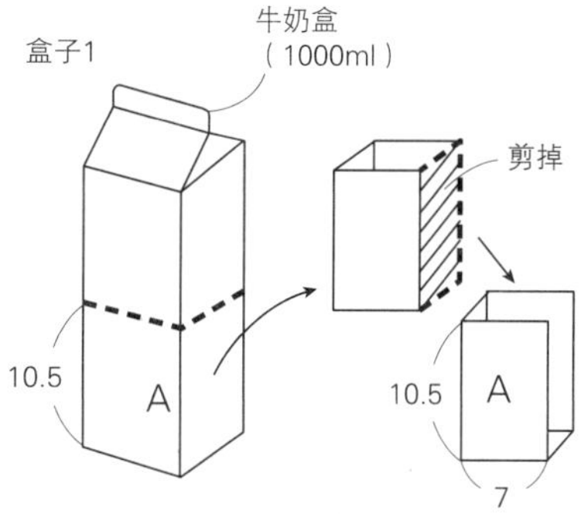

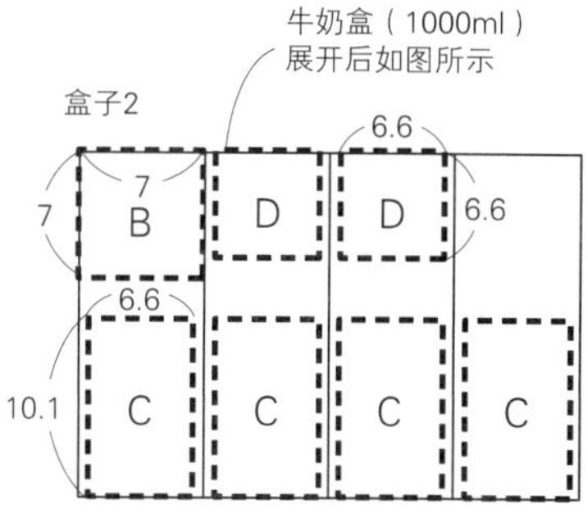

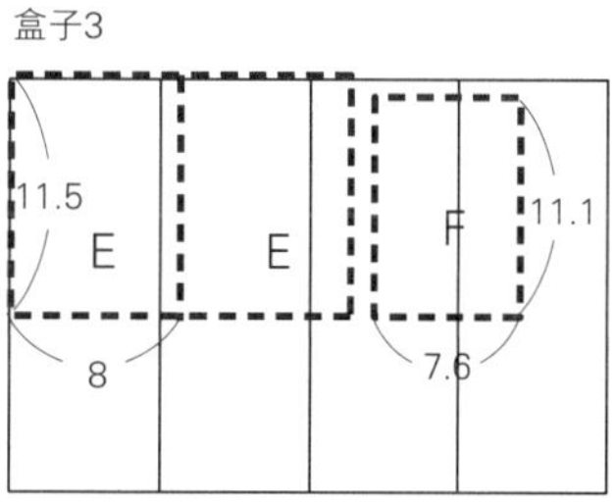

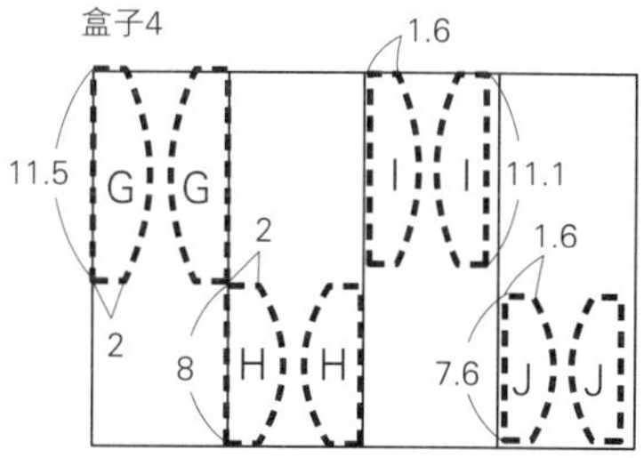

实物大纸样

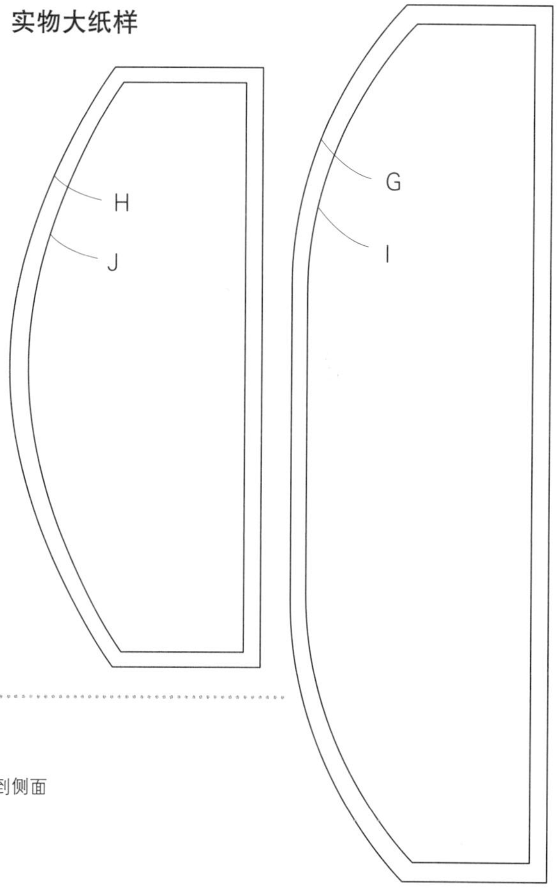

⑭ 制作盒盖的内侧。

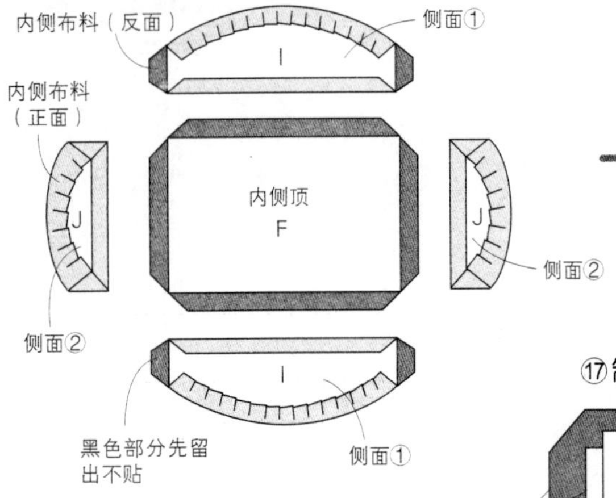

⑮ 内侧顶与盒盖黏合。

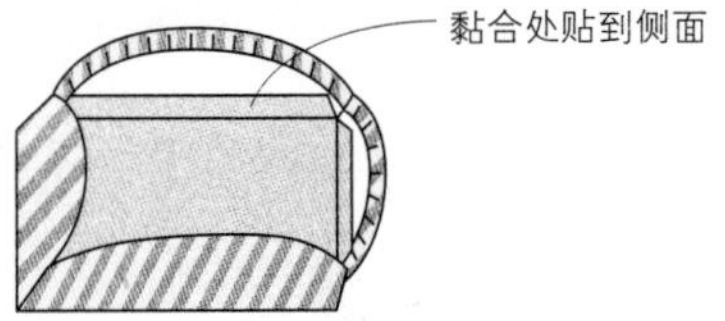

⑯ 内侧侧面粘贴到盒盖上。

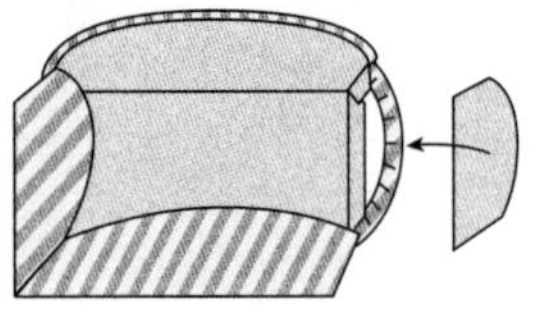

⑰ 制作顶层盒盖。

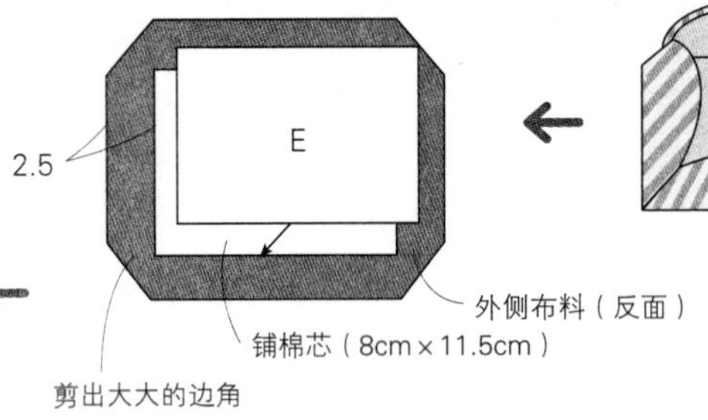

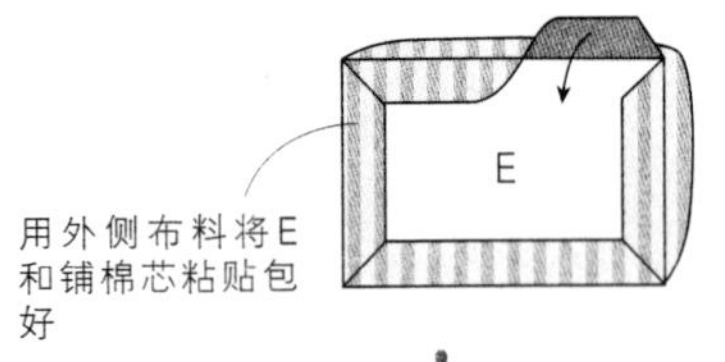

⑱ 将顶层盒盖粘贴到步骤⑯中制作好的盒盖上。

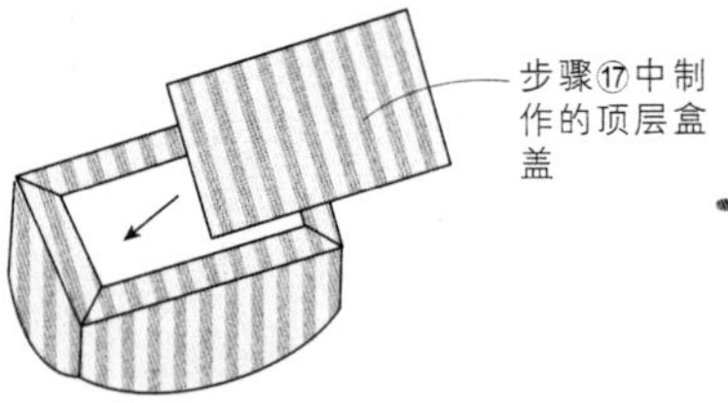

⑲ 英文字母徽章粘贴到顶层盒盖上，完成。

12 page 22 蔷薇布盒

材料

牛奶盒（1000ml）4个
外侧布料（亚麻纯色）40cm×65cm
内侧布料（棉质条纹）30cm×60cm
花边（宽8mm）90cm
徽章

制作方法与P61~P62字母布盒的步骤①~⑱相同

↓

盒盖边缘贴上花边，再贴上蔷薇徽章，完成

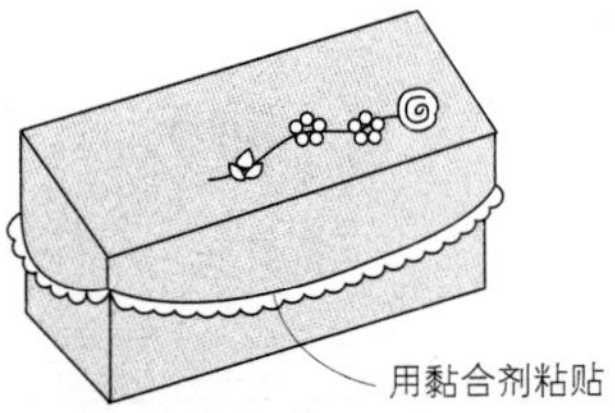

牛奶盒的裁剪方法

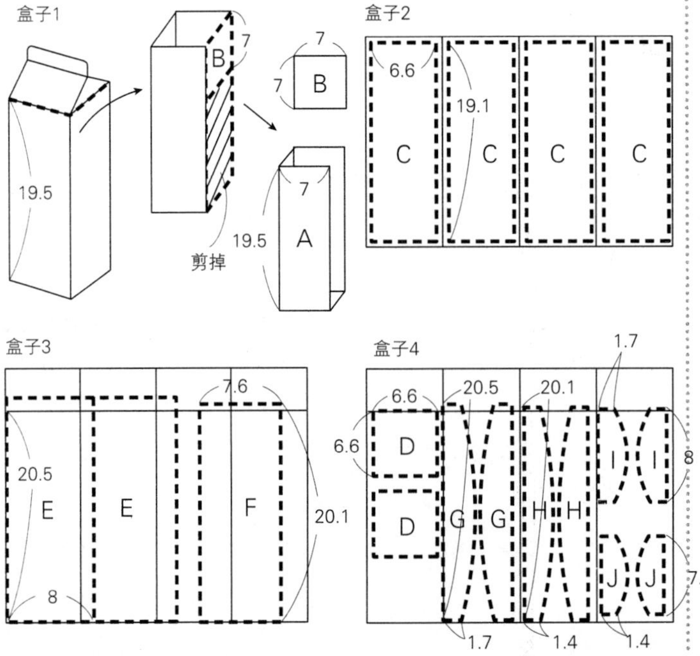

实物大图案

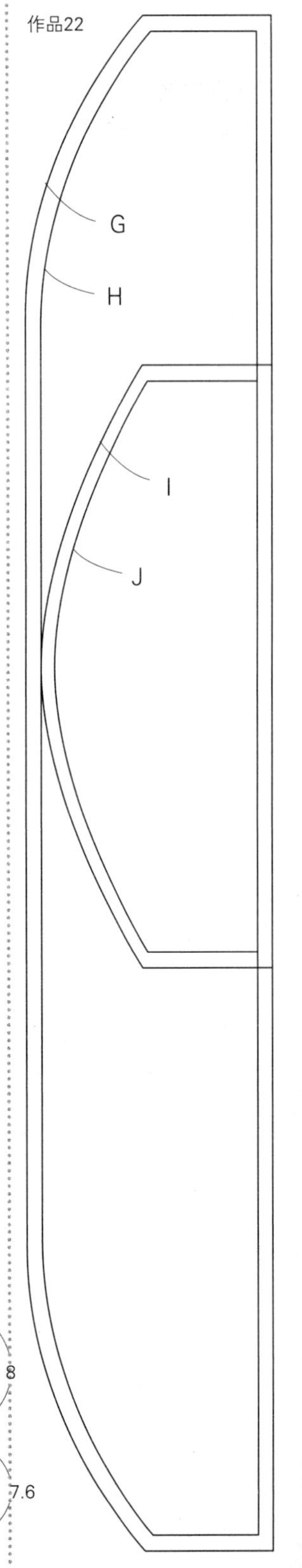

手提箱式布盒

材料

牛奶盒（1000ml）3个
布料a（亚麻纯色）25cm × 45cm
布料b（方格）10cm × 15cm
布料c（棉质、英文字）20cm × 30cm
扣锁 1对
卡环针夹（顶部直径4mm）6个

牛奶盒的裁剪方法

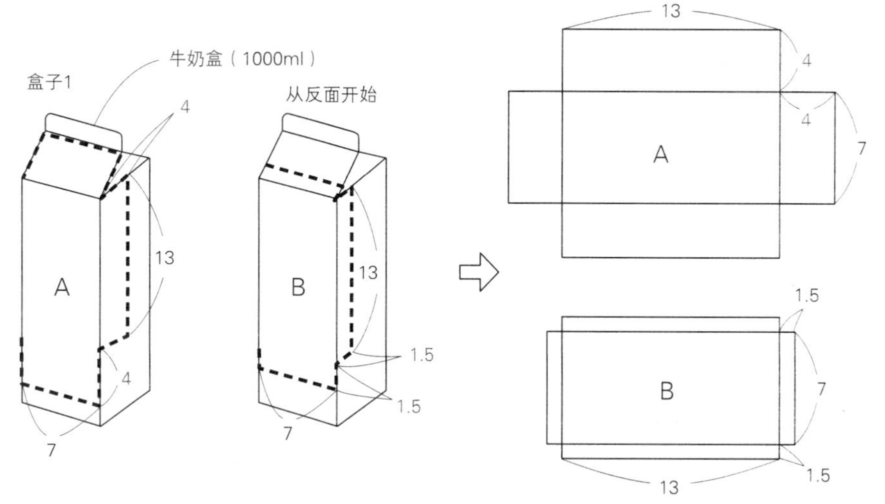

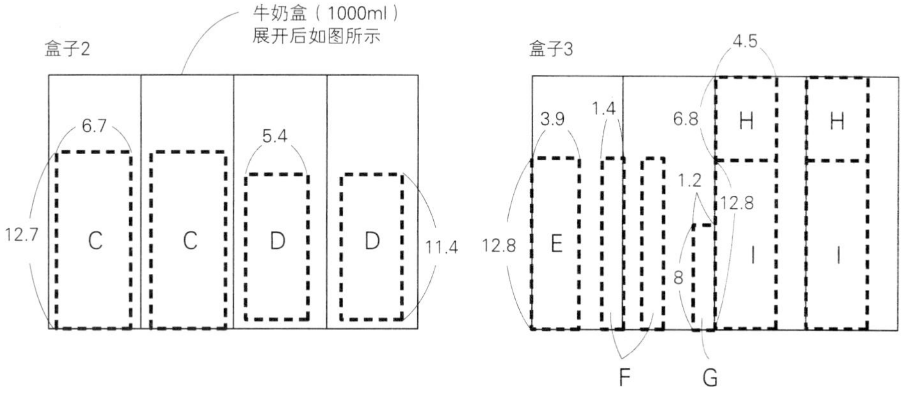

制作方法

① 组合A，制作主体。

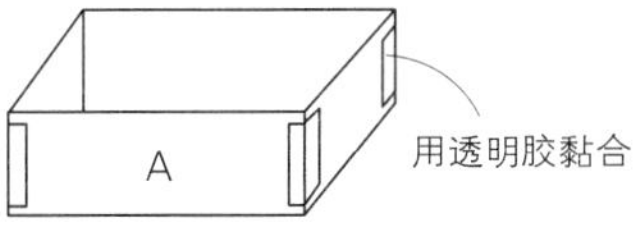

② 将E粘贴到A的侧面内侧，起到加固的作用。

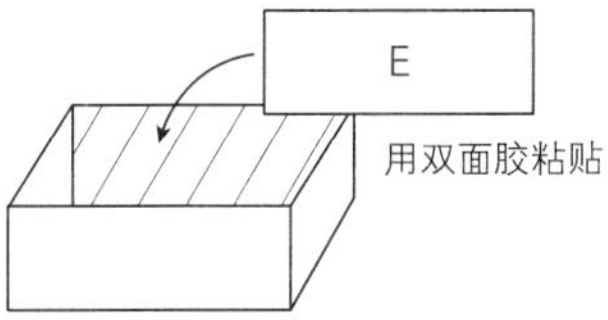

③ 布料a粘贴到A的侧面。

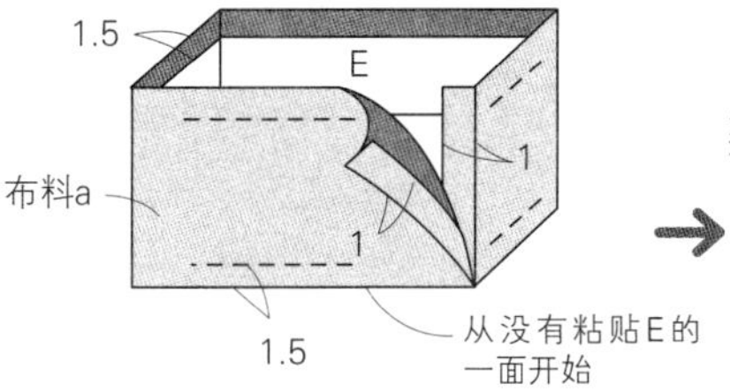

④ 折叠开口处。

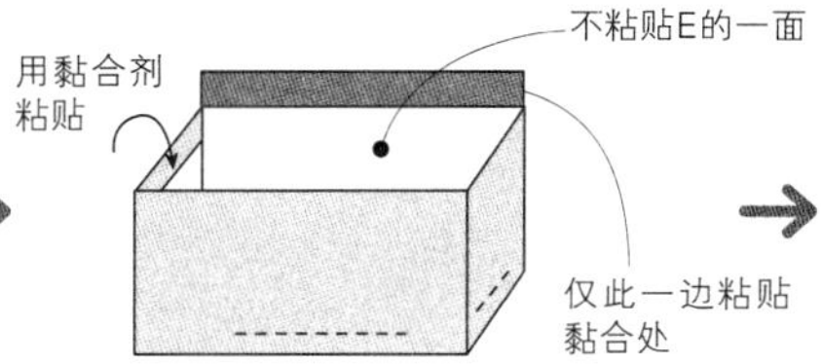

⑤ 剩下的黏合处左右各剪去5mm后折叠。

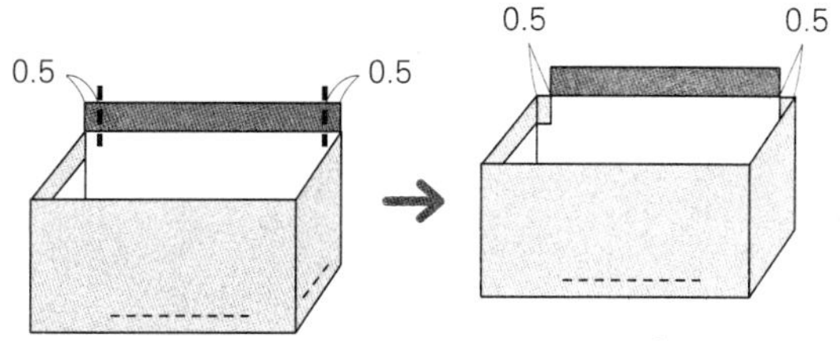

⑥ 折叠底面。

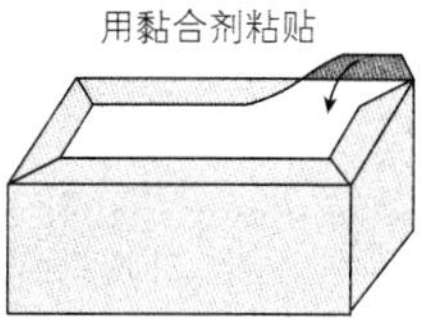

⑦ 制作外侧底面。

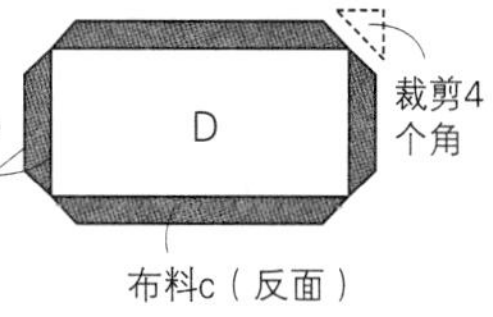

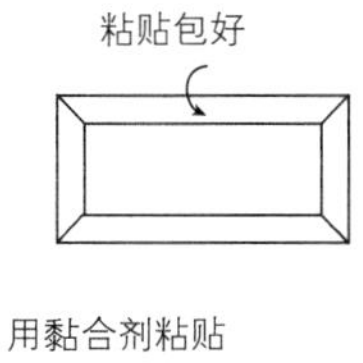

⑧ 外侧底面粘贴到主体上。

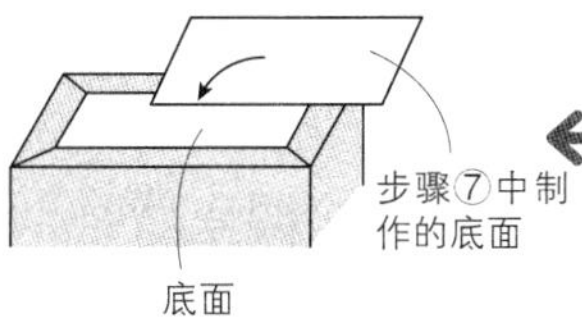

⑨ 组合B，制作盒盖。

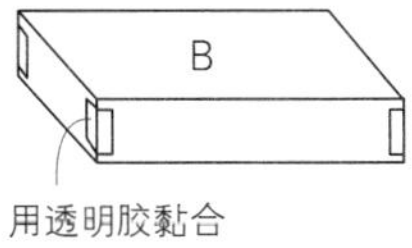

⑩ 盒盖侧面的内侧贴上F，起到加固的作用。

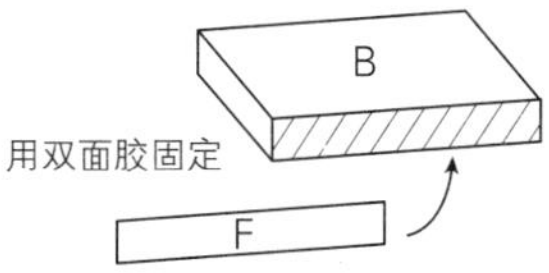

⑪ 布料a粘贴到盒盖的侧面。

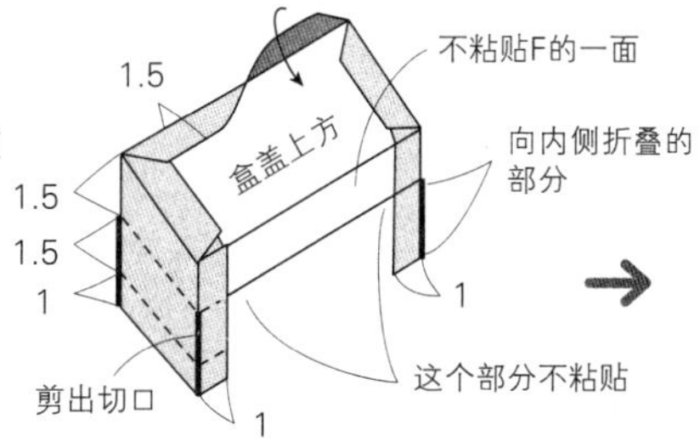

⑫ 将步骤⑪中粘贴的布料向内侧折叠。

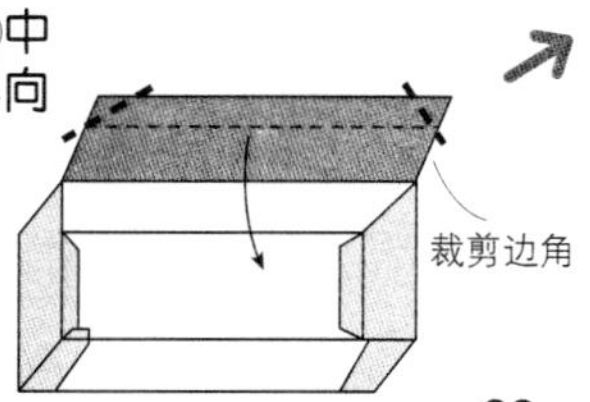

⑬ 将盒盖和主体黏合。

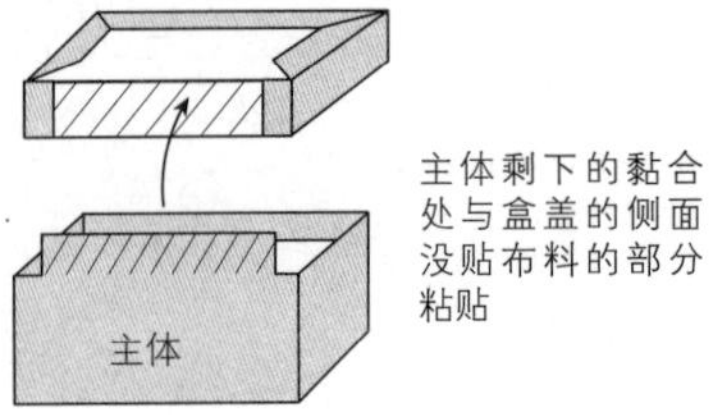

⑭ 贴紧后，打开盒盖，再粘贴合叶布料。

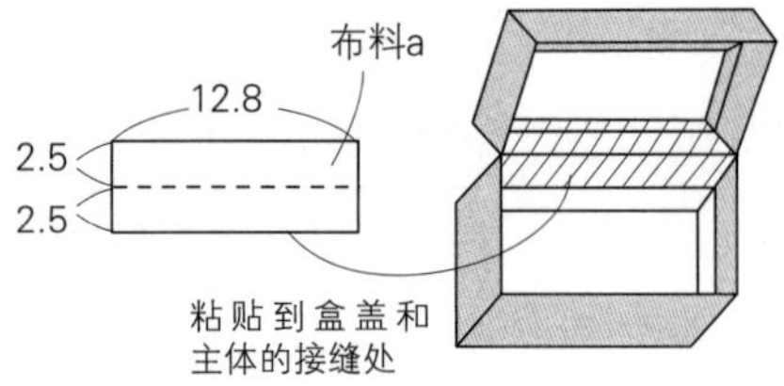

⑮ 安装扣锁。

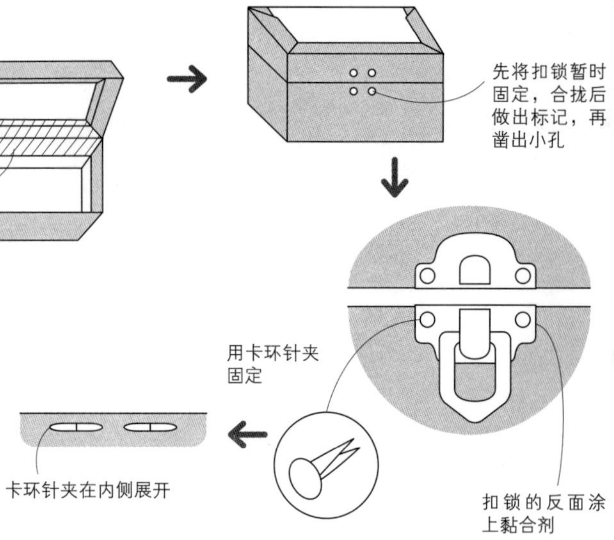

⑯ 用布料a将1块F粘贴包好。

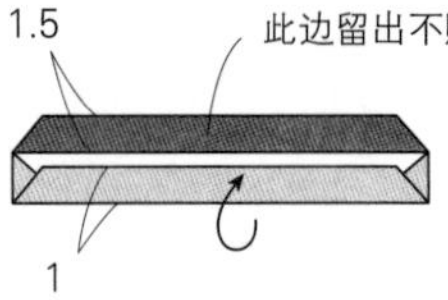

⑰ 将步骤⑯中的F粘贴到盒盖外侧底部。

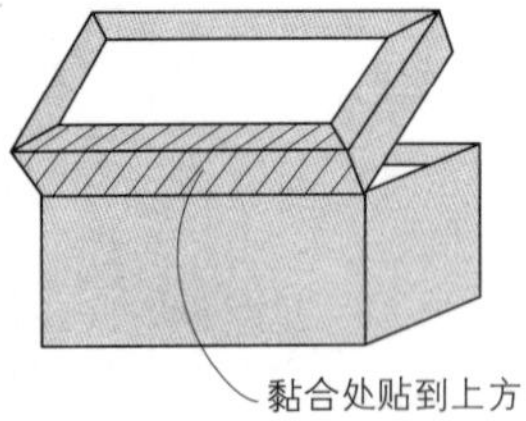

⑱ 制作盒盖上部和提手。

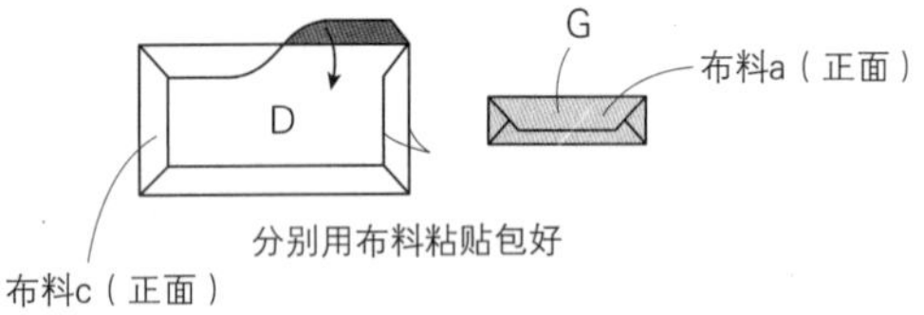

⑲ 将G固定到D上。

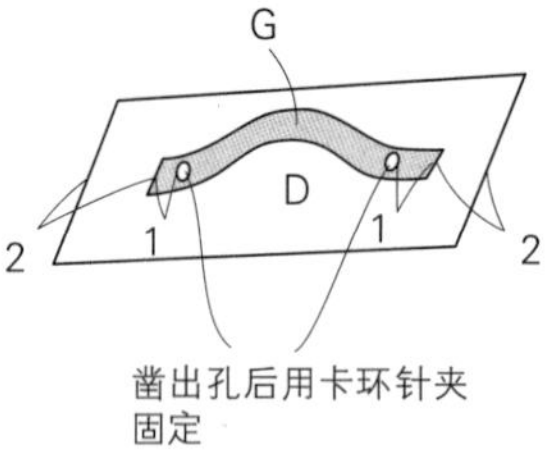

⑳ 将步骤⑲中制作的部分粘贴到盒盖上。

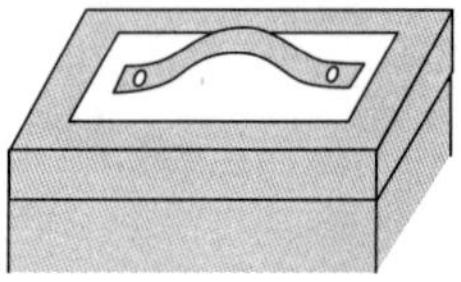

㉑ 制作盒盖的内侧顶，之后粘贴到盒盖上。

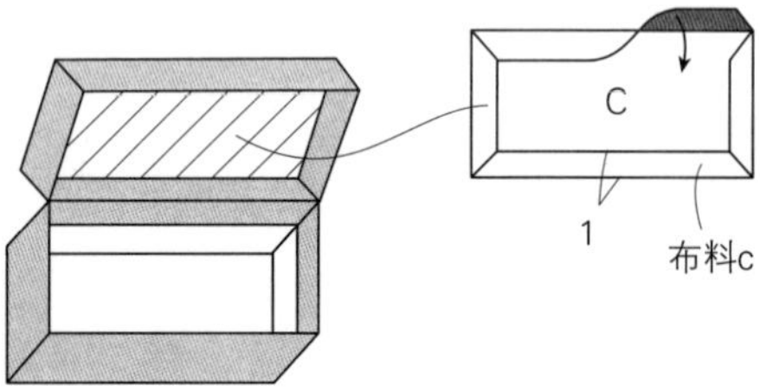

㉒ 制作主体内侧的底面。

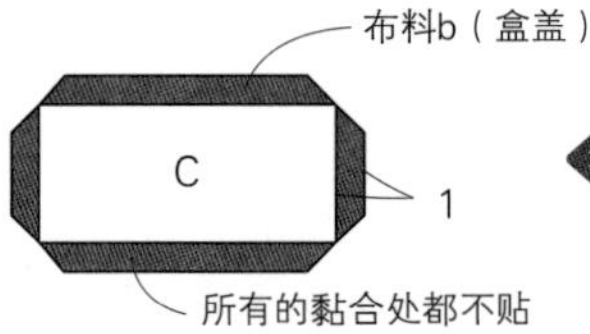

㉓ 内侧底面粘贴到主体上。

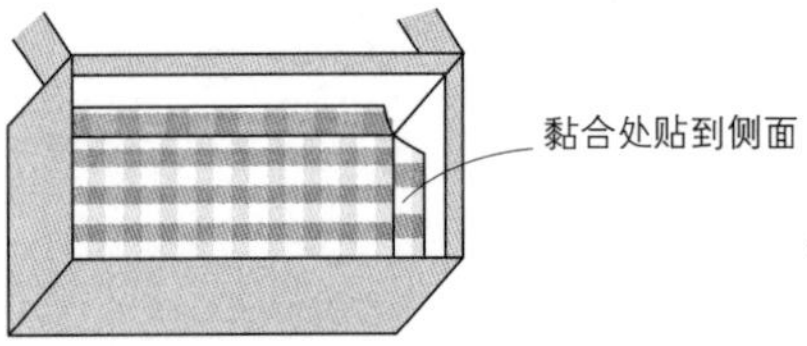

㉔ 制作主体的内侧侧面。

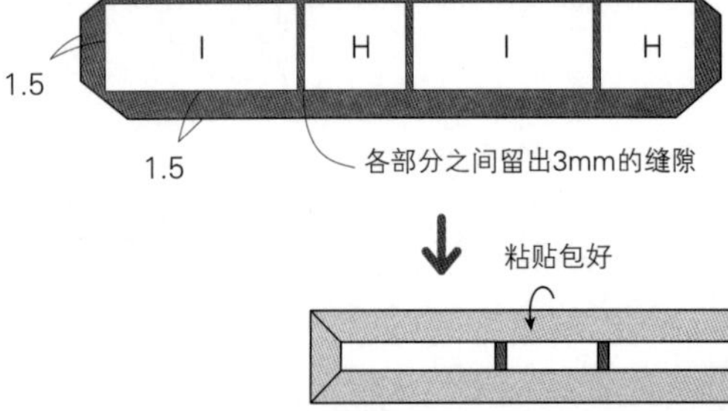

㉕ 将步骤㉔中制作的侧面粘贴到主体内侧。

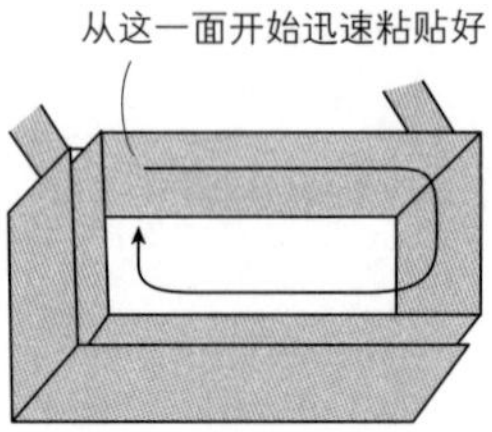

完成。

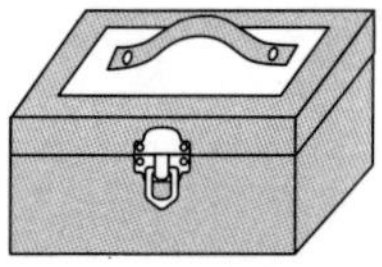

 圆形篮子

材料

牛奶盒（1000ml）3个
外侧布料（亚麻纯色）20cm × 35cm
内侧布料（方格）20cm × 30cm
彩色图画纸（蓝绿色）9cm × 9cm
麻质丝带（宽1.9cm）35cm
四合扣（5.5mm）2个

牛奶盒的裁剪方法

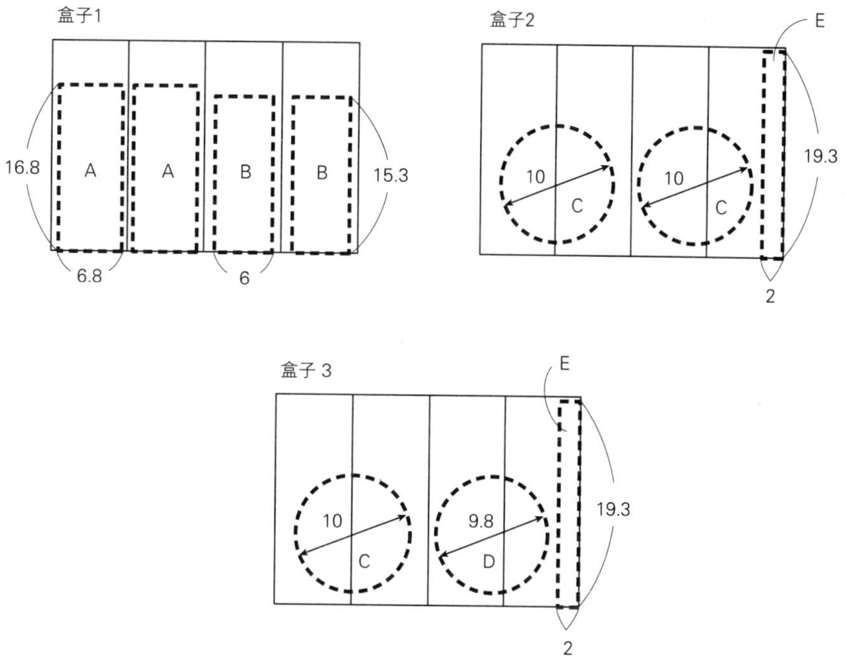

制作方法

①制作底面。

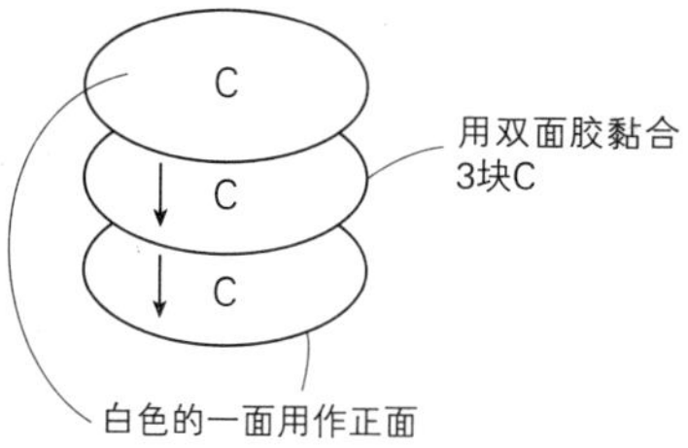

②制作侧面。

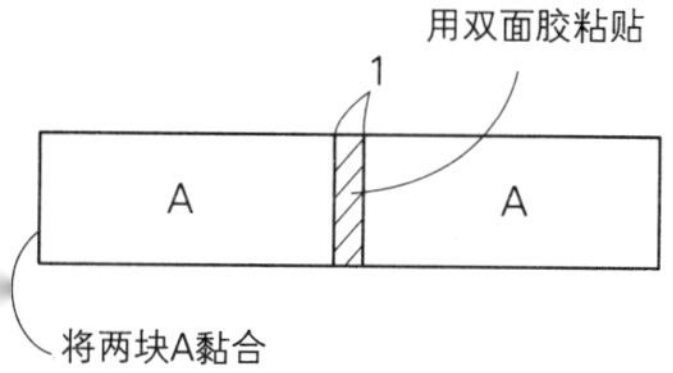

③沿底面卷起，对齐后将A的两端黏合。

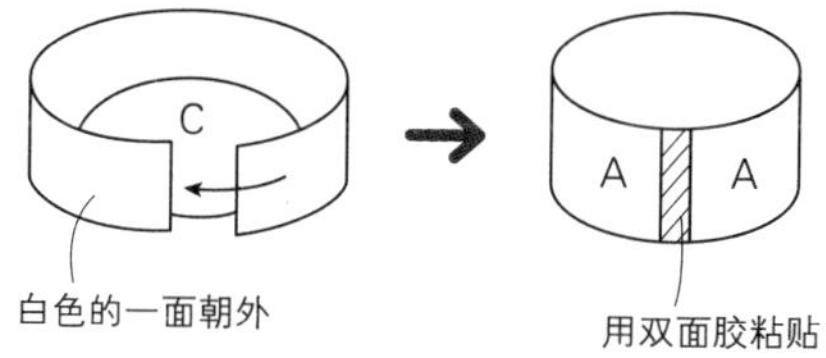

④确认侧面与底面呈直角，没有歪斜。

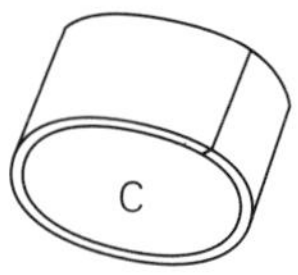

⑤将底面与侧面黏合。

⑥外侧布料粘贴到侧面。

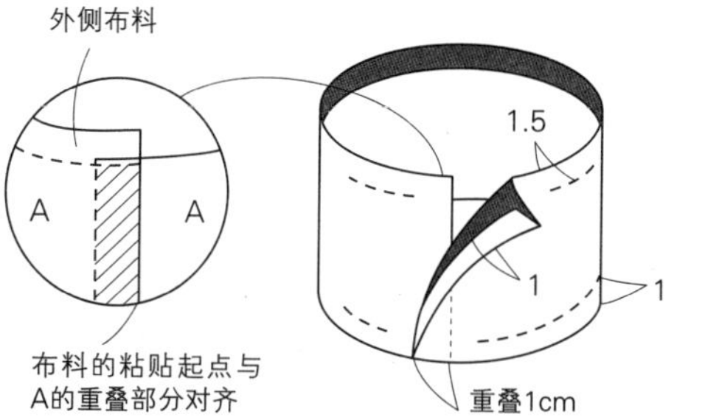

⑦折叠开口处。

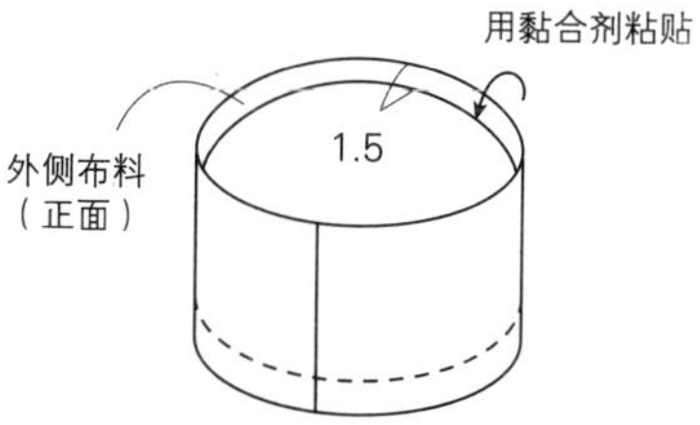

⑧ 折叠底面。

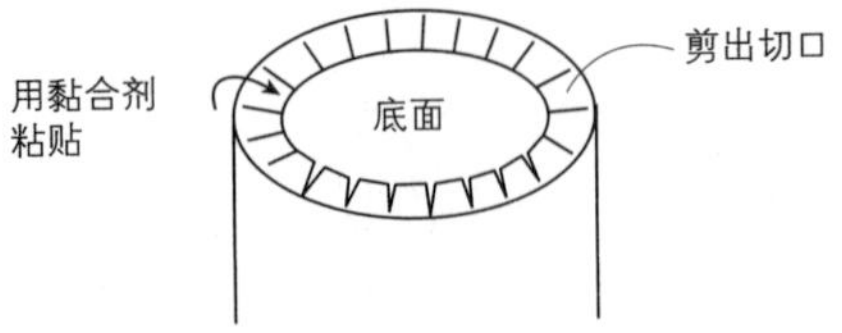

⑨ 制作内侧底面。

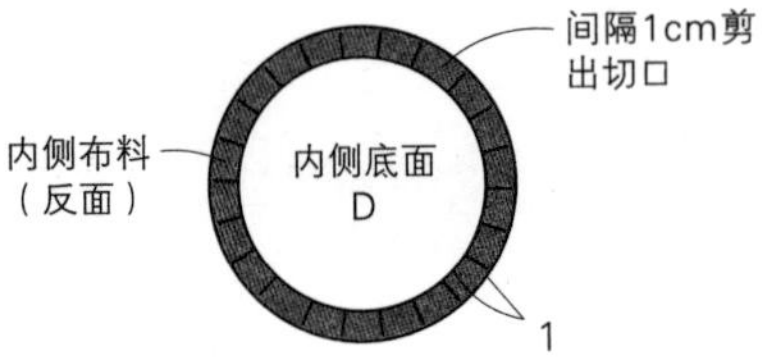

⑩ 粘贴内侧底面。

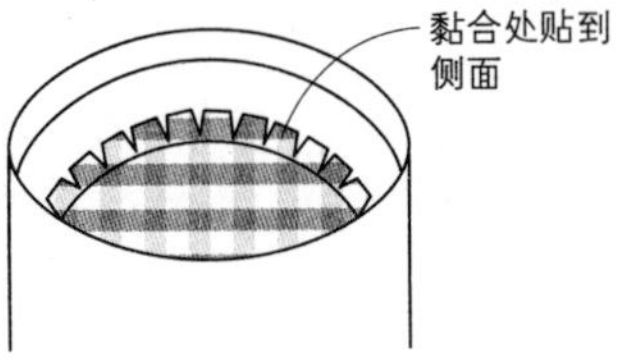

⑪ 制作内侧侧面。

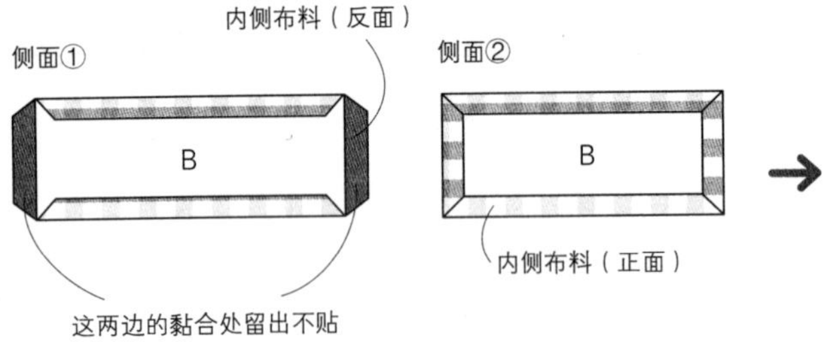

⑫ 内侧的侧面粘贴到主体上。

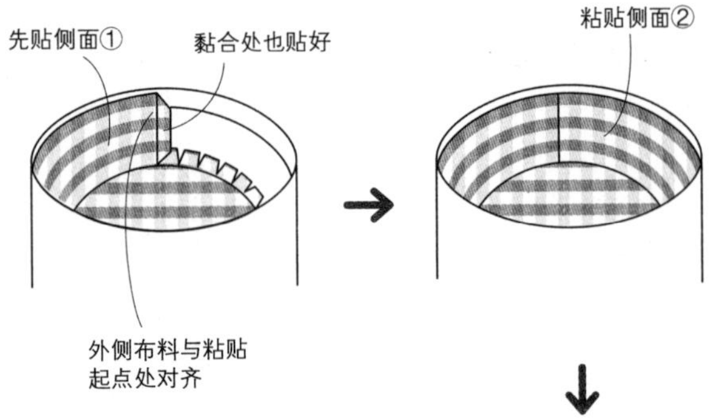

⑬ 粘贴外侧底面。

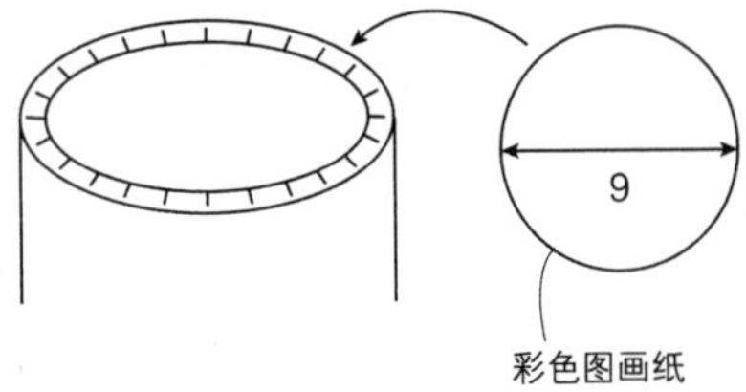

⑭ 制作提手。

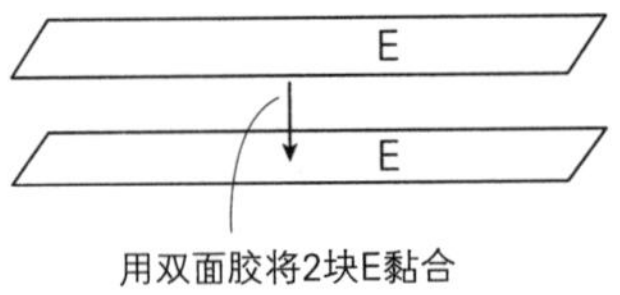

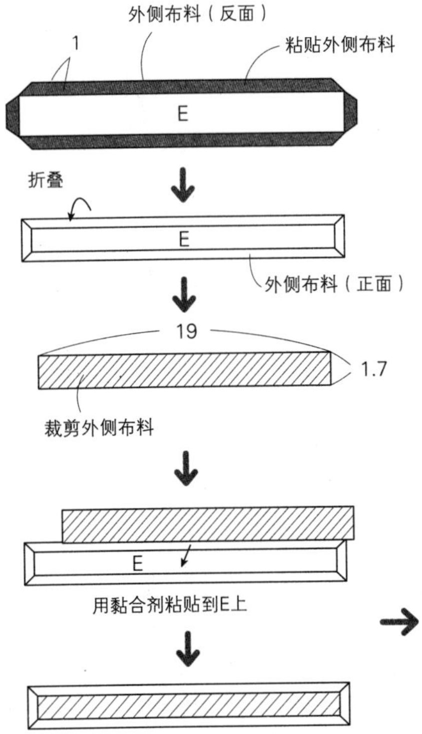

⑮ 将提手拼接到主体。

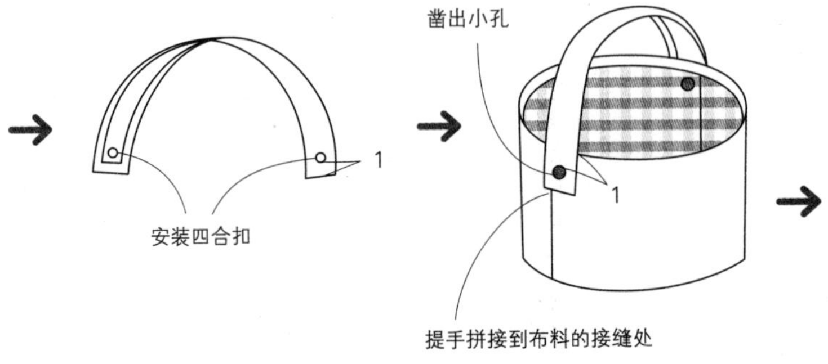

⑯ 麻质丝带粘贴拼接到夕
侧侧面，完成。

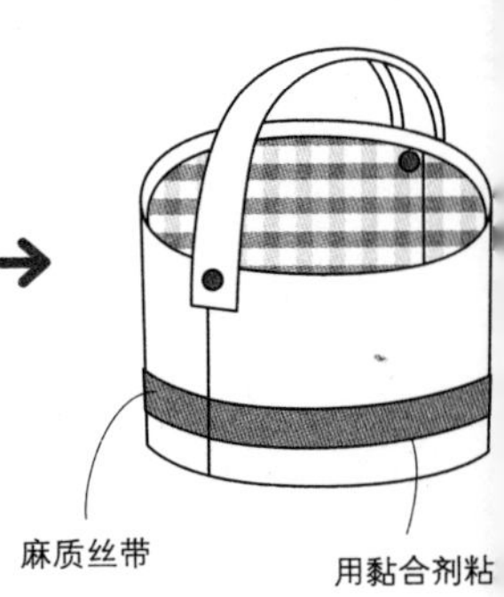

材料

牛奶盒（1000ml）1个
外侧布料（亚麻纯色）25cm×35cm
内侧布料（棉质印花）20cm×20cm

牛奶盒的裁剪方法

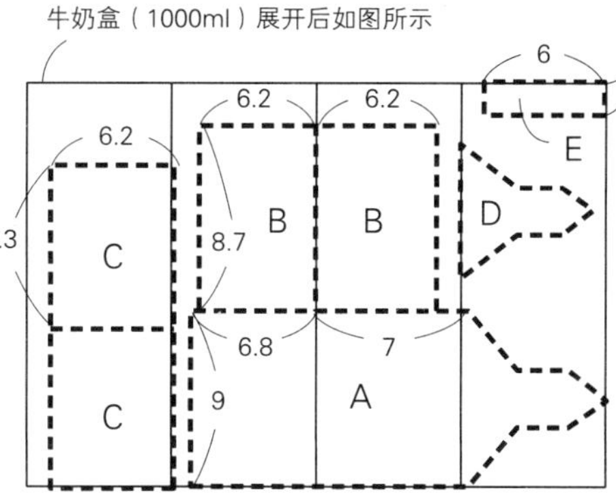

实物大纸样

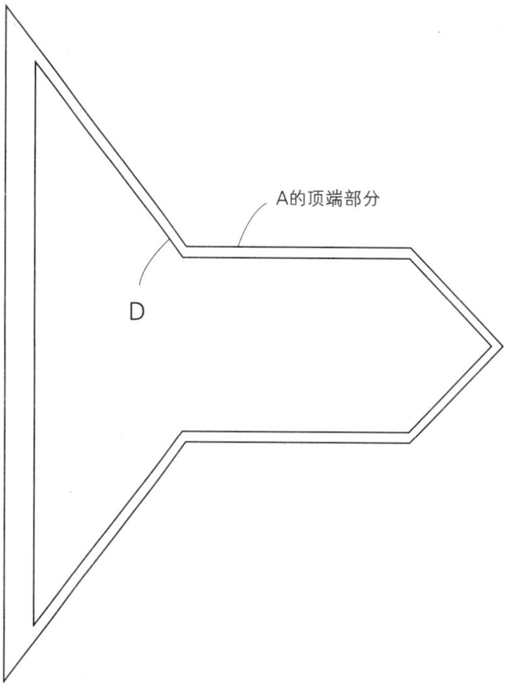

制作方法

①用外侧布料粘贴包好A。

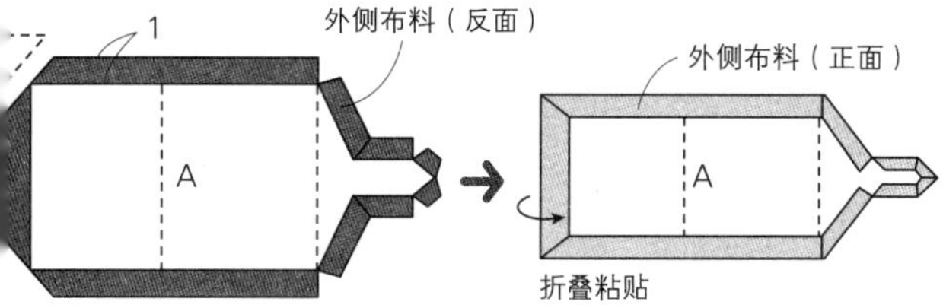

② 裁剪2块B的内侧。

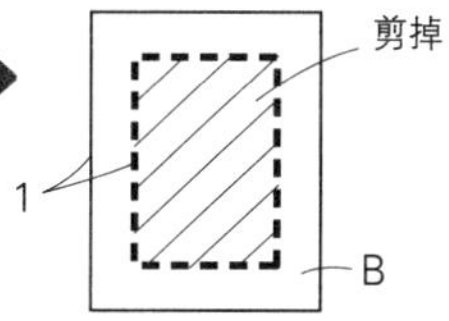

③外侧布料粘贴到B上。

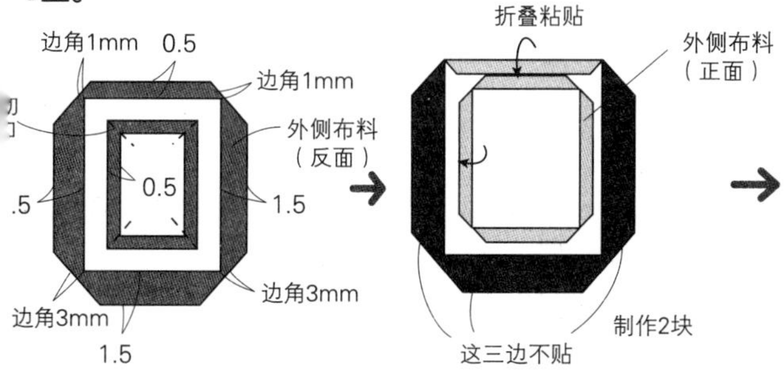

④用内侧布料粘贴包好C。

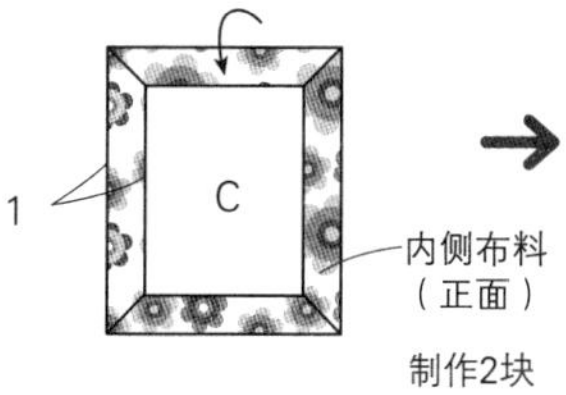

⑤将C放到B上，再将B的黏合处贴好。

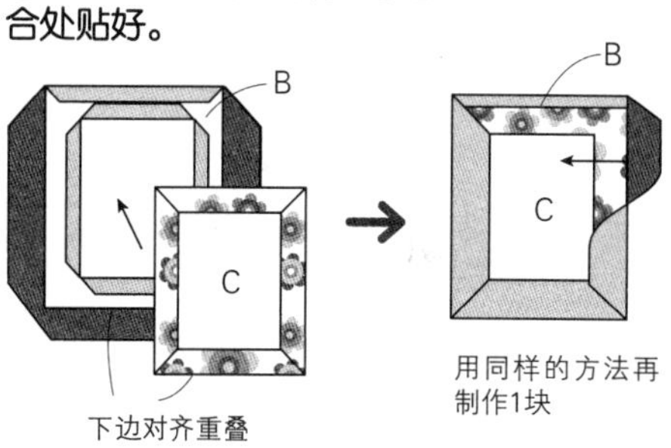

⑥用外侧布料粘贴包好D和E。

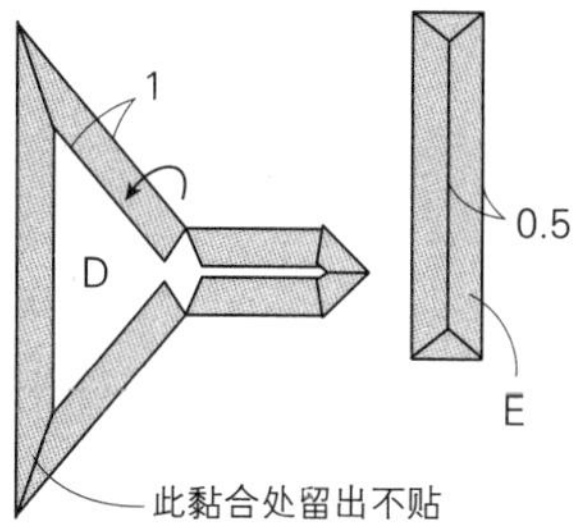

⑦在A上剪出切口。

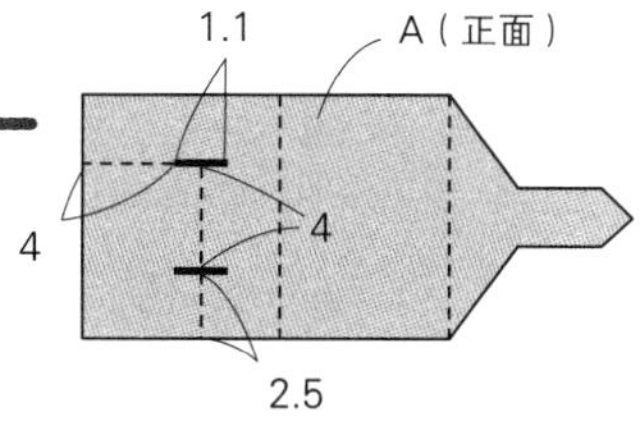

⑧将E插入A的切口中。

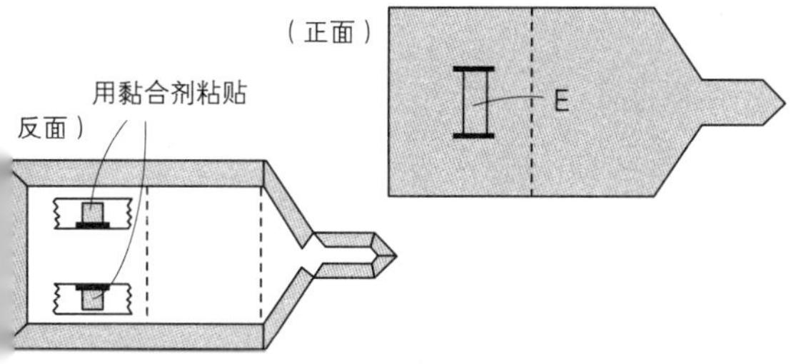

⑨合叶布贴到A的反面。

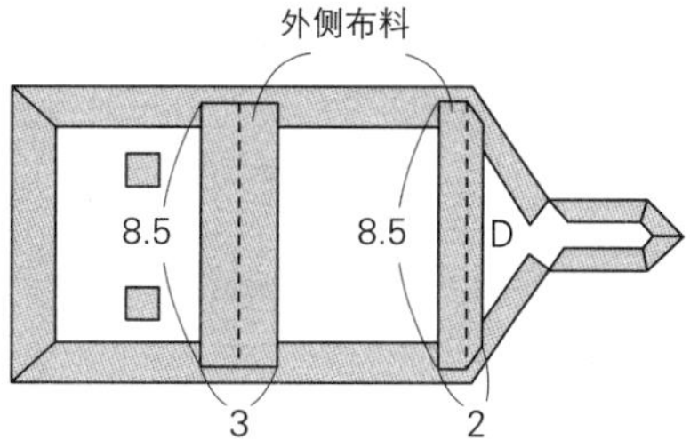

⑩将D和步骤⑤中制作的内侧粘贴到A上，完成。

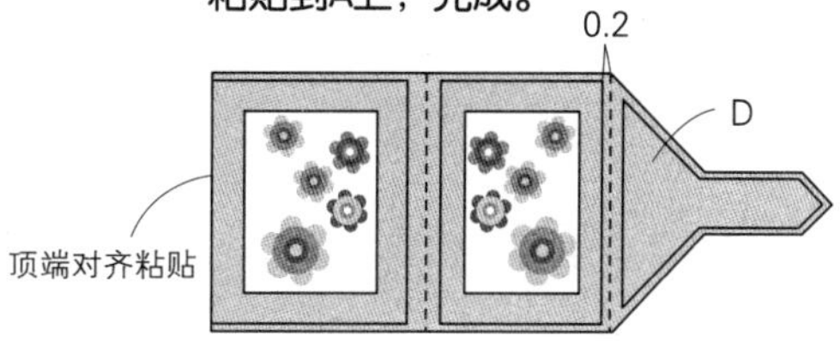

15 page 29 卡片夹

牛奶盒的裁剪方法

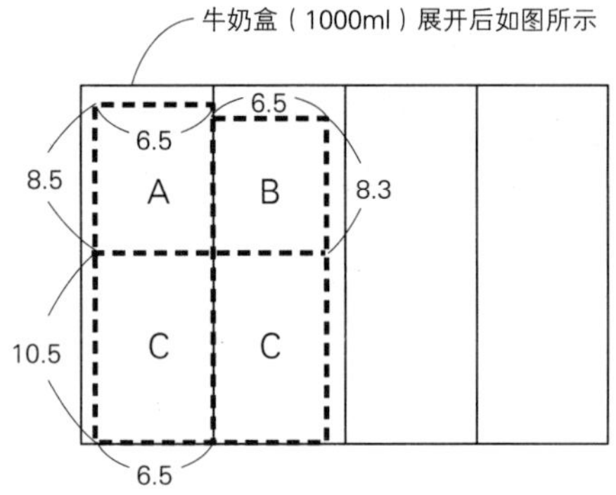

材料

牛奶盒（1000ml）1个
外侧布料（亚麻纯色）10cm×15cm
内侧布料（棉质印花）10cm×15cm
皮质风格的纸 15cm×20cm
金属扣眼（孔直径5mm）1个

制作方法

①裁剪A的内侧。

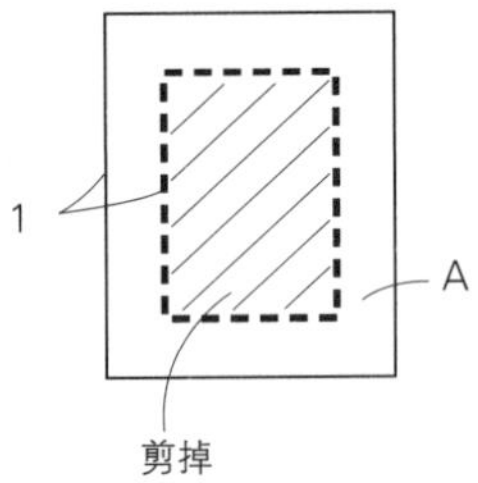

②外侧布料贴到A上。

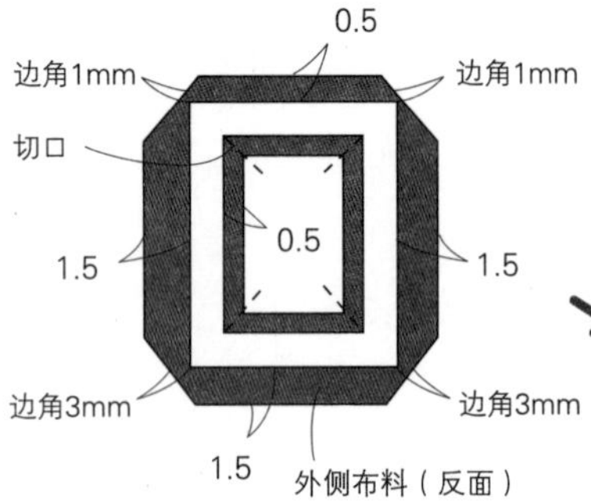

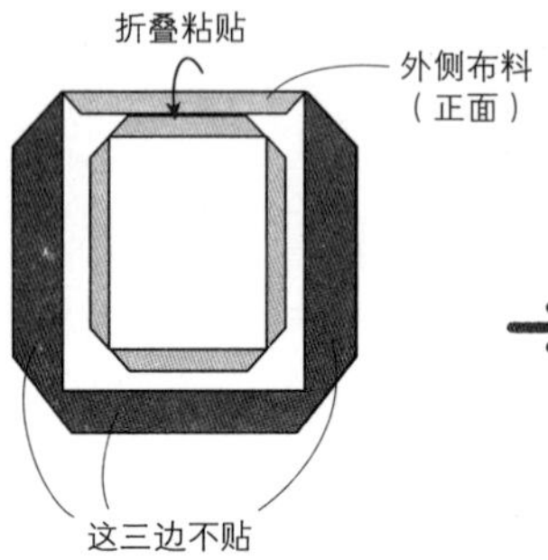

③用内侧布料粘贴包好B。

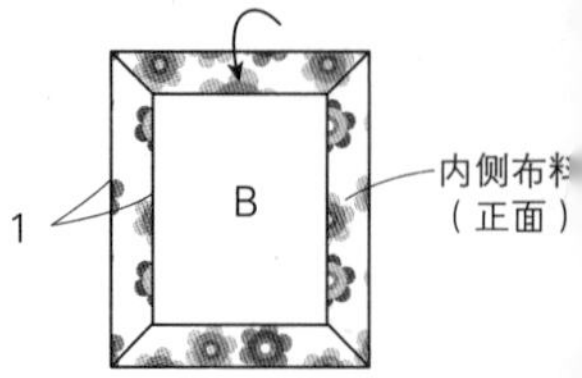

④将B放在A上，再将A的黏合处贴好。

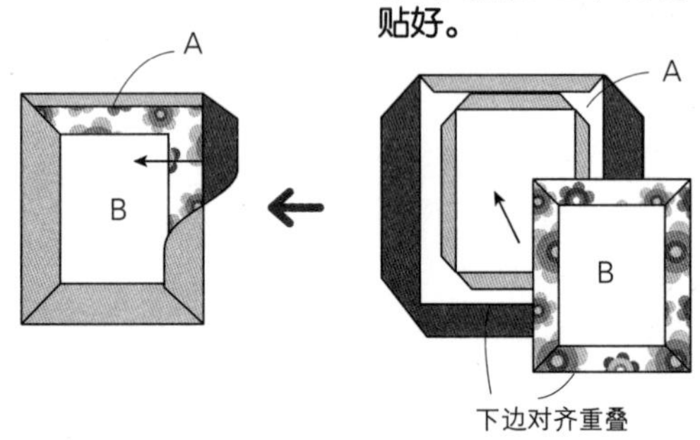

⑤2块C黏合后裁剪。

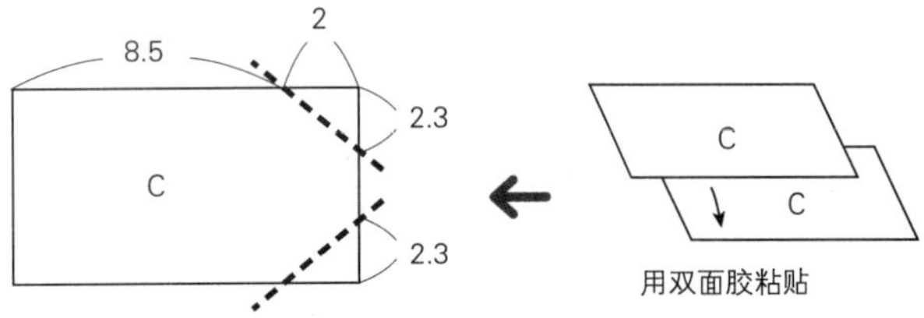

⑥用皮质风格的纸粘贴包好C。

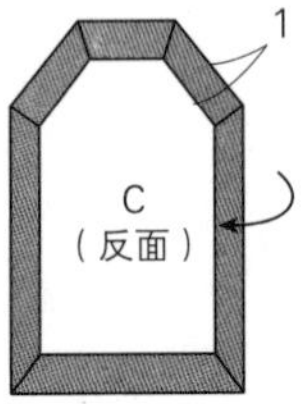

⑦裁剪皮质风格的纸张，边缘比C小1mm，之后粘贴到C上。

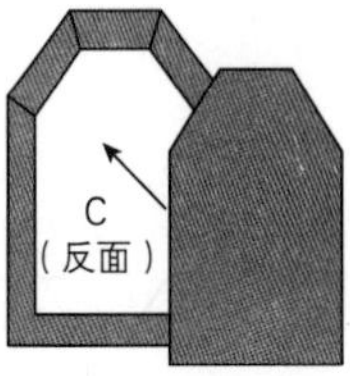

⑧C上凿出小孔，安装金属扣眼。

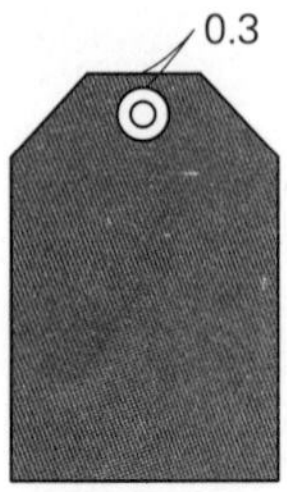

⑨粘贴上步骤④中制作的A和B，完成。

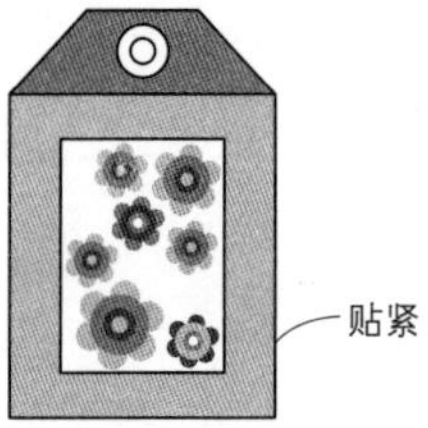

16 page 31 随身纸巾盒

材料

- 牛奶盒（1000ml）4个
- 布料a（棉质印花） 15cm×20cm
- 布料b（棉质方格、粗）15cm×35cm
- 布料c（棉质方格、细）25cm×45cm
- 布料d（棉质印花）10cm×15cm
- 彩色图画纸（茶色）7cm×10.5cm

牛奶盒的裁剪方法

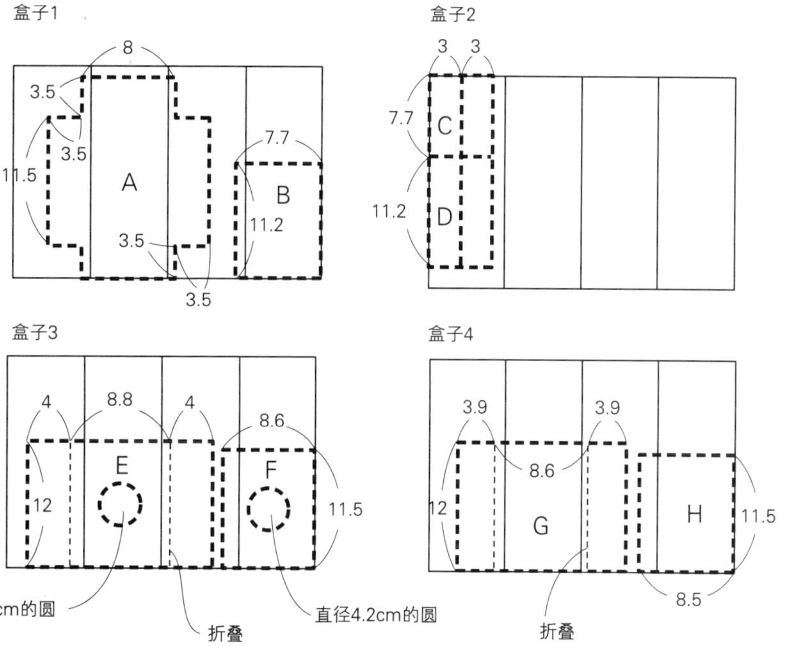

制作方法

①组合A，折叠内侧盒子。

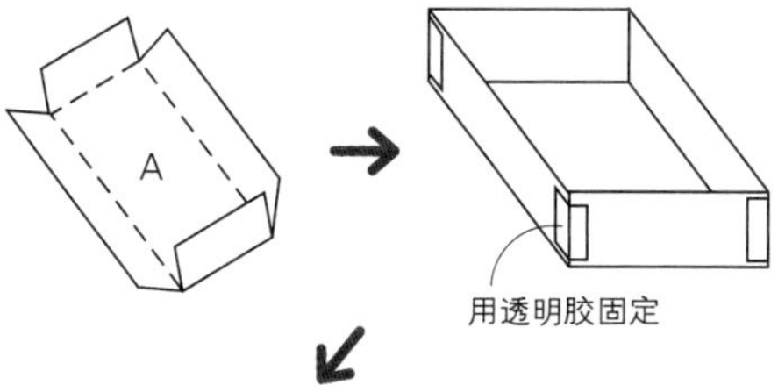

②布料c粘贴到A的侧面。

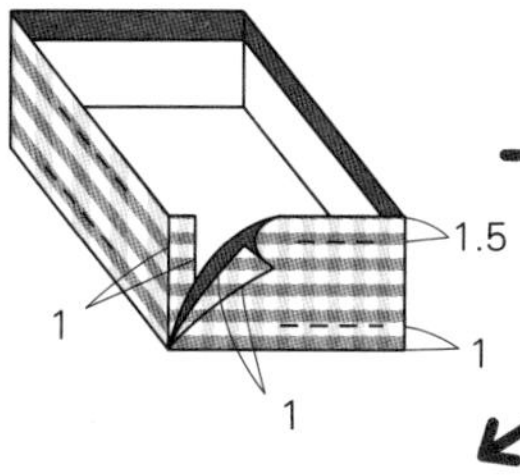

③剪出切口。

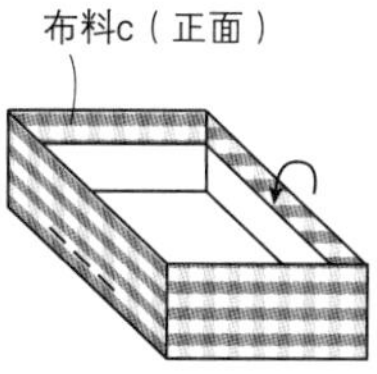

④折叠底面。

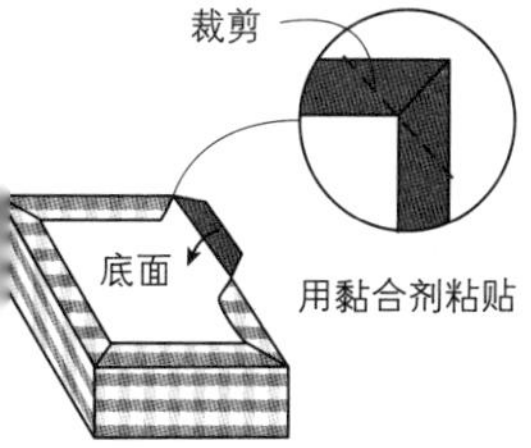

⑤外侧底面粘贴到底面。

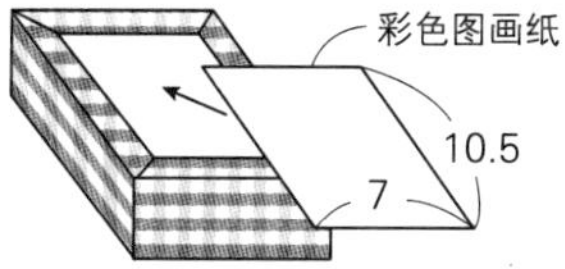

⑥制作A的内侧。

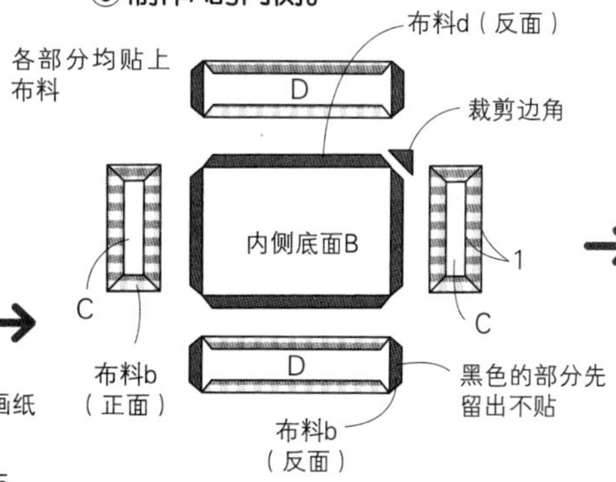

⑦内侧底面贴到A上。

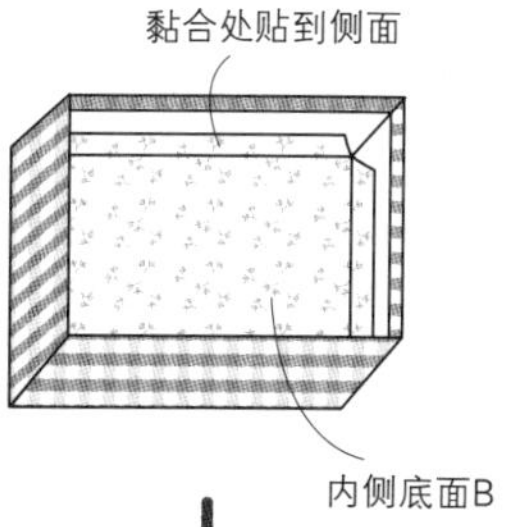

⑧内侧的侧面粘贴到A上。

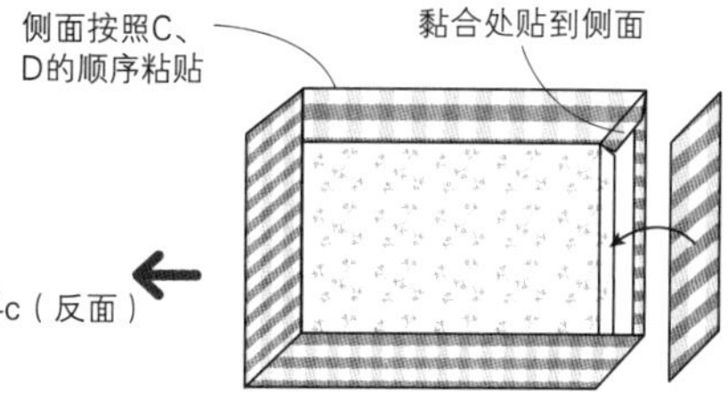

⑨制作外壳的上半部分。

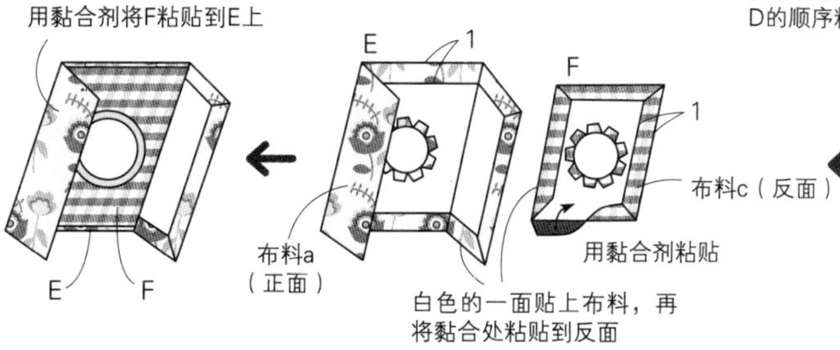

⑩制作外壳的下半部分。

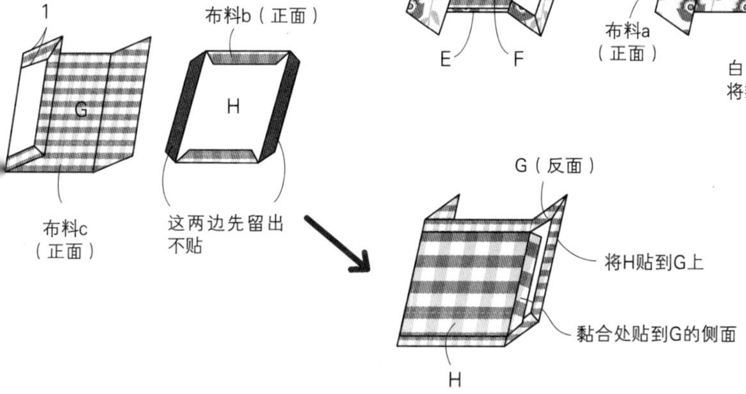

⑪外壳的上半部分和下半部分黏合。　完成。

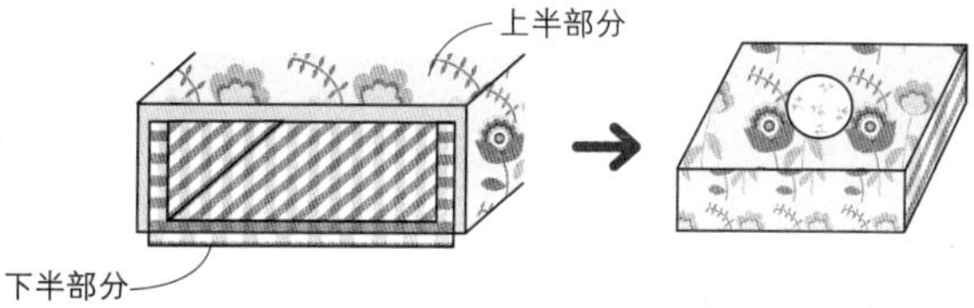

16 page 30 手提包式的小物收纳盒

材料

牛奶盒（1000ml）4个
外侧布料（天鹅绒）45cm×40cm
内侧布料（棉质印花）35cm×35cm
四合扣（8mm）14对
皮革绳带（宽1cm）30cm 2条

牛奶盒的裁剪方法

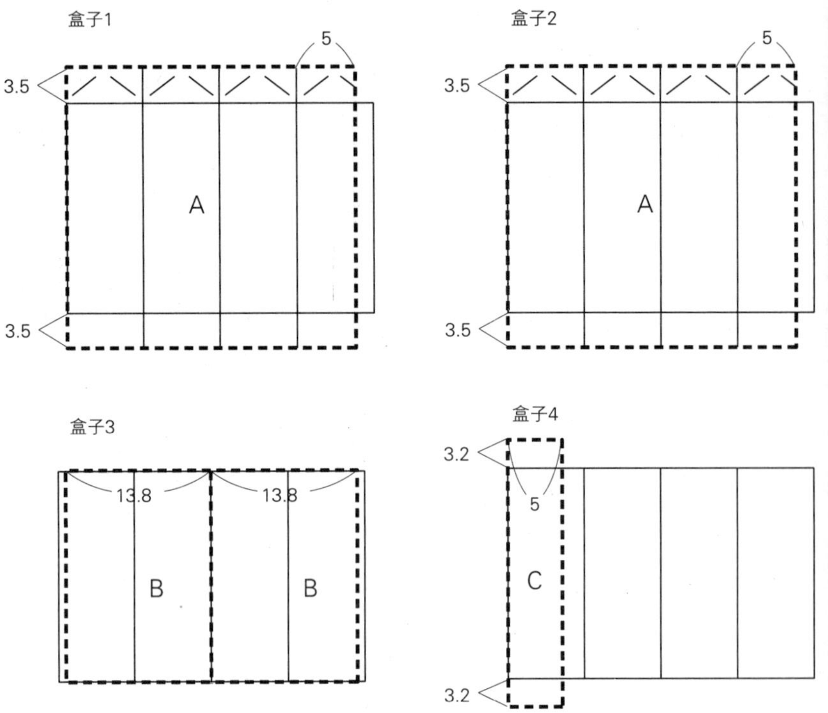

制作方法

① 2块A上剪出切口，折叠。

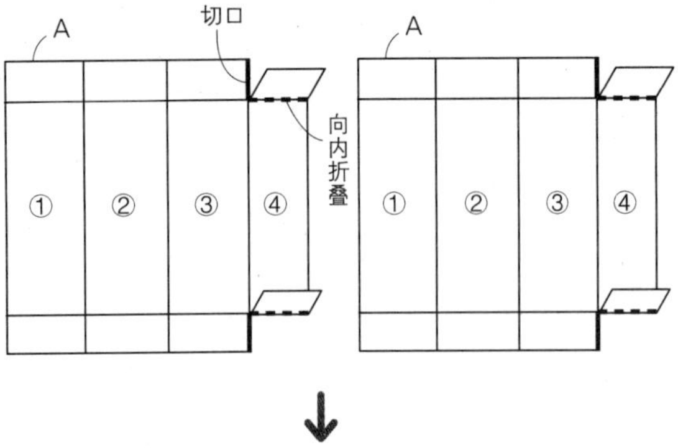

② 将①和②黏合，2个④对齐粘贴，制作主体。

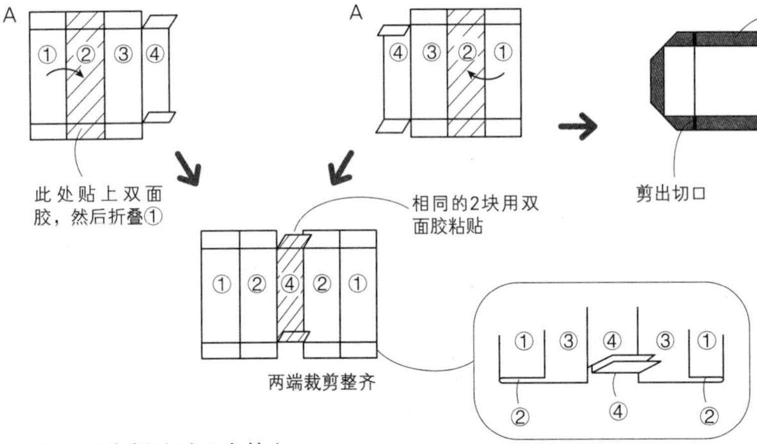

③ 制作内侧底面。

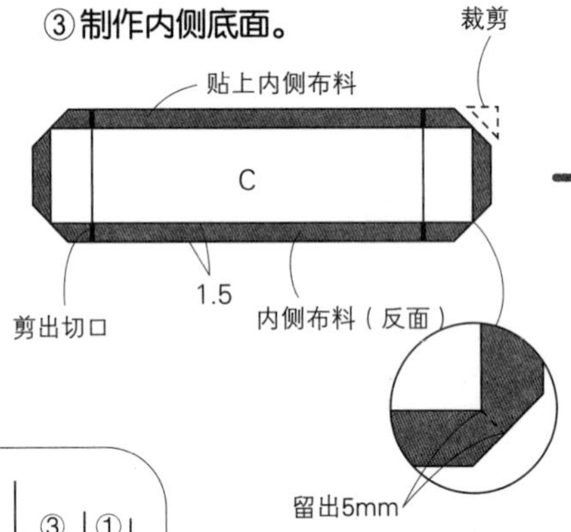

④ 将内侧底面粘贴到步骤②中制作好的主体④上。

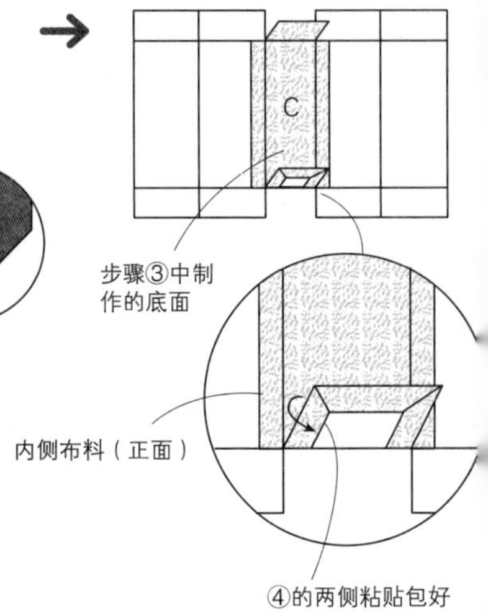

⑤ 外侧布料粘贴到主体上。

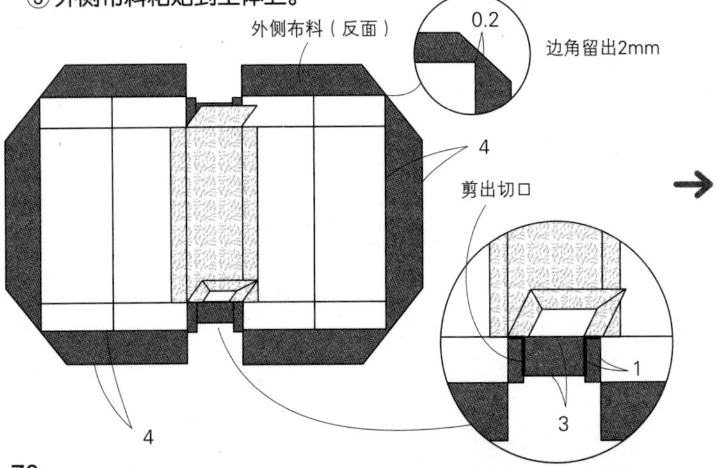

⑥ 折叠贴好黏合处。

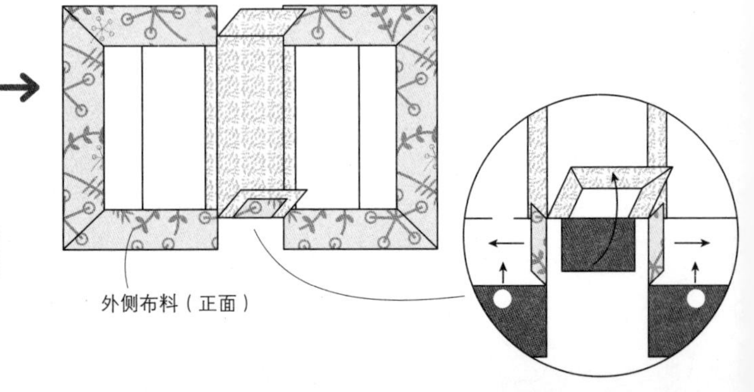

⑦制作主体的内侧。

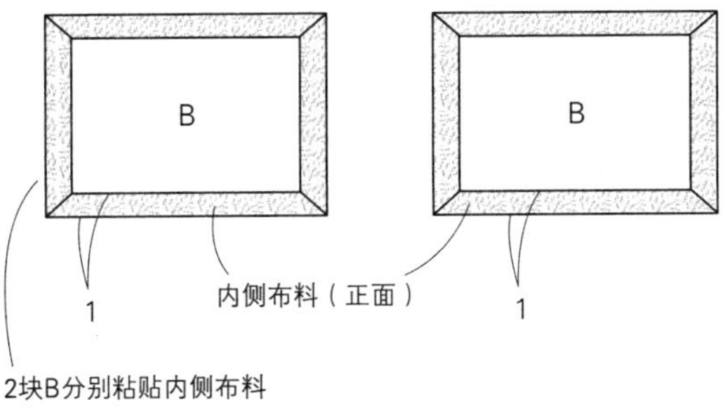

⑧将内侧贴到主体上。

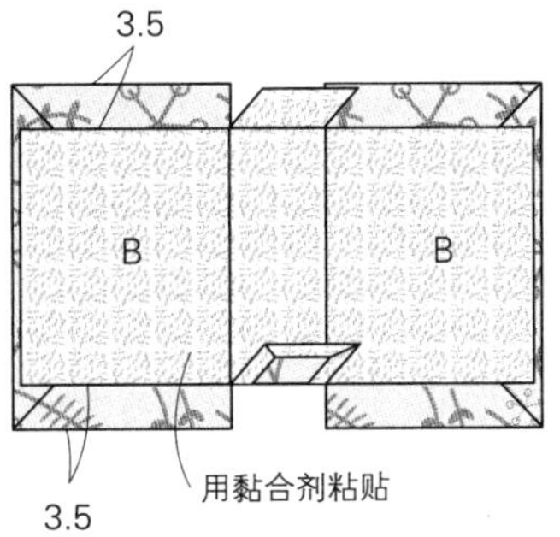

⑨提手部分凿出小孔。

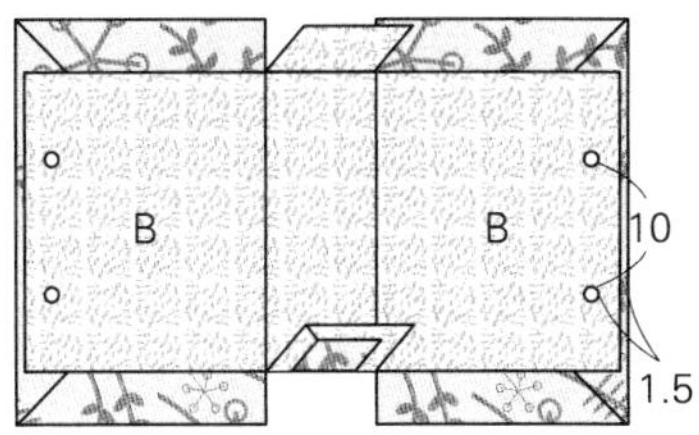

⑩皮革绳带上也凿出小孔。

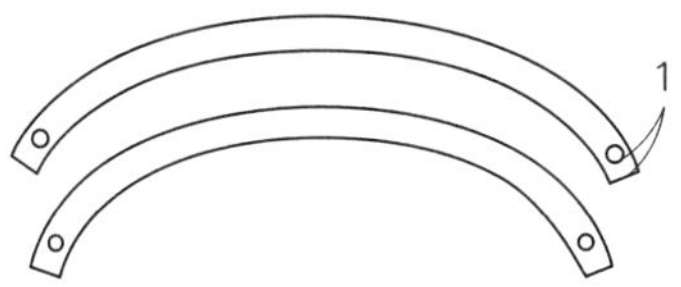

⑪组合主体，安装四合扣。

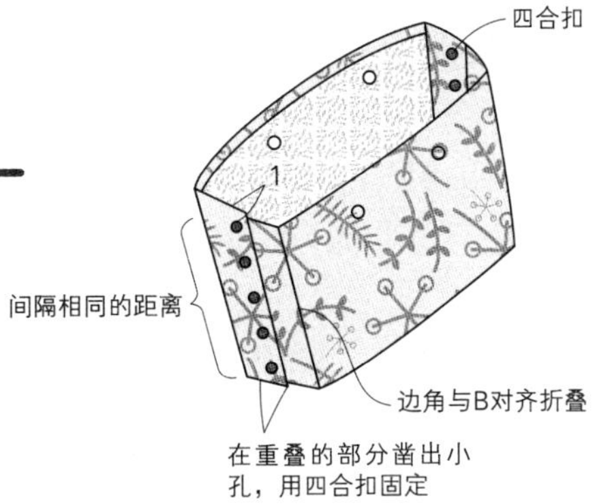

⑫拼接皮革绳带，完成。

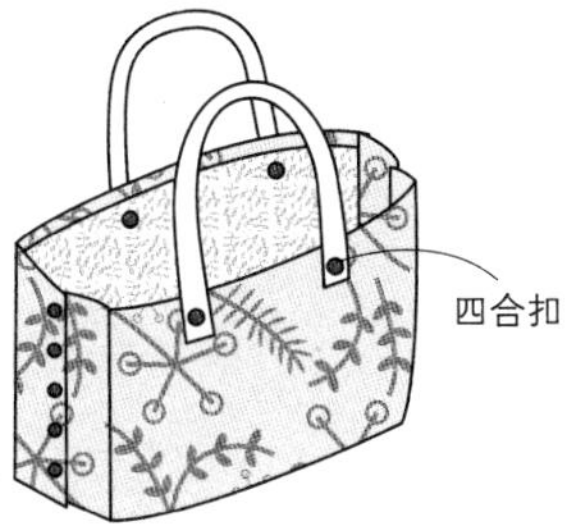

17 page 32、33 三角形的组合布盒

材料

牛奶盒（1000ml）3个
布料a（棉质印花）10cm×35cm
布料b（亚麻纯色）15cm×25cm
布料c（棉质印花）10cm×10cm
串珠（大，直径2.3cm）1颗
串珠（小，直径4mm） 1颗
铁丝（细）8cm
花边（宽7mm）30cm

牛奶盒的裁剪方法

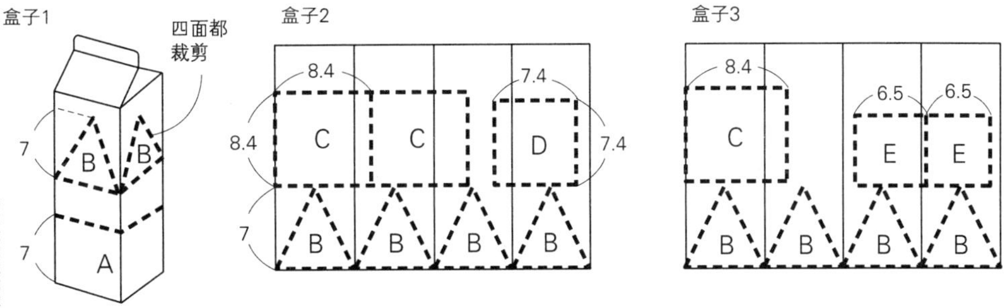

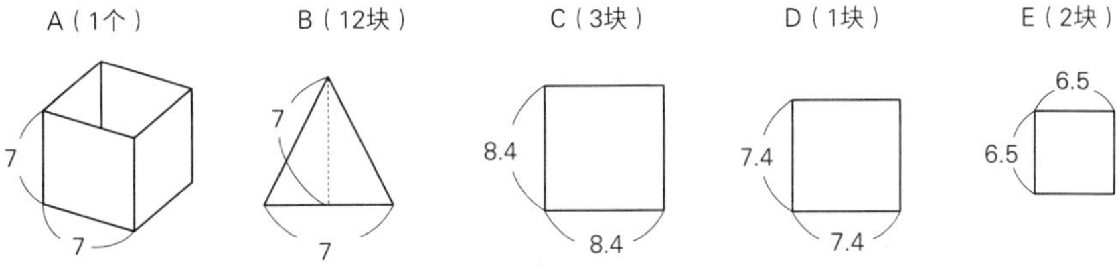

制作方法

①裁剪A，制作主体。

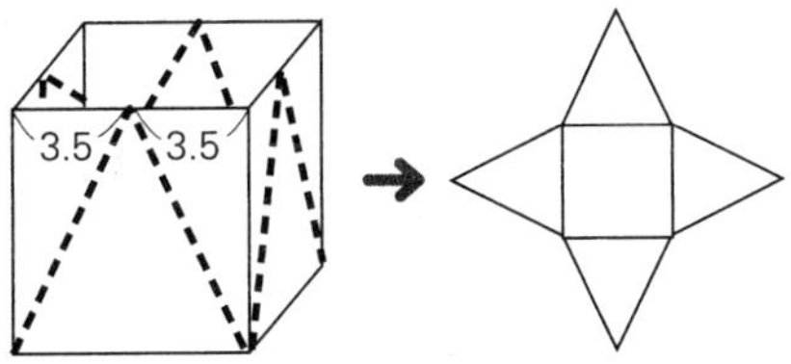

② 将4块B粘贴到A上。

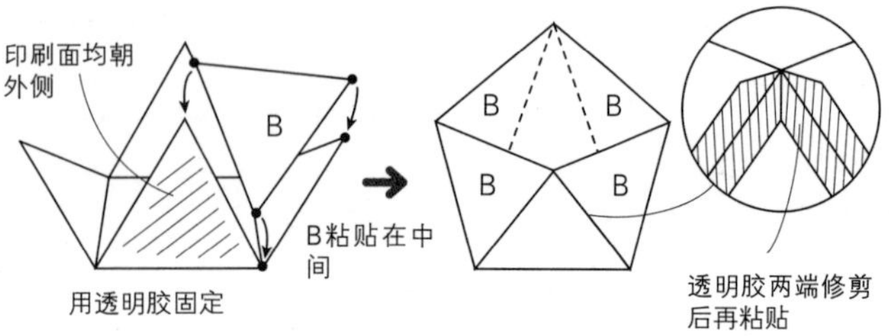

③ 上部和下部用透明胶贴一圈。

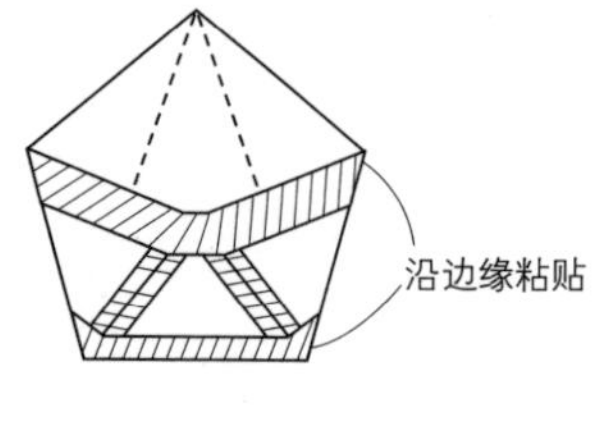

④ 将8块B粘贴到主体外侧。

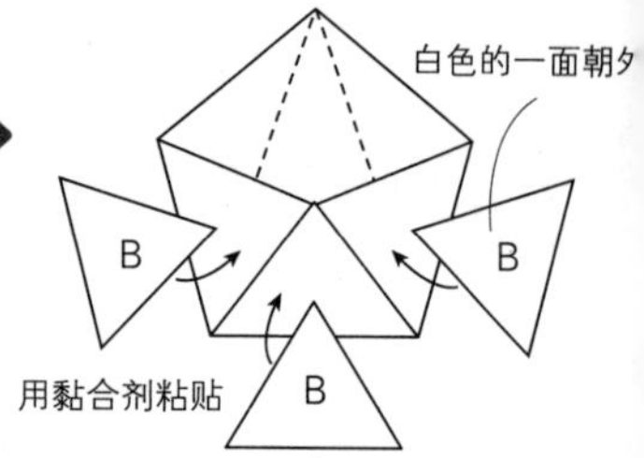

⑤ 侧面贴上布料a。

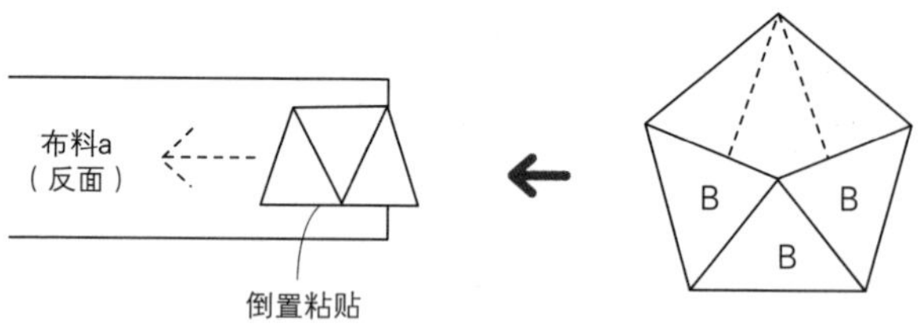

⑥ 折叠开口处。

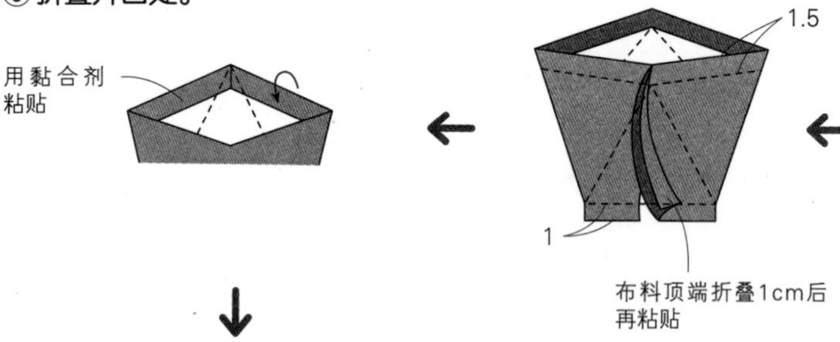

⑦ 上方粘贴花边，将布料边遮住。

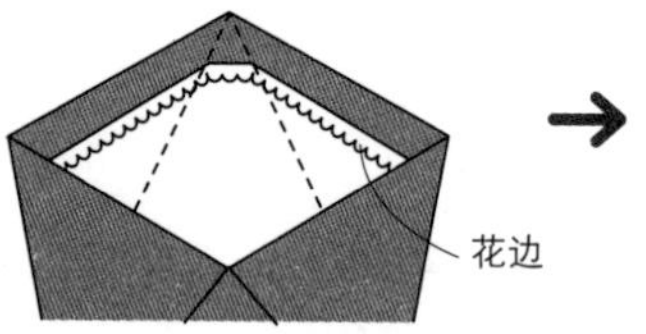

⑧ 折叠底面。

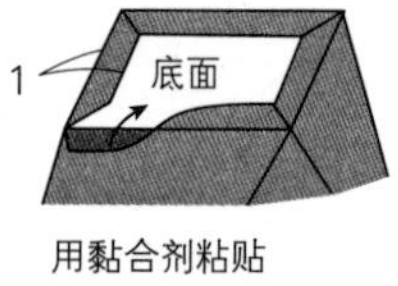

⑨ 制作外侧底面。

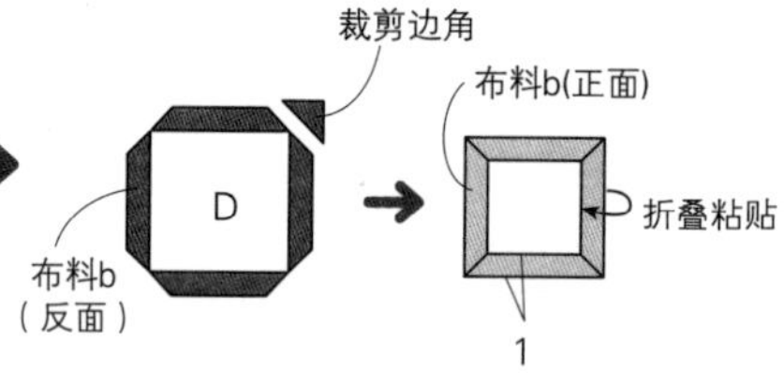

⑩ 外侧底面粘贴到底面。

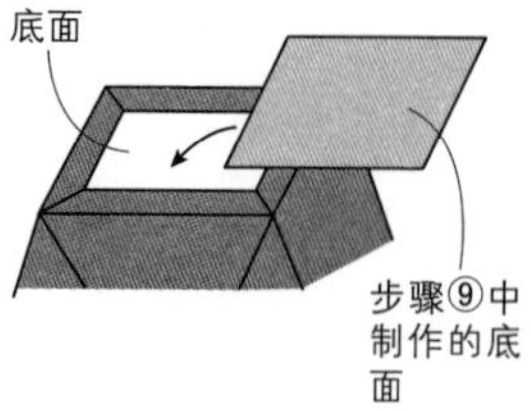

⑪ 制作盒盖。

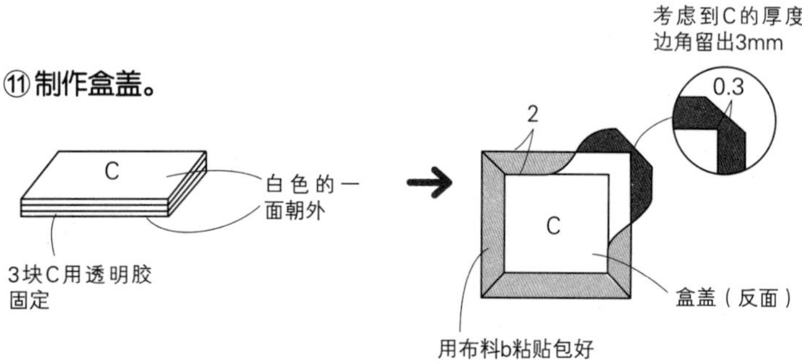

⑫ 串珠拼接到盒盖的中心。

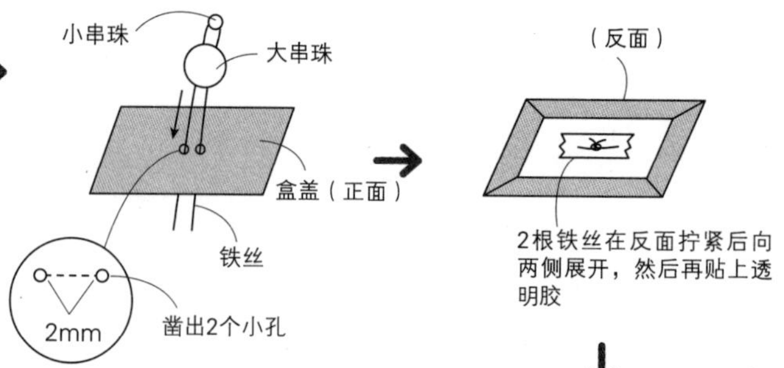

⑬ 制作内侧盒盖。

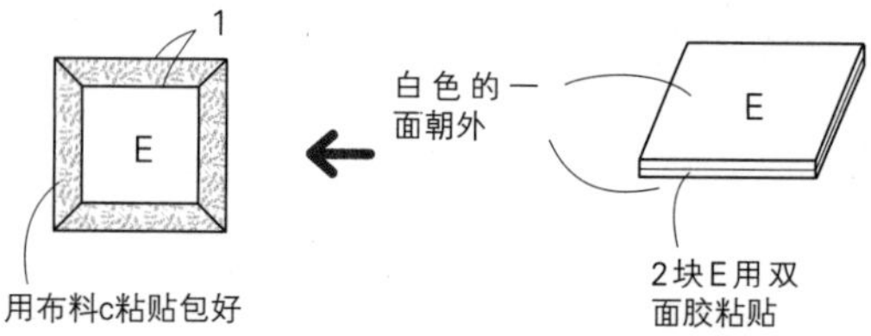

⑭ 将内侧盒盖粘贴到步骤⑫中制作的盒盖上。

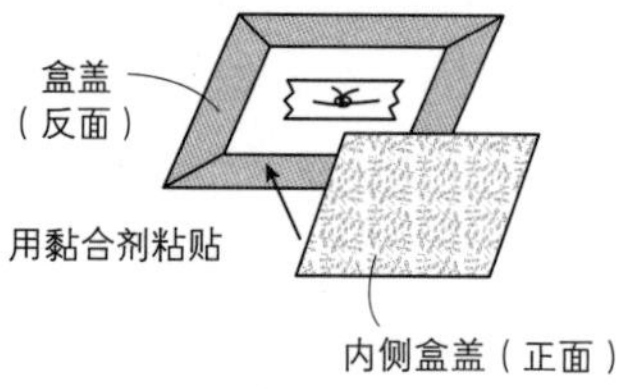

完成。

17 page 34 房屋状的小物收纳盒

材料

牛奶盒（1000ml）6个
外侧布料（亚麻纯色）30cm × 60cm
内侧布料（棉质印花）35cm × 60cm
拉手 3个

牛奶盒的裁剪方法

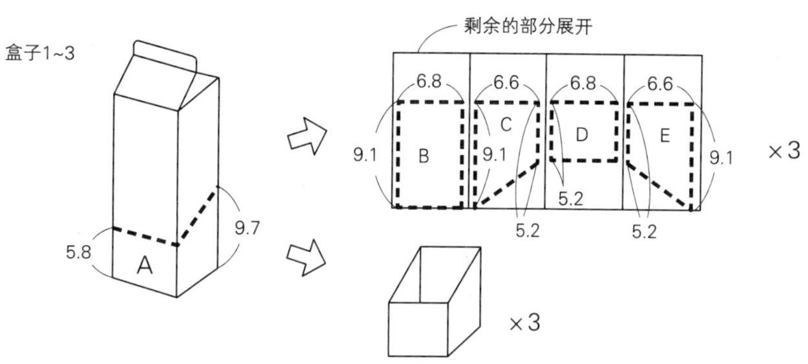

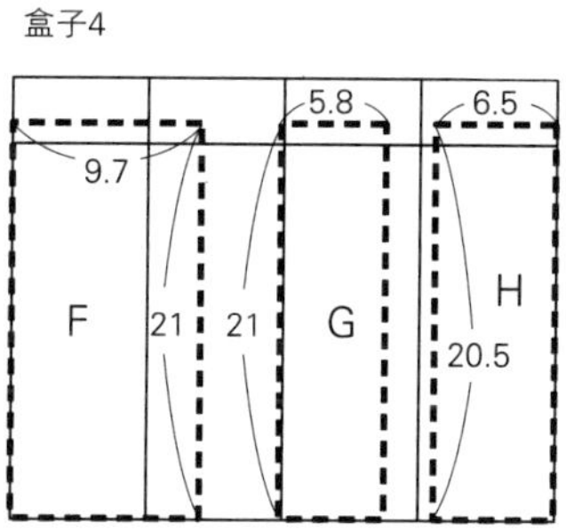

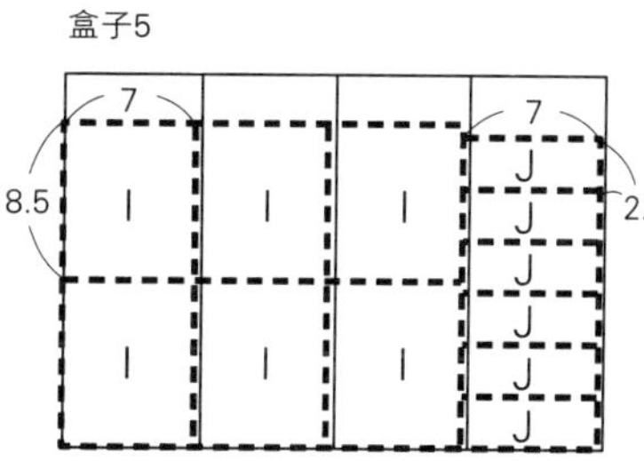

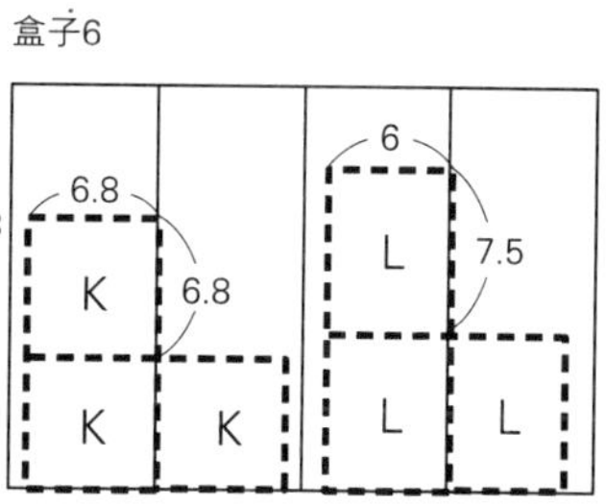

制作方法

①将3个A黏合，制作主体。

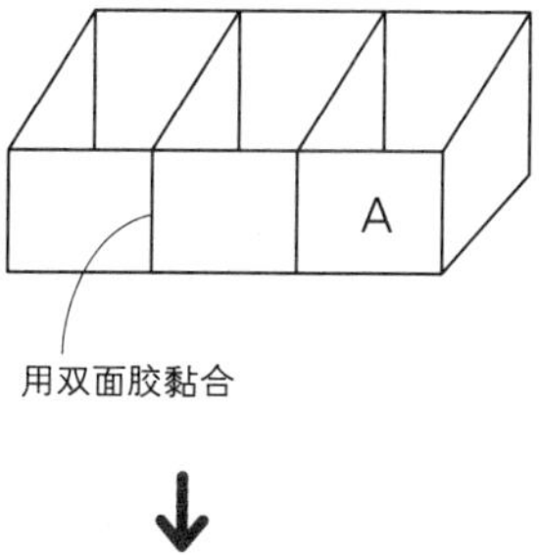

②将G粘贴到正面，F粘贴到后面。

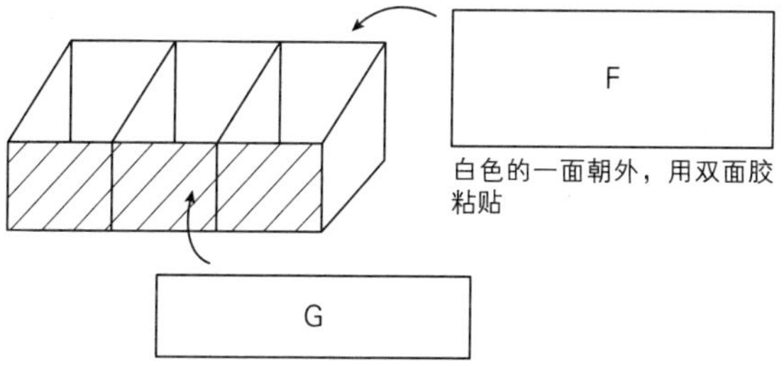

③主体的侧面粘贴外侧布料。

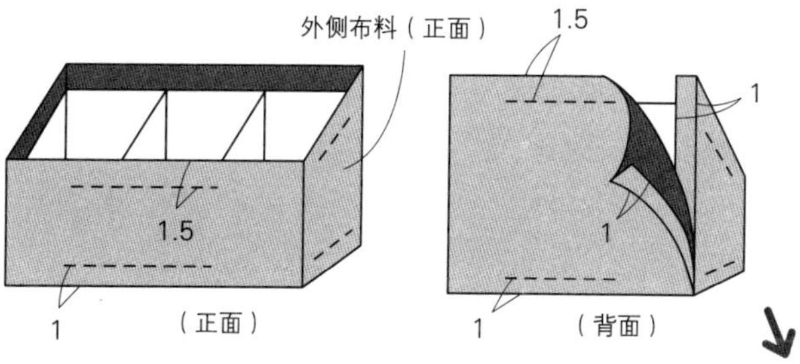

④折叠开口处。

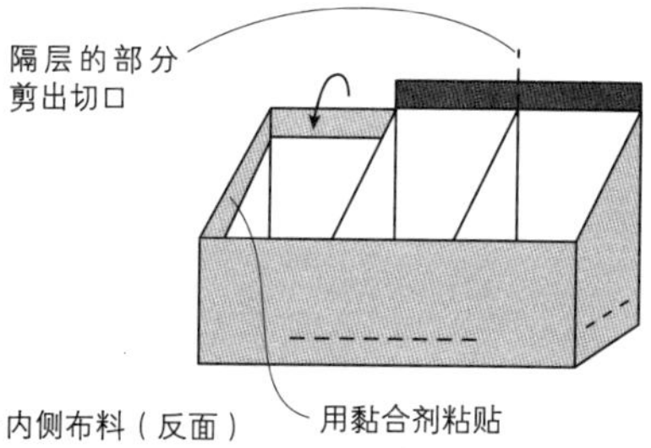

⑤折叠底面。

⑥隔层部分贴上外侧布料。

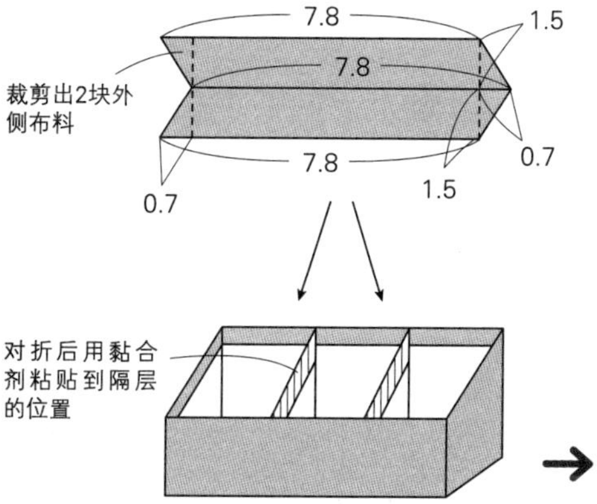

⑦制作主体的内侧。

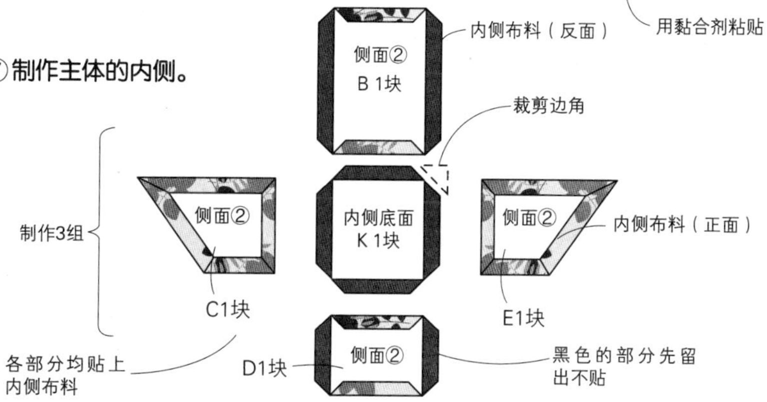

⑧内侧底面粘贴到主体上。

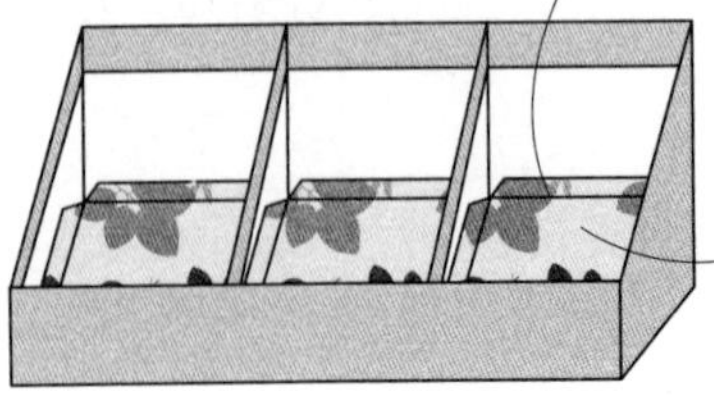

⑨内侧侧面粘贴到主体上。

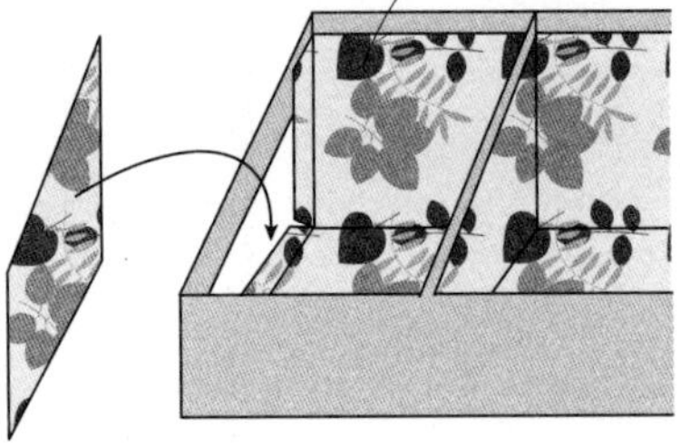

⑩制作盒盖。

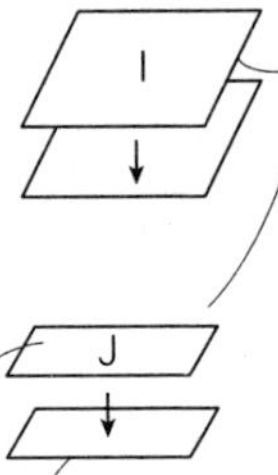

⑪盒盖的各个部分都粘贴外侧布料。

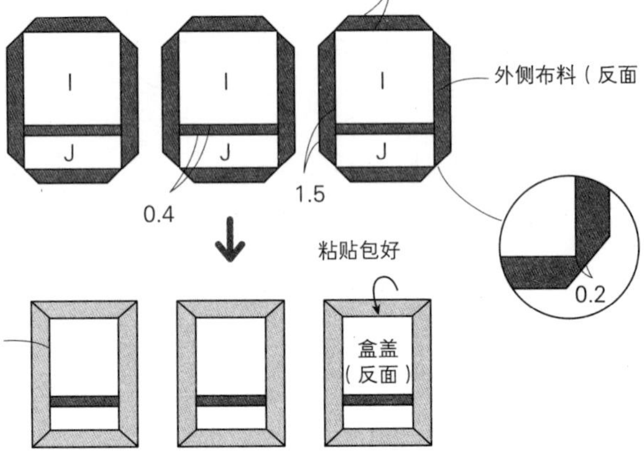

⑫盒盖的缝隙处贴上外侧布料。

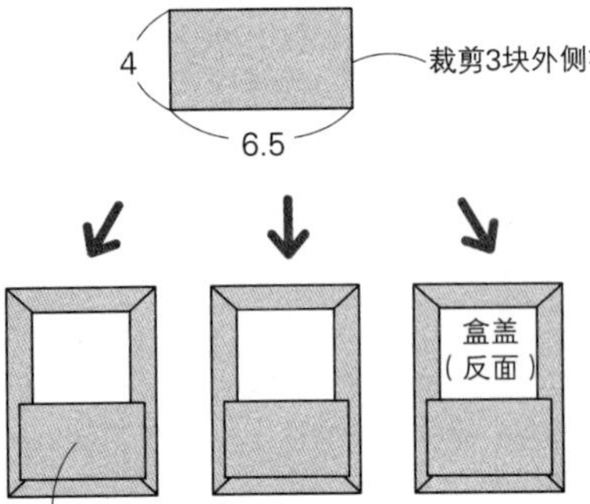

⑬制作内侧盒盖。

⑭内侧盒盖粘贴到步骤⑫中制作的盒盖反面。

⑮拉手拼接到盒盖上。

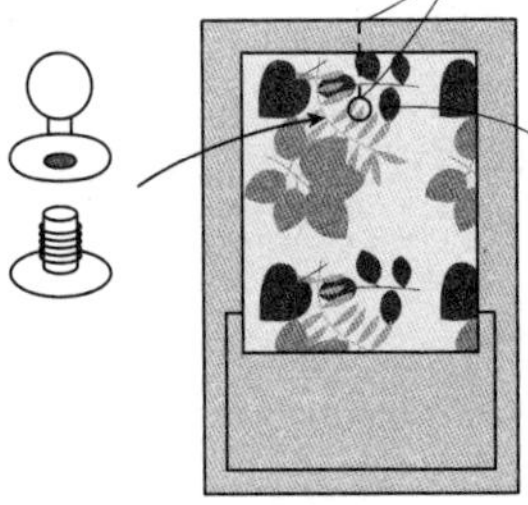

⑯盒盖粘贴到主体背面。

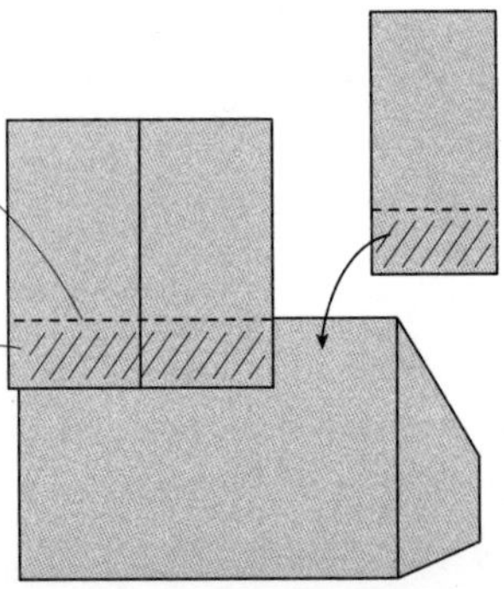

完成。

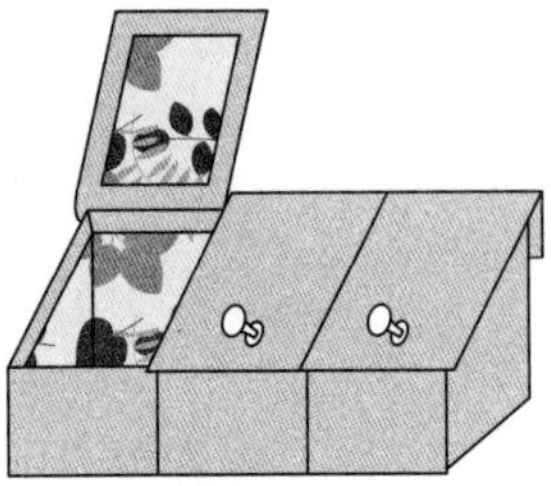

19 page 38 颜色亮丽的收纳盒

材料

- 牛奶盒（1000ml）9个
- 布料a（棉质纯色）80cm×90cm
- 布料b（棉质印花）70cm×70cm
- 瓦楞纸（厚约5mm）30cm×25cm
- 花边（宽9mm）40cm
- 串珠（直径12mm）12颗
- 丝带（宽12mm）10cm
- 铁丝（粗1mm）20cm
- 磁铁扣（14mm）1对

牛奶盒的裁剪方法

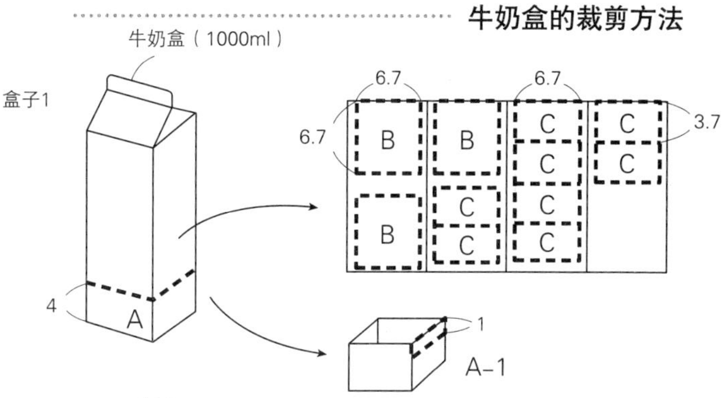

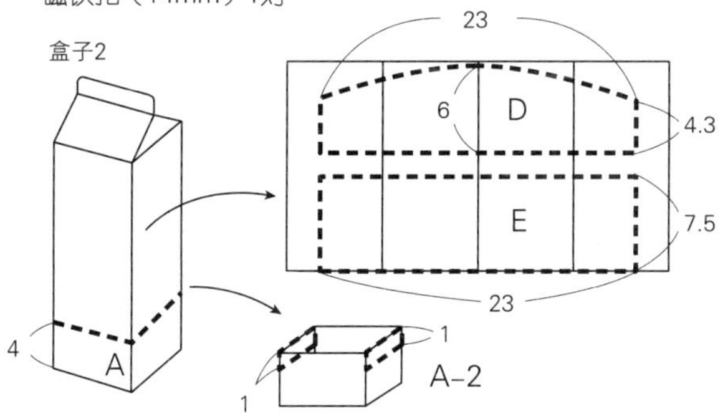

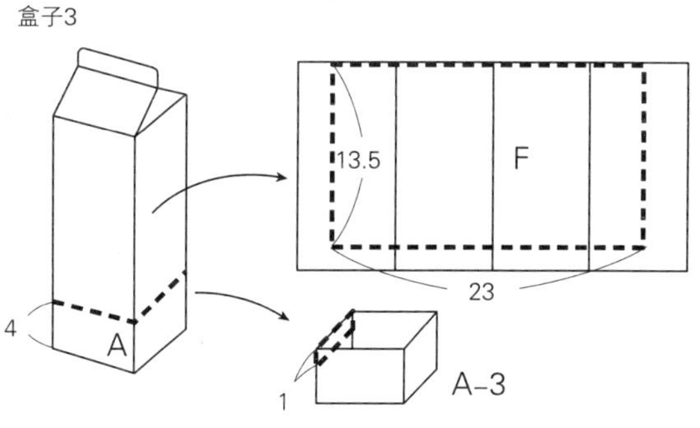

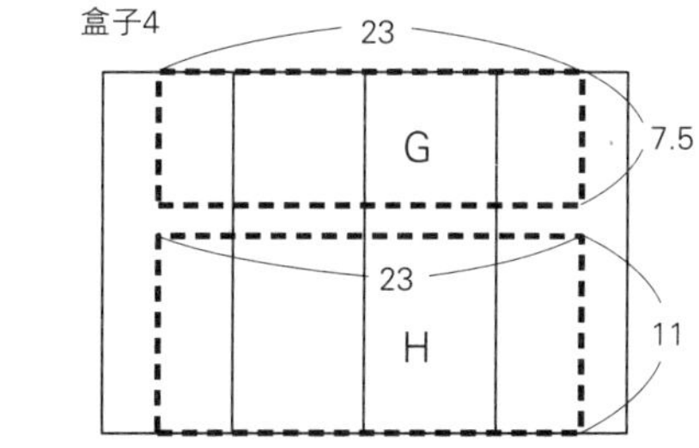

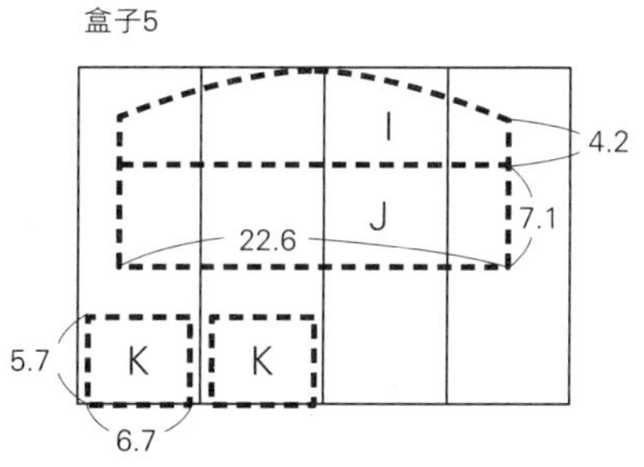

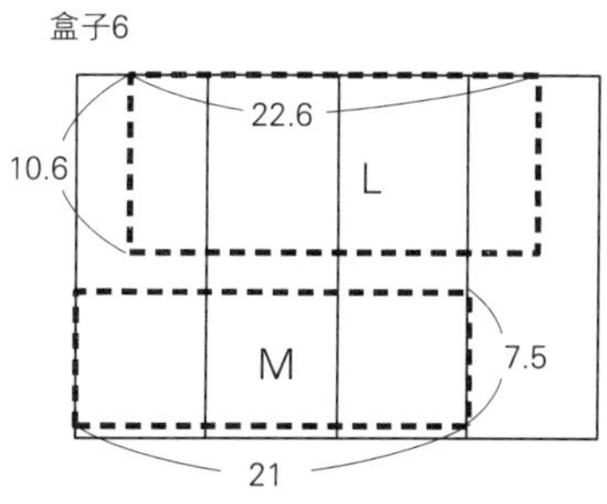

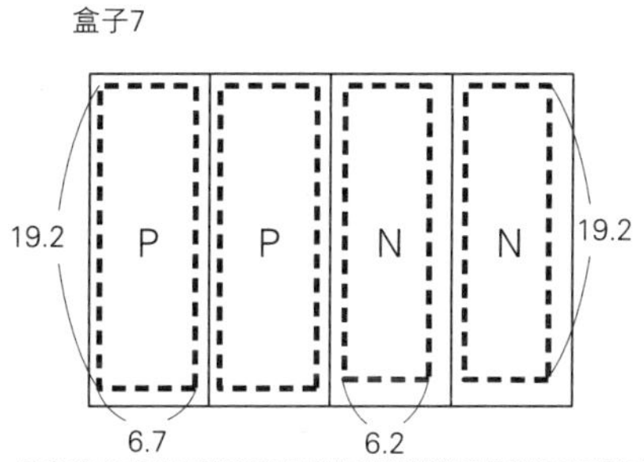

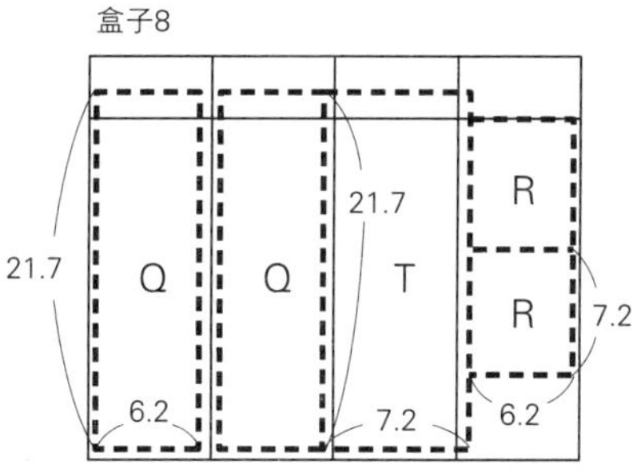

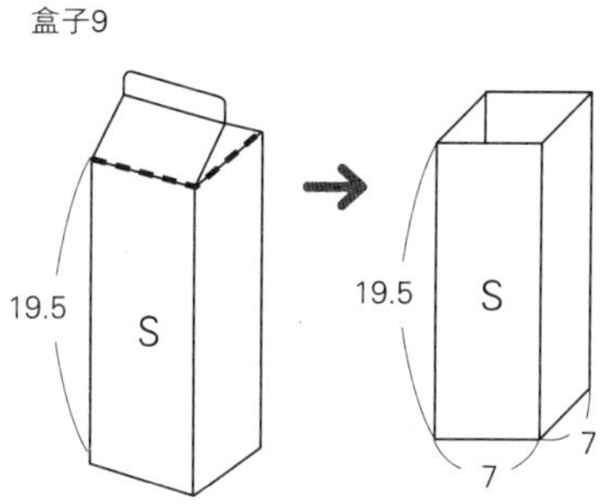

制作方法

① 将3个A黏合，制作上层。

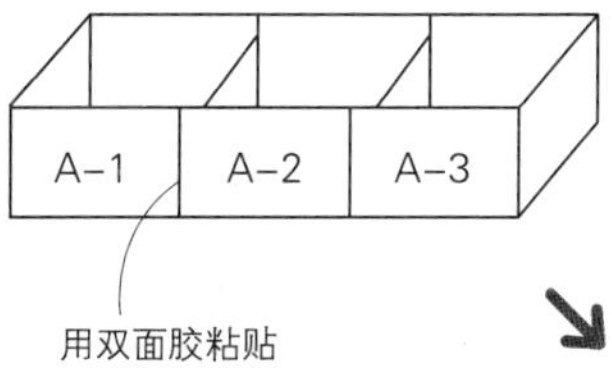

② 布料a粘贴到上层侧面。

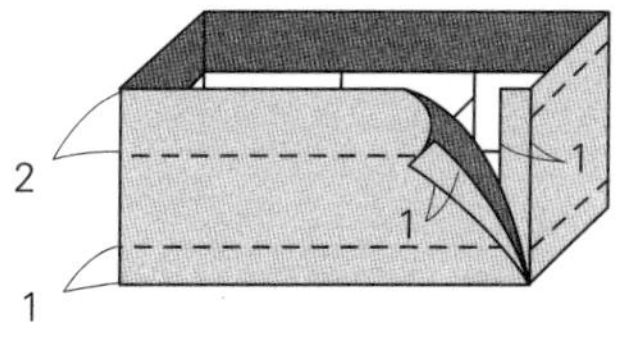

③ 折叠开口处。

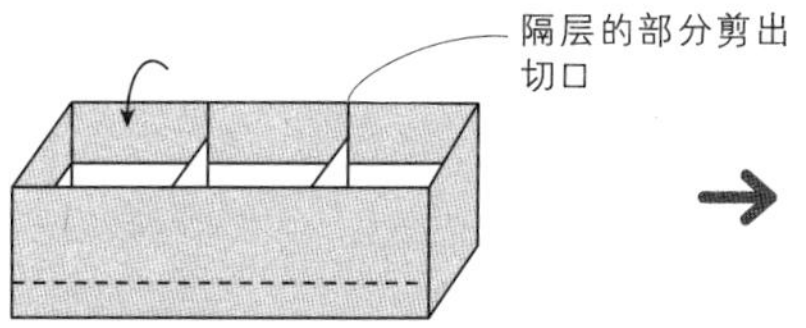

④ 折叠底面。

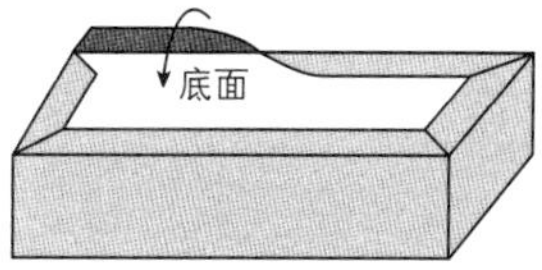

⑤ 布料a贴到隔层处。

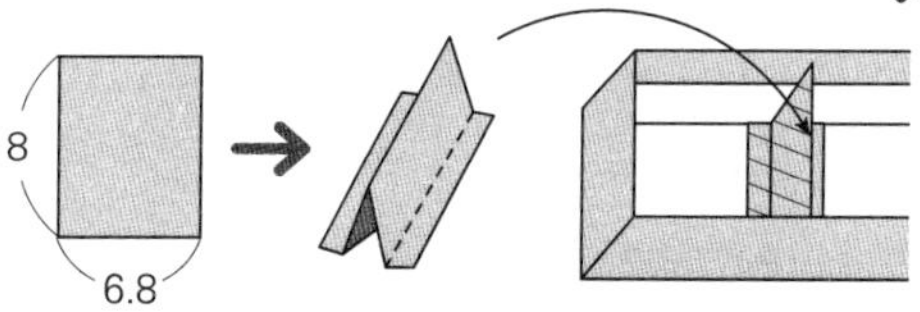

实物大纸样

⑥ 制作上侧的内侧。

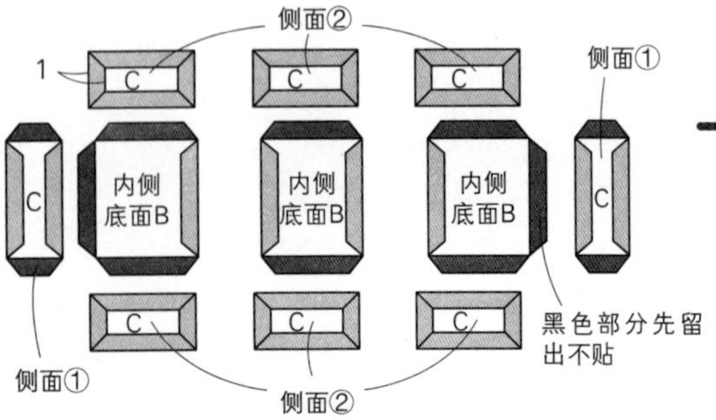

各部分均用布料a粘贴包好

⑦ 内侧底面贴到上层。

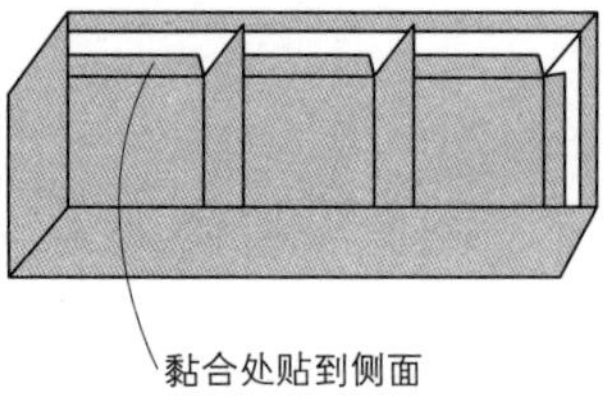

⑧ 内侧侧面贴到上层。

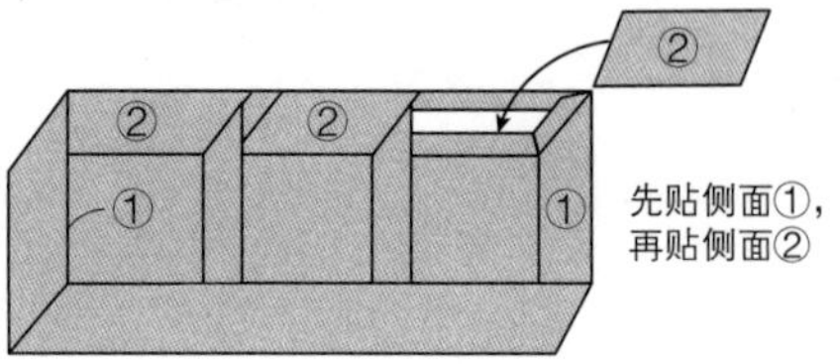

⑨ 裁剪瓦楞纸。

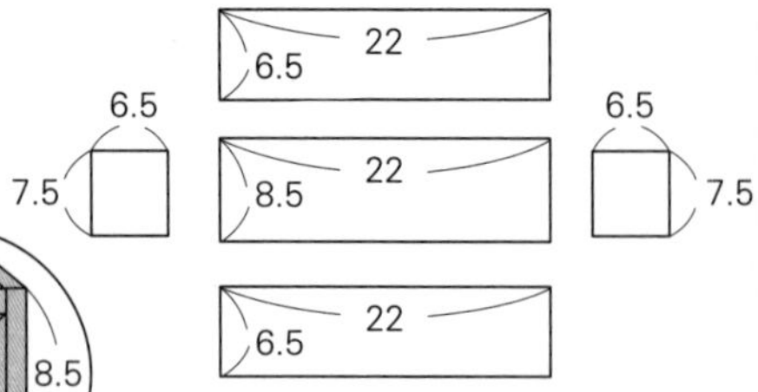

⑩ 用瓦楞纸制作下层。

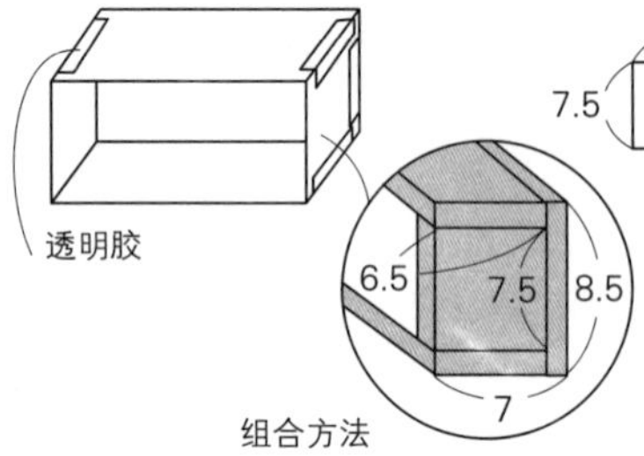

⑪ 布料a贴到下层的侧面。

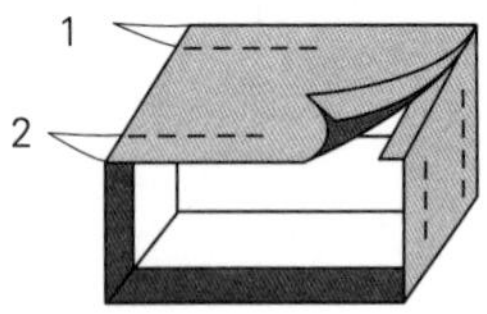

⑫ 折叠开口处。

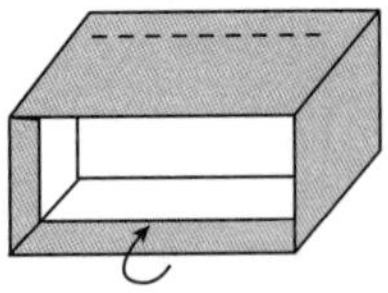

⑬ 折叠底面。

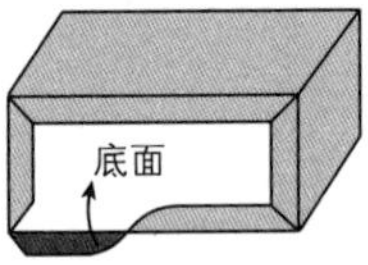

⑭ 制作下层内侧。

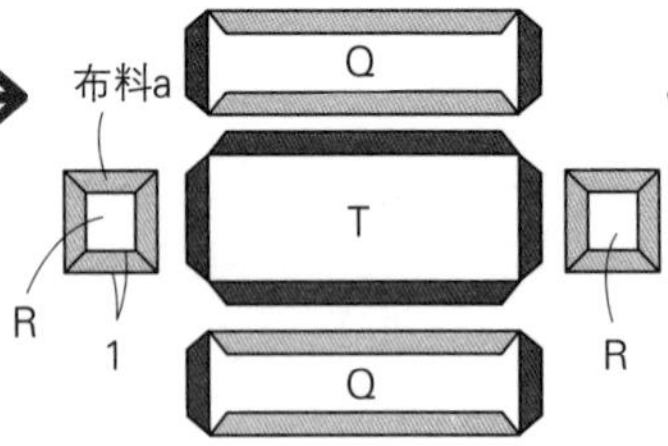

⑮ 内侧粘贴到下层。

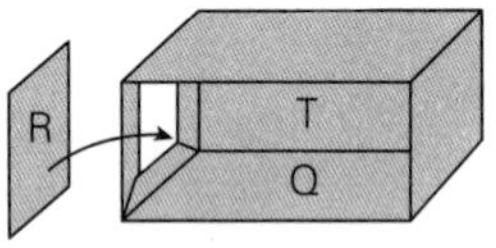

按照T、Q（2块）、R（2块）的顺序粘贴

⑯ 制作抽屉。

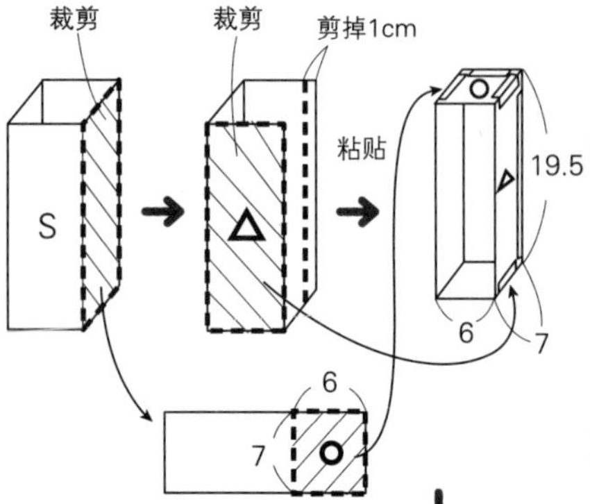

⑰ 按照步骤⑪~⑬的方法，将布料b贴到抽屉上，之后处理开口处和底面。

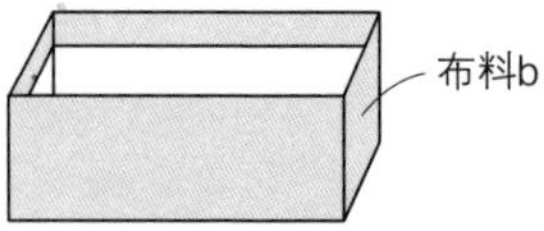

⑱ 制作抽屉的外侧底面。

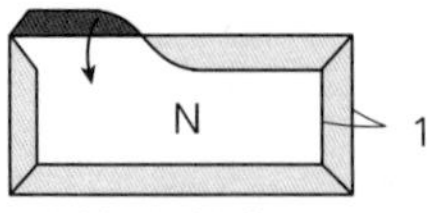

用布料b粘贴包好

⑲ 外侧底面贴到抽屉上。

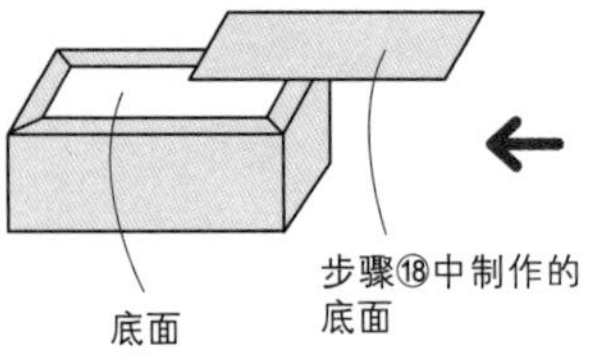

⑳ 制作抽屉的内侧。

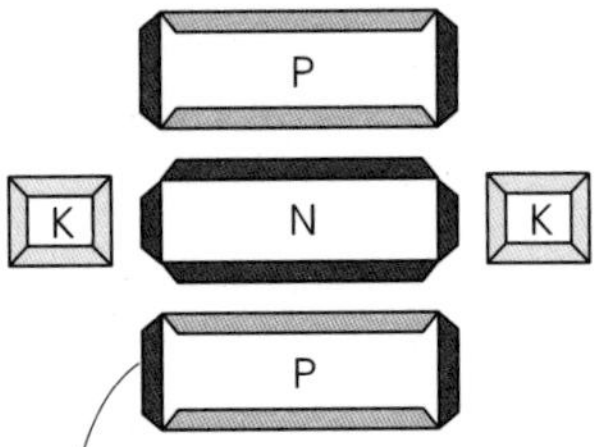

各部分均用布料b粘贴包好

㉑ 内侧贴到抽屉上。

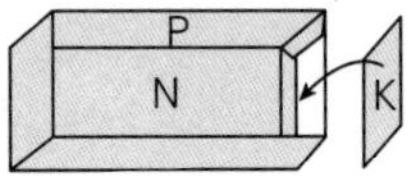

按照N、P（2块）、K（2块）的顺序粘贴

㉒ 制作抽屉的正面。

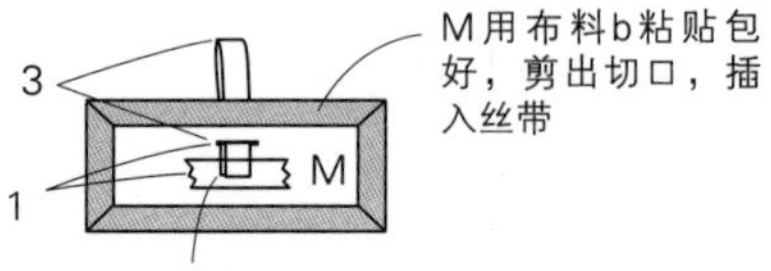

用透明胶固定

㉓ 正面粘贴到抽屉上。

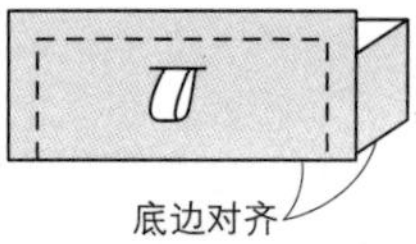

㉔布料b粘贴到布料a上。

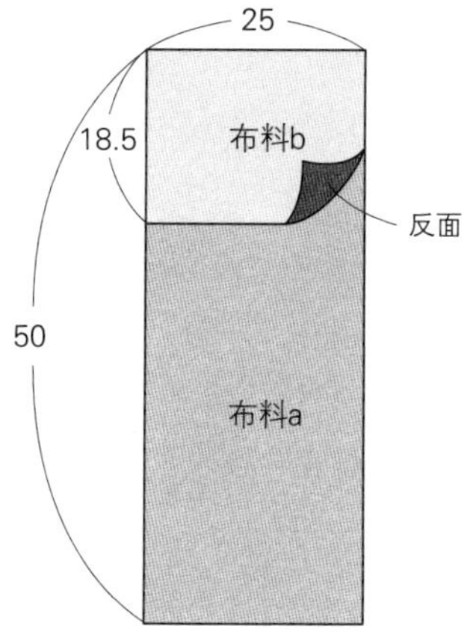

㉕将步骤㉔中制作的部分翻到反面，粘贴盒盖的各个部分。

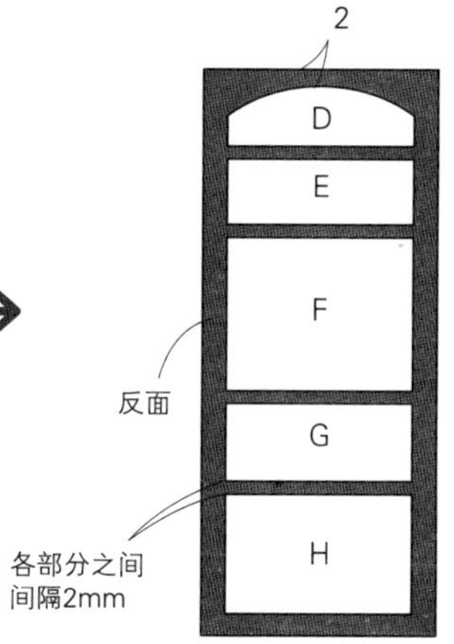

㉖各个部分之间贴上与其正面图案相同的布料。

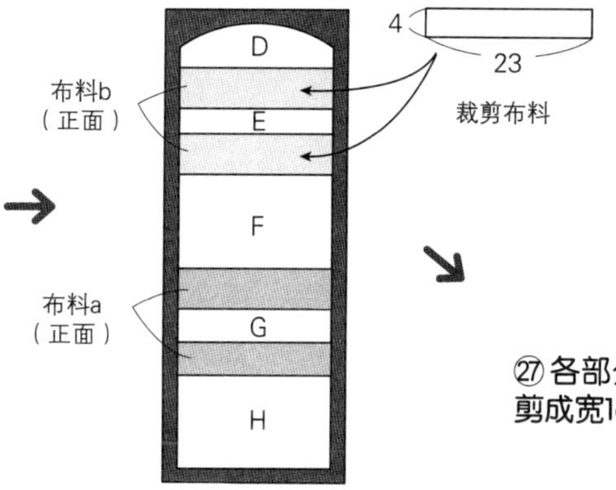

㉗各部分周围的布料裁剪成宽1cm，再粘贴。

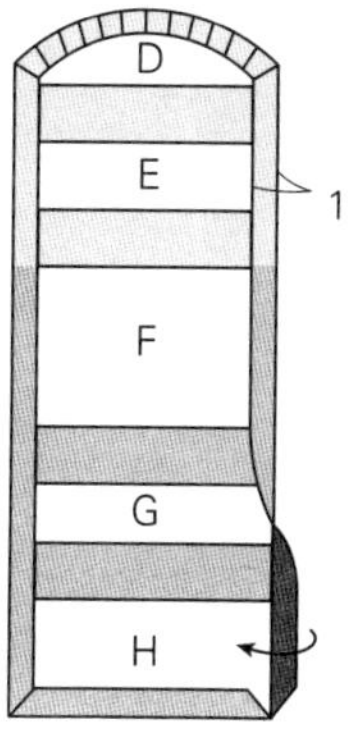

㉘提手拼接到E的中央。

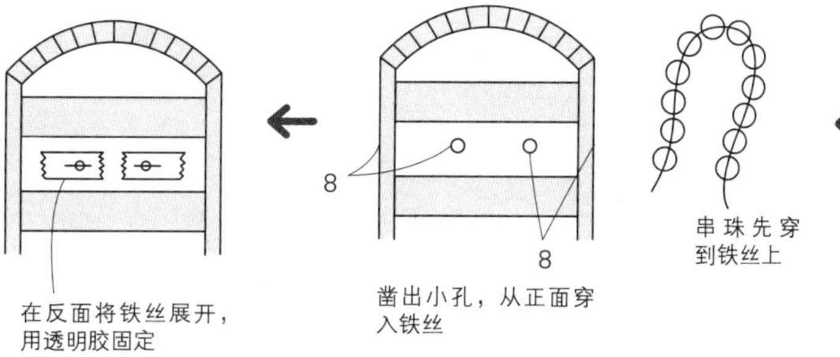

㉙磁铁扣安装到H的部分。

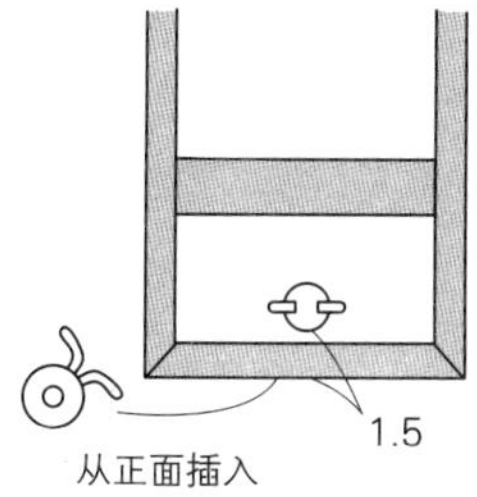

㉚制作盒盖反面。

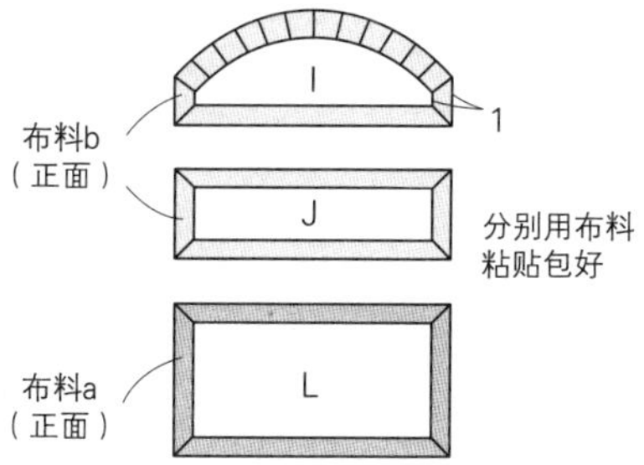

㉛磁铁扣安装到I上。

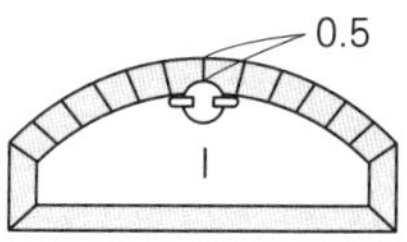

㉜反面贴到盒盖上。

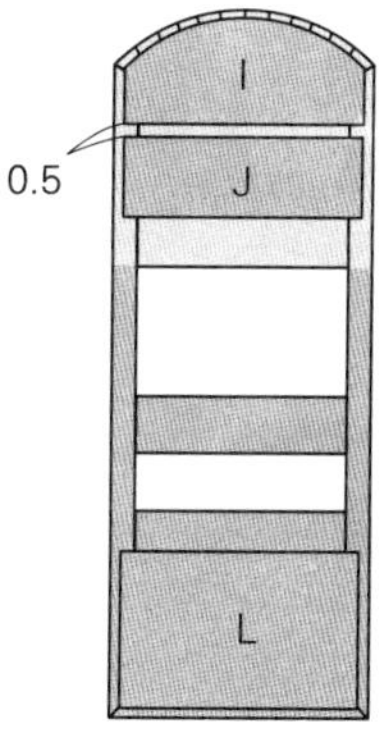

㉝上下层黏合。

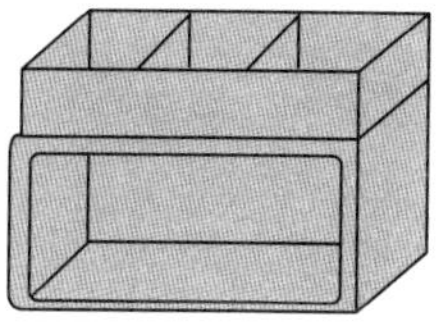

㉞上下层的接缝处贴上花边。

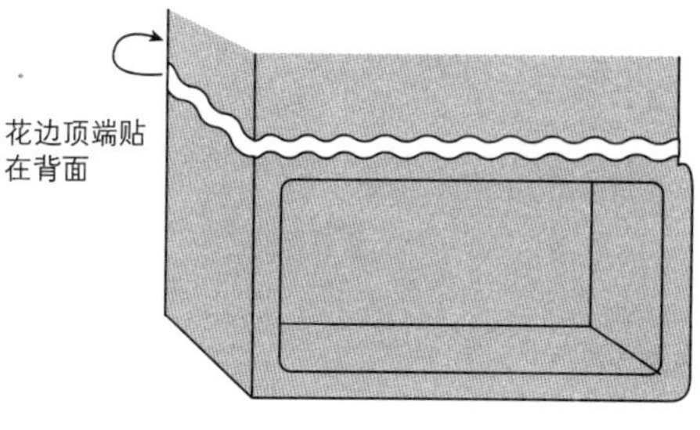

㉟主体贴到盒盖上。

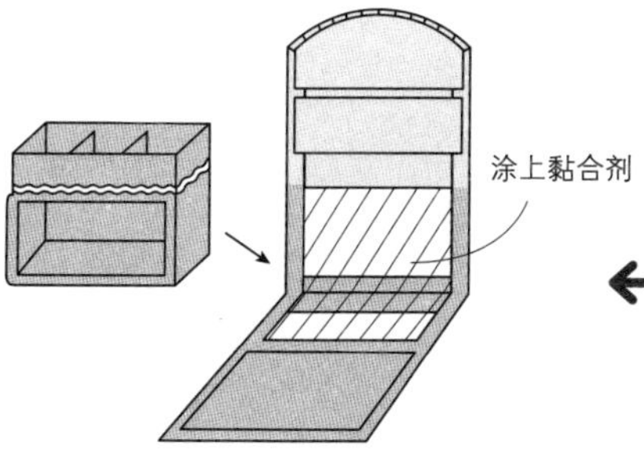

㊱放入抽屉，完成。

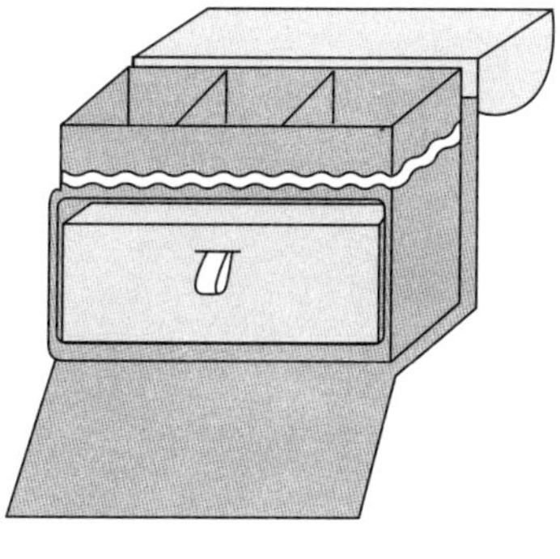

18 page 35、36 长方形布盒

材料

- 牛奶盒（1000ml）4个
- 布料a（棉质印花）55cm×20cm
- 布料b（35/棉质印花、36/棉质纯色）55cm×30cm
- 磁铁扣（1.4mm）1对
- 花边（35/宽8mm、36/宽1cm）22cm
- 丝带（仅35/宽3mm）20cm

牛奶盒的裁剪方法

※盒子4用于步骤⑪

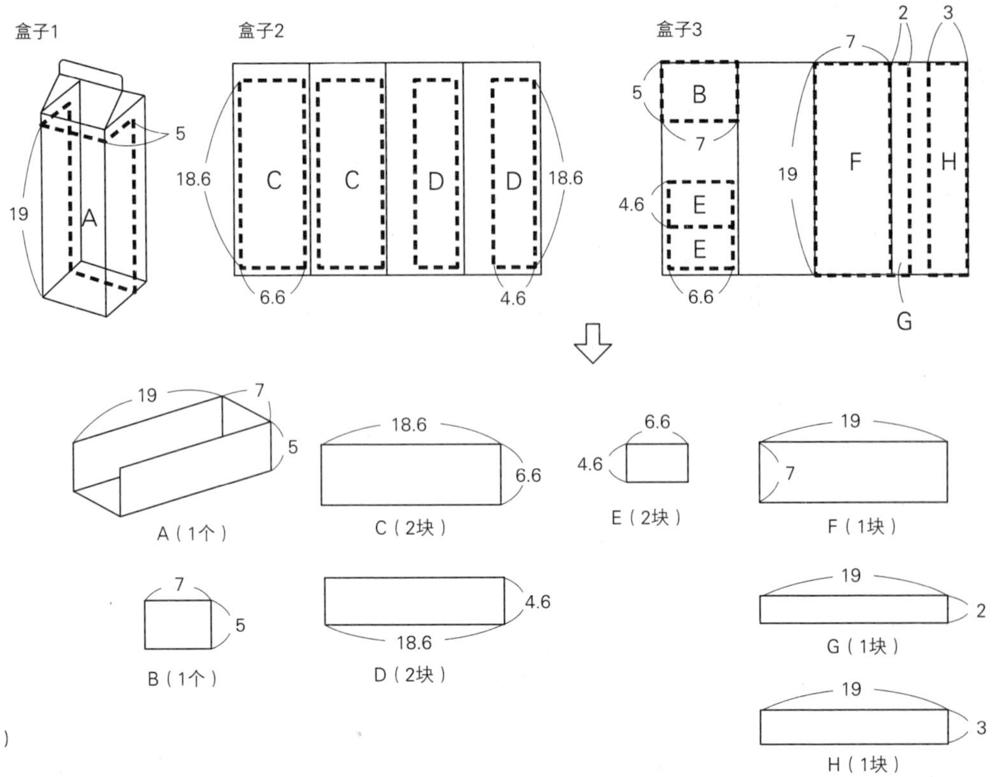

制作方法

① A与B黏合，组合主体。

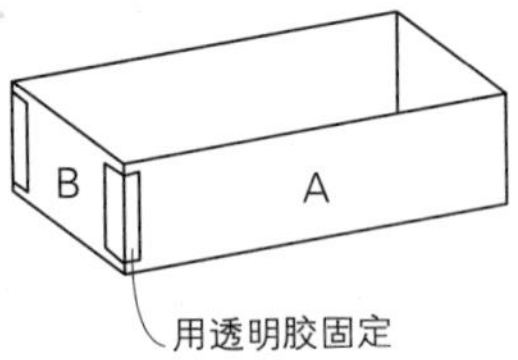

② 主体侧面贴上布料a。

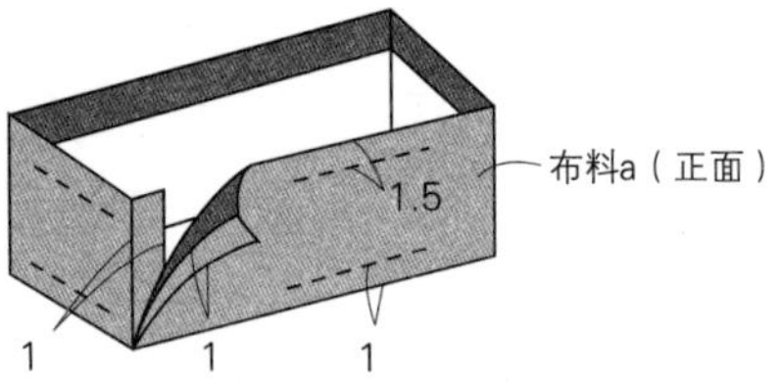

③ 折叠开口处。

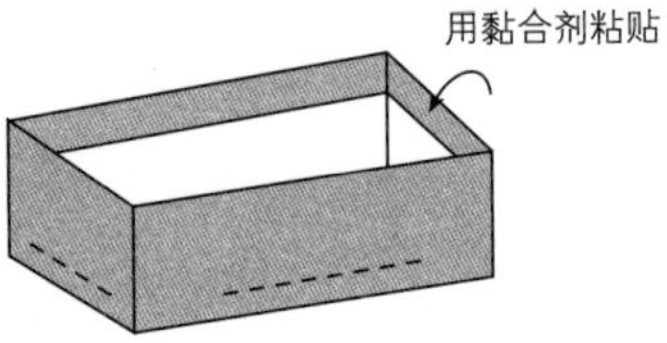

④ 折叠底面。

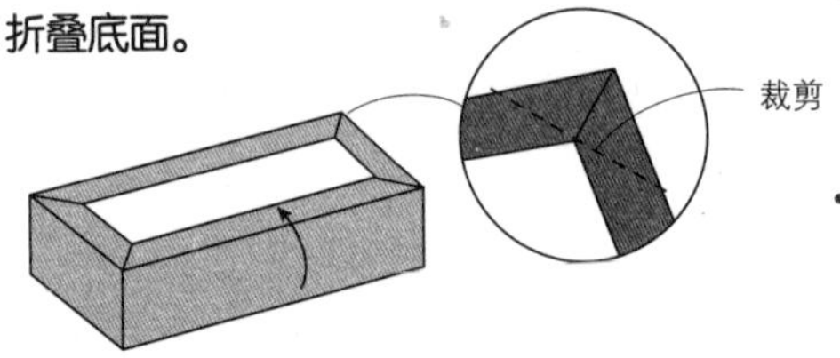

⑤ 制作外侧底面。

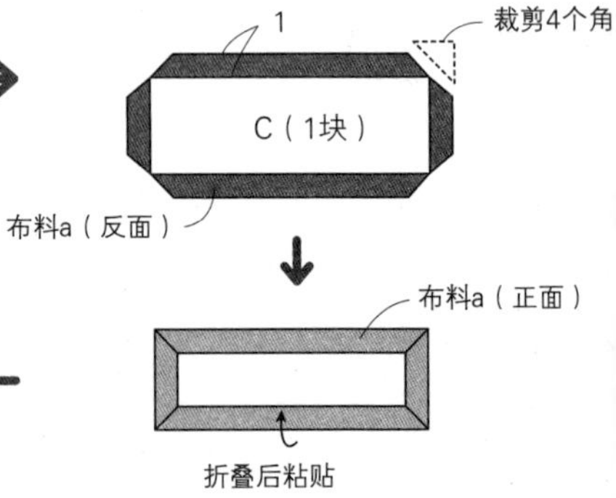

⑥ 外侧底面贴到主体上。

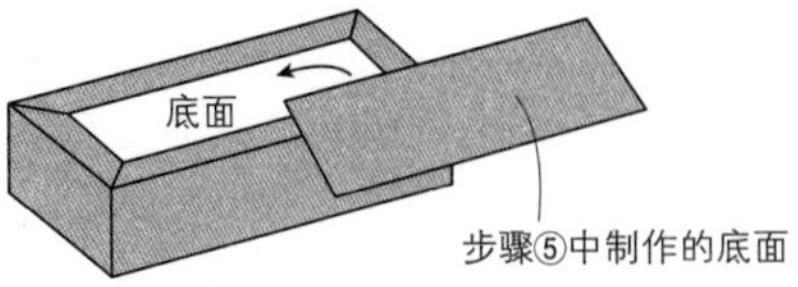

⑦ H与图纸对齐裁剪。

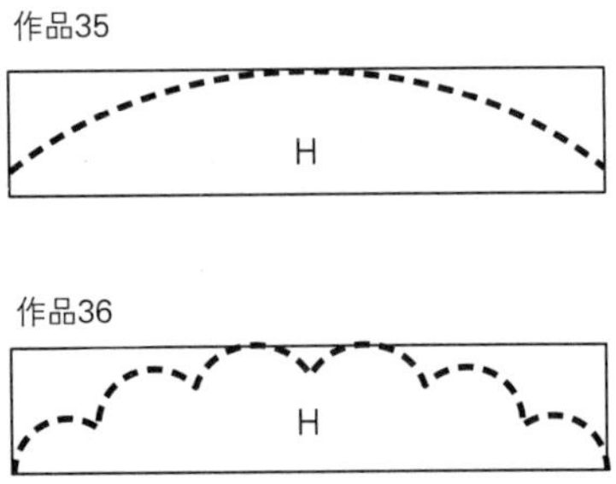

⑧ 内侧盒盖的各个部分用布料b粘贴包好（之后的方法与作品36相同）。

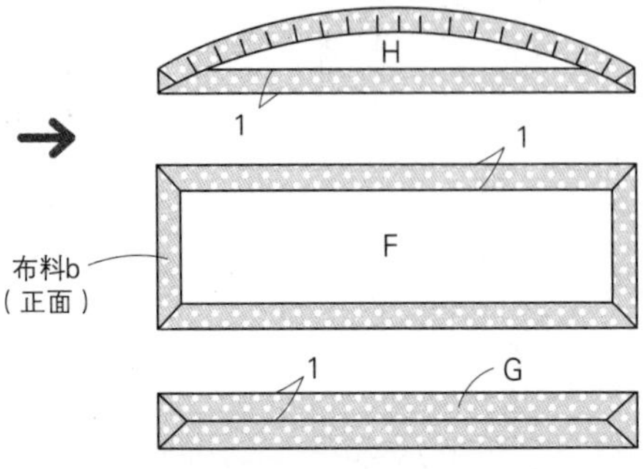

⑨ 磁铁扣安装到H上。

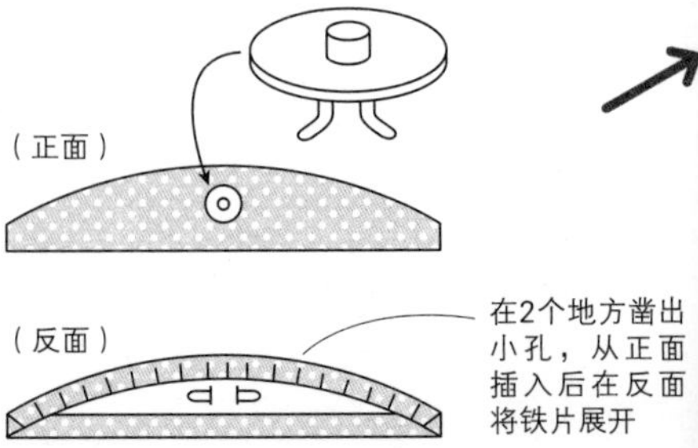

⑩ 将内侧盒盖的各部分拼接。

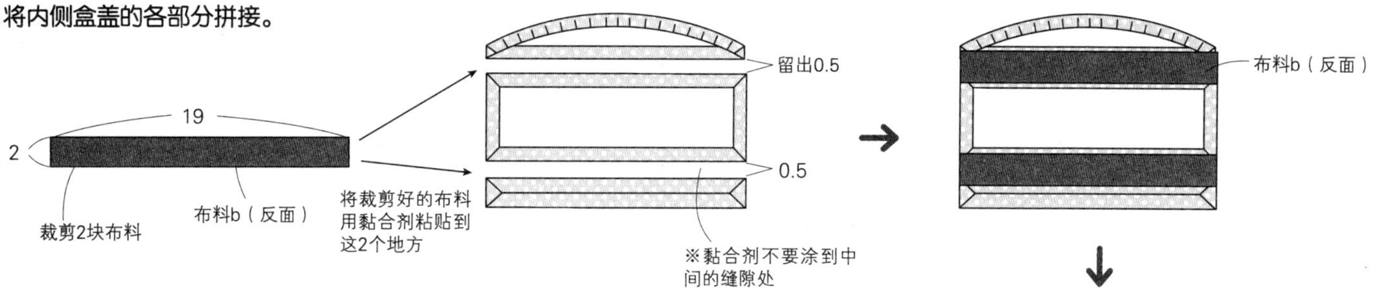

⑪ 裁剪外侧盒盖。

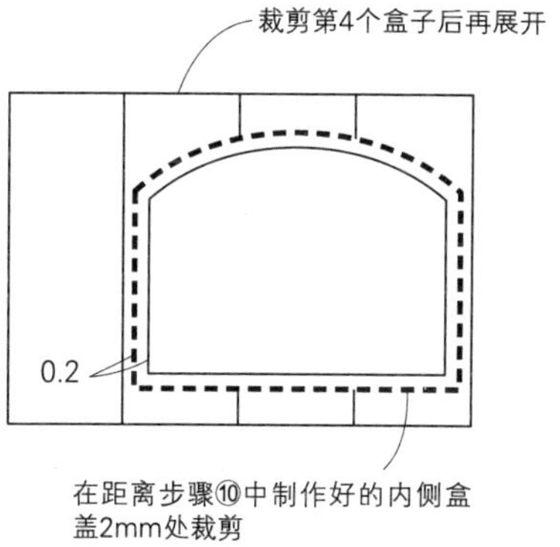

⑫ 用布料b将步骤⑪中制作完成的外侧盒盖粘贴包好。

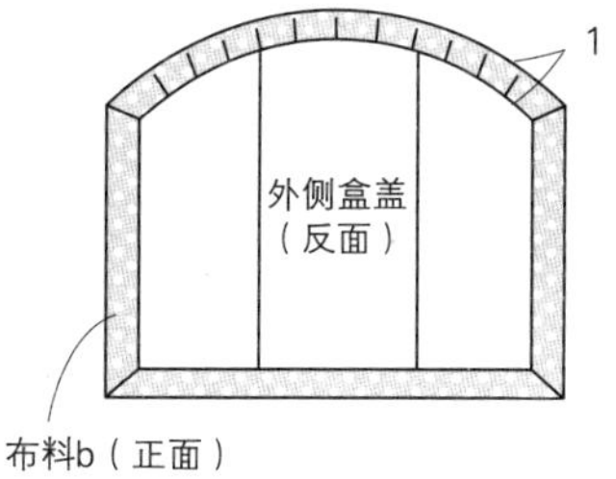

⑬ 装饰外侧盒盖的正面。

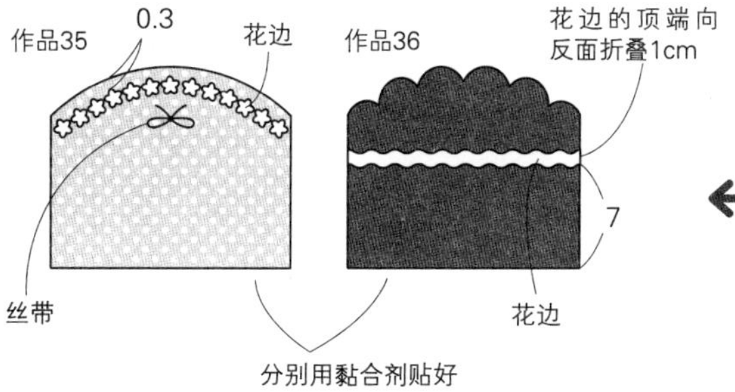

⑭ 内侧盒盖粘贴到外侧盒盖上。

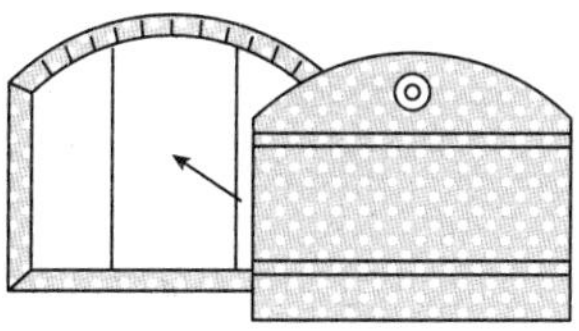

⑮ 用黏合剂将盒盖和磁铁扣拼接到主体上。

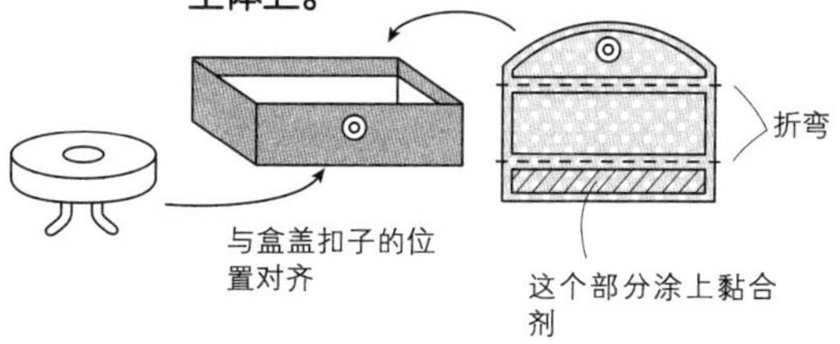

⑯ 制作主体内侧。

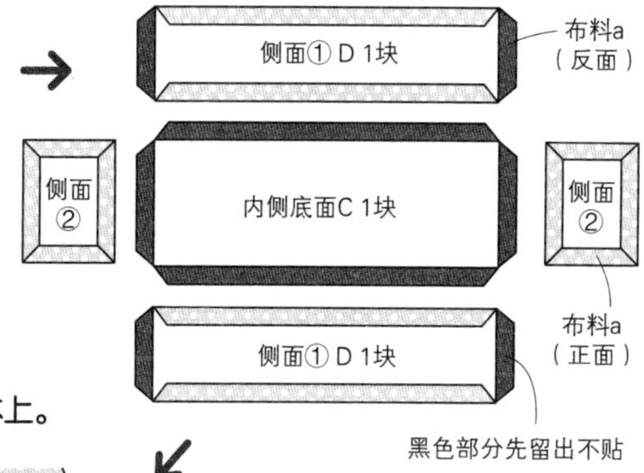

⑰ 内侧底面贴到主体上。

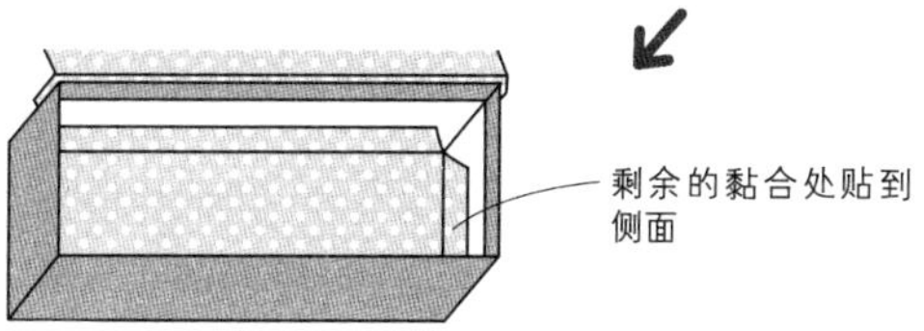

⑱ 内侧侧面贴到主体上。

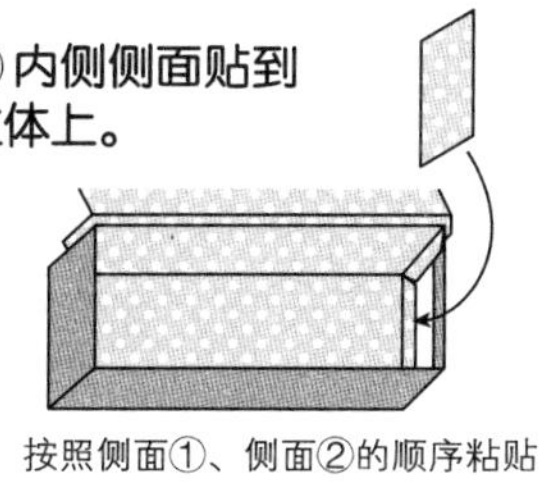

完成。

实物大纸样

作品35

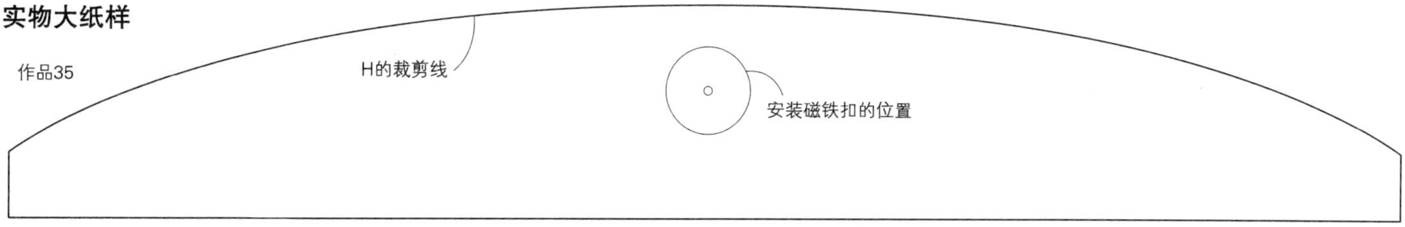

作品36

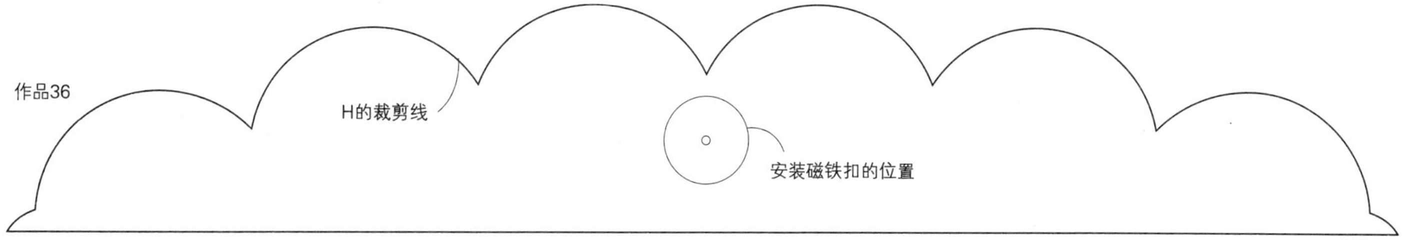

19 page 37 首饰盒

材料

牛奶盒（1000ml）3个
外侧布料（棉质花案）25cm×55cm
内侧布料（棉质圆点）25cm×45cm
花边（宽5mm）35cm
花朵花边（宽1.2cm）2cm
塑料板 12.5cm×5.5cm
毛毡（奶油色）16cm×14cm
手工棉 适量

牛奶盒的裁剪方法

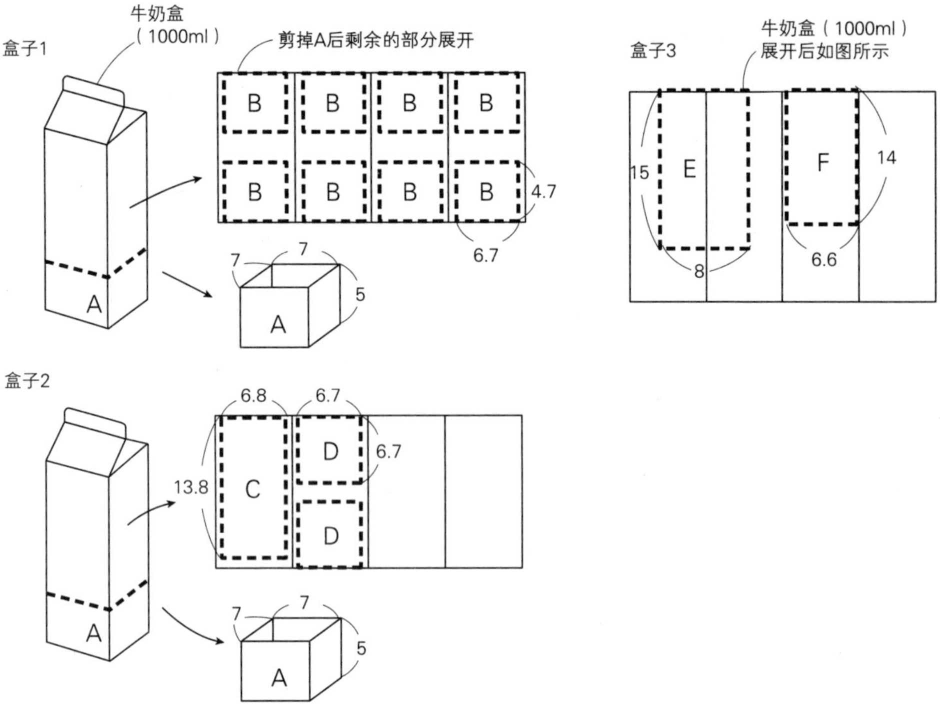

制作方法

① 2个A黏合，制作主体。

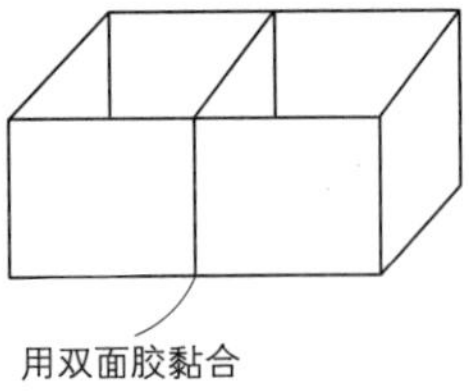

② 主体侧面贴上外侧布料。

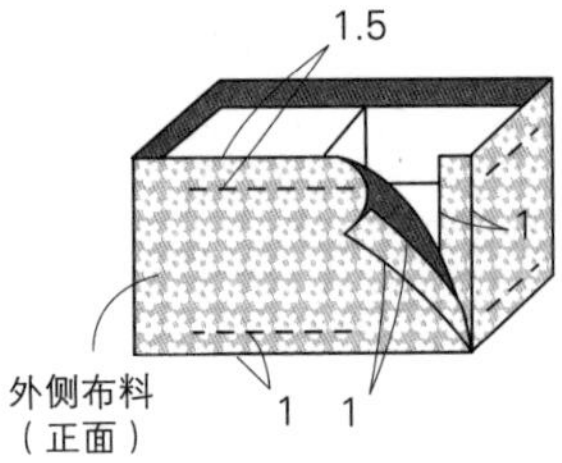

③ 折叠开口处。

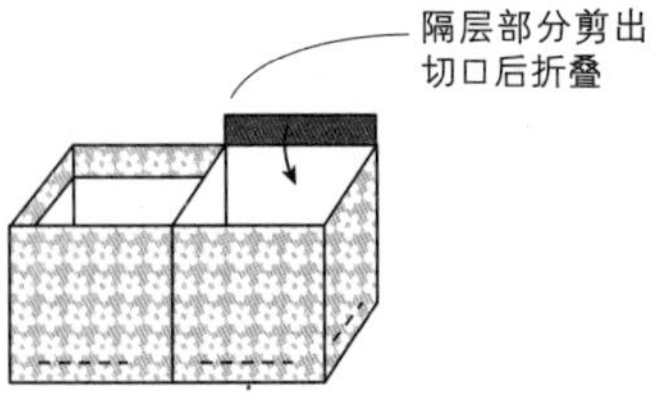

④ 折叠底面。

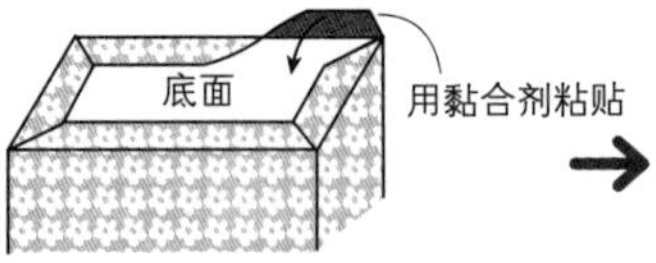

⑤ 隔层处粘贴布料。

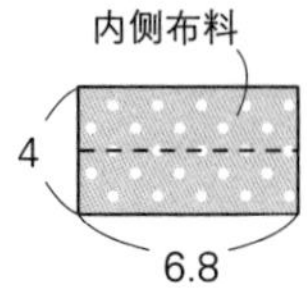

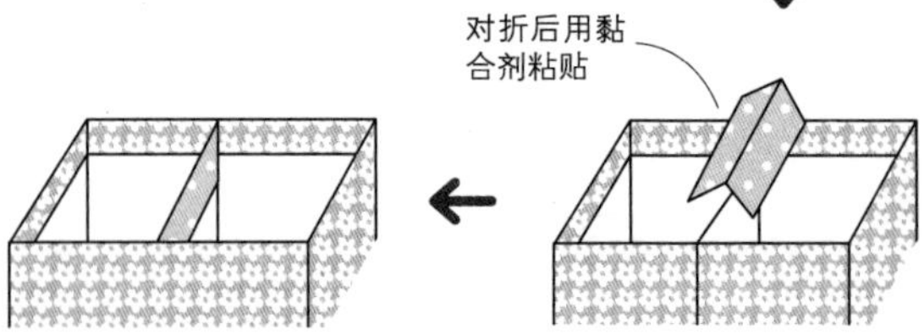

⑥ 制作主体的外侧底面。

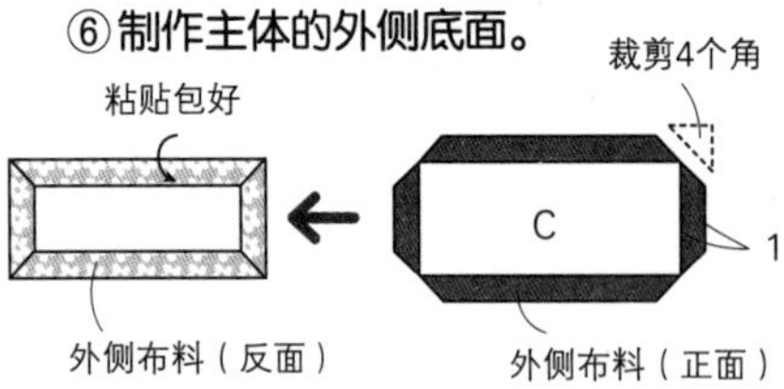

⑦ 外侧底面贴到主体上。

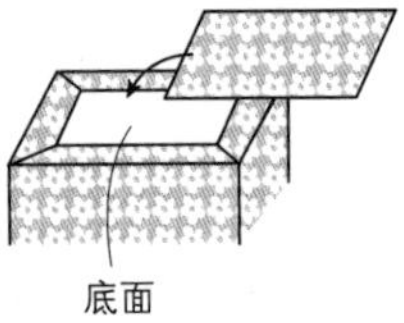

⑧ 裁剪E和F，制作盒盖的各部分。

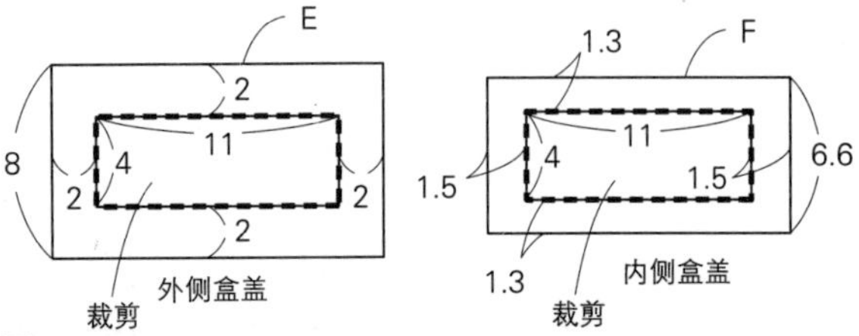

⑨ 用外侧布料粘贴包好E和F。

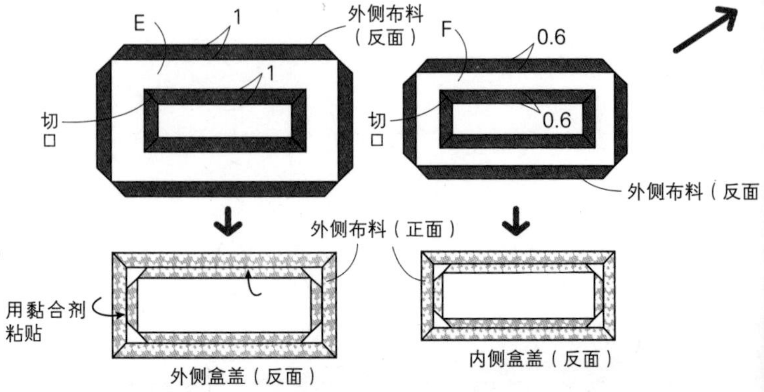

⑩合叶布贴到内侧盒盖的反面。

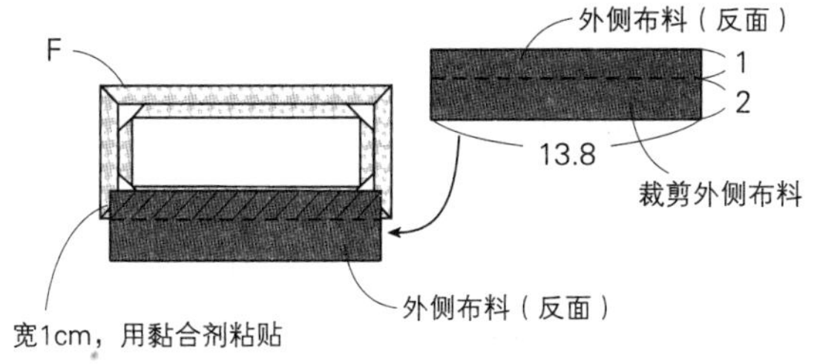

⑪塑料板粘贴到内侧盒盖反面。

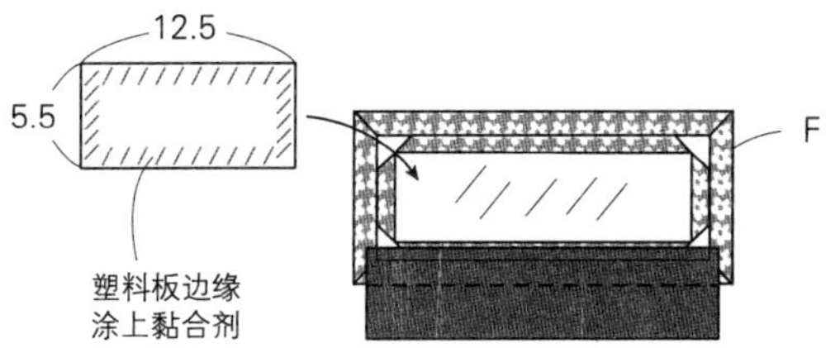

⑫外侧盒盖的反面贴上花朵花边。

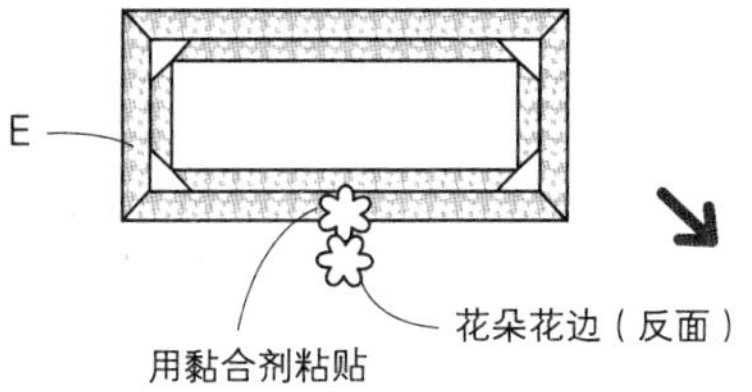

⑬外侧盒盖与内侧盒盖粘贴。

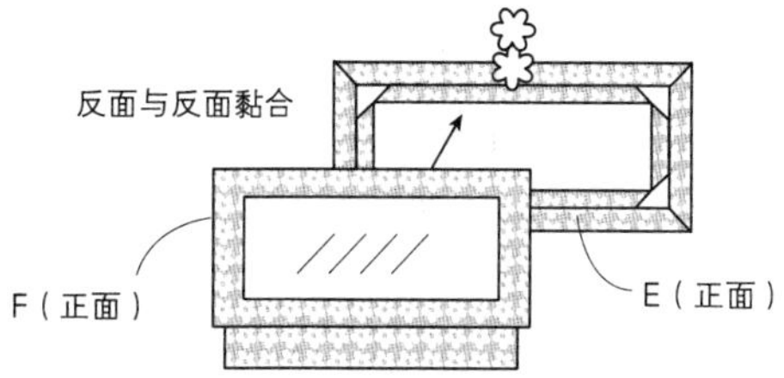

⑭盒盖粘贴到主体上。

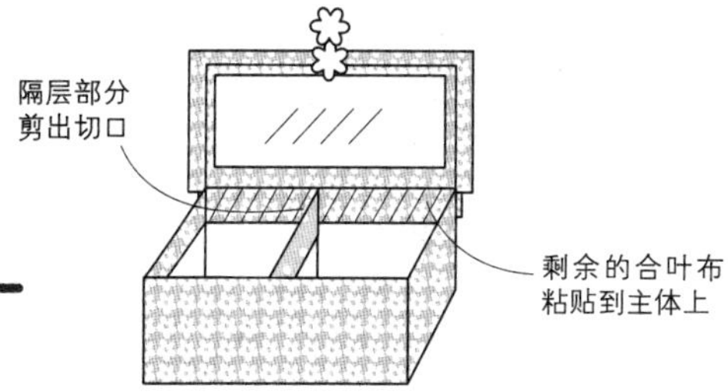

⑮制作主体内侧。

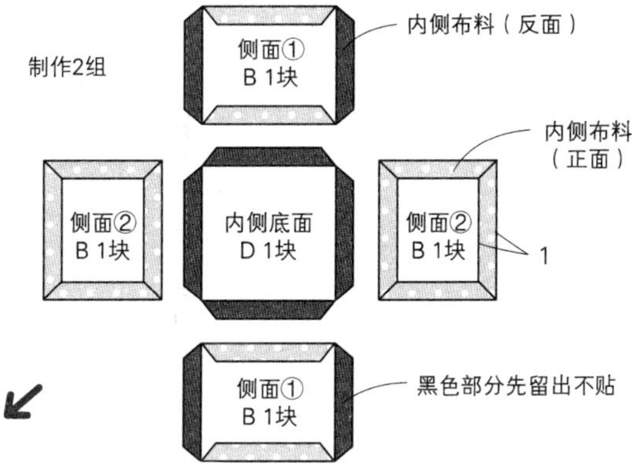

⑯内侧底面粘贴到主体上。

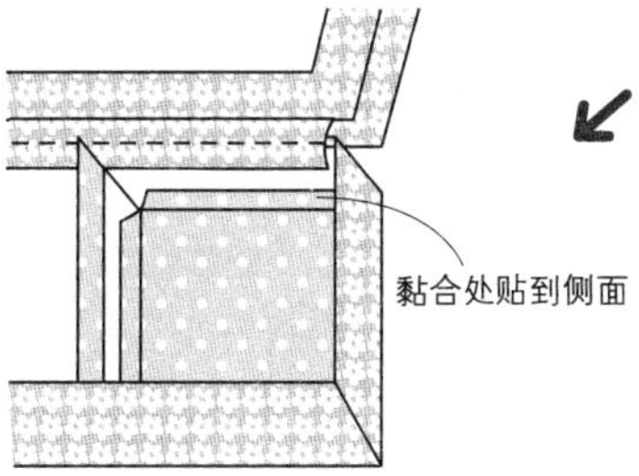

⑰侧面粘贴到主体上。

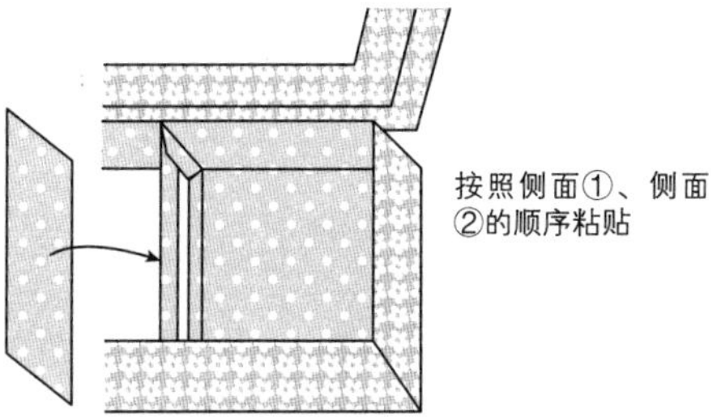

⑱用毛毡制作出戒指架。

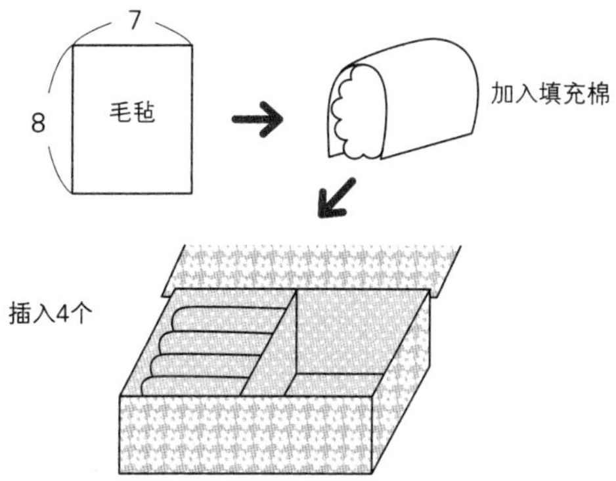

⑲盒盖贴上花边，
完成。

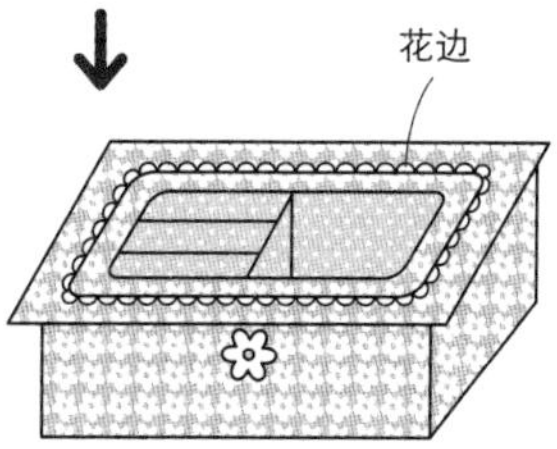

20 page 39 两个抽屉的小盒

材料

牛奶盒（1000ml）6个
布料a（白色）50cm×25cm
布料b（紫色）50cm×50cm
珍珠串珠（直径15mm）2颗
铁丝 8cm×2根

牛奶盒的裁剪方法

盒子1、2

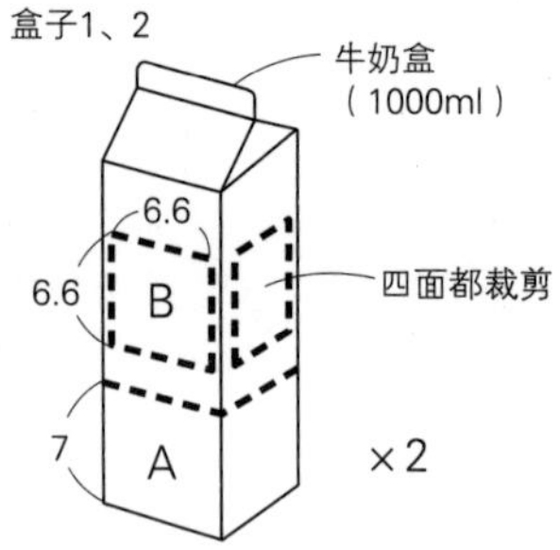

盒子3

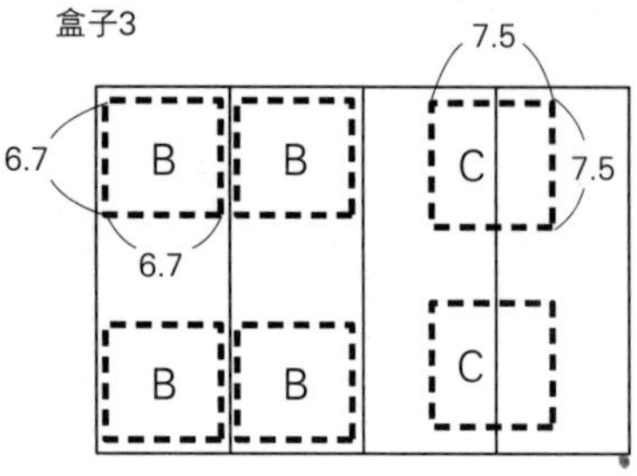

盒子4、5

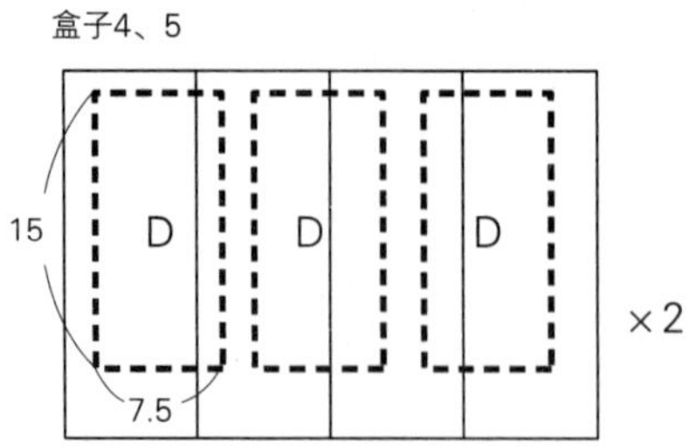

盒子6

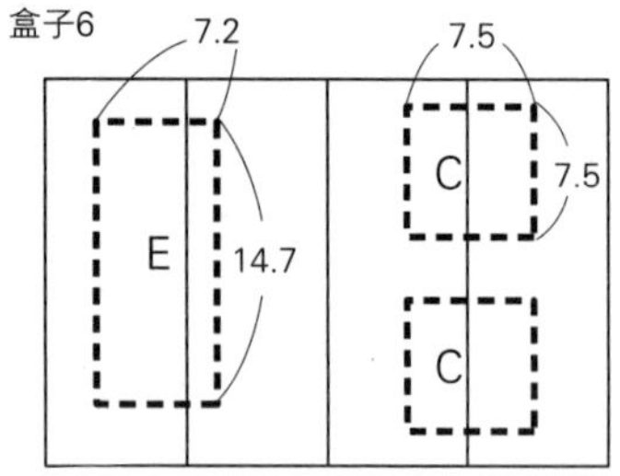

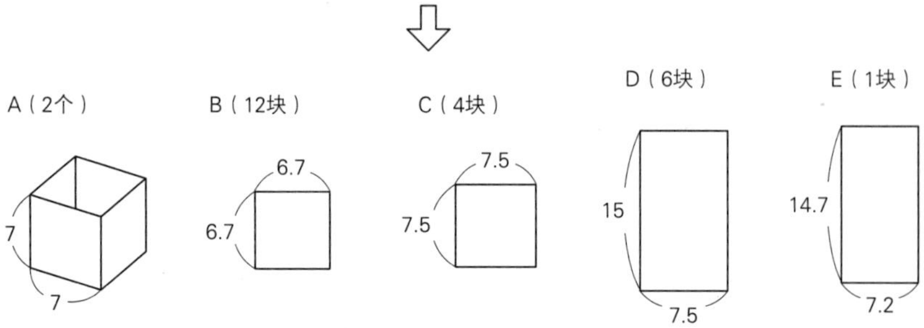

制作方法

① 制作抽屉。A的周围贴上外侧布料。

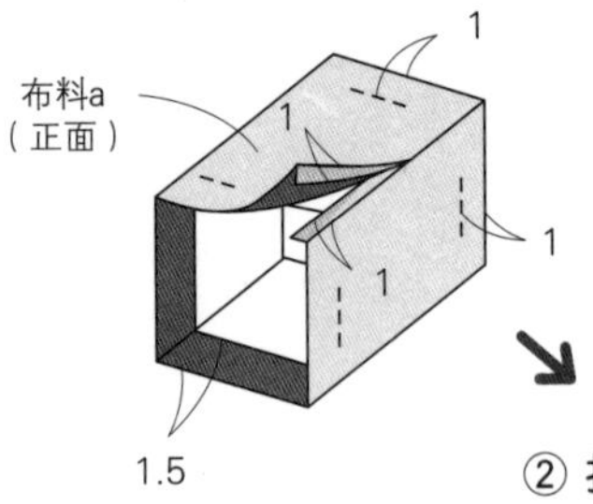

② 折叠开口处。

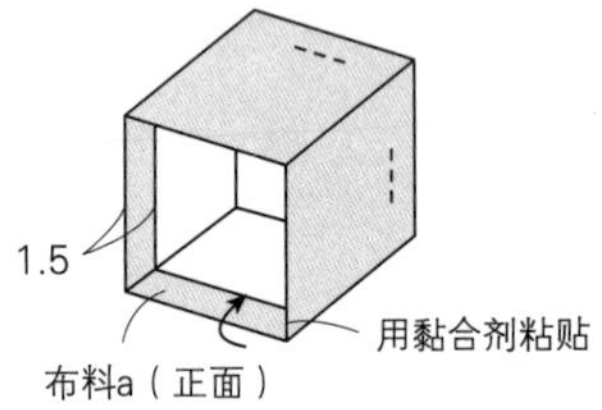

③ 折叠底面。

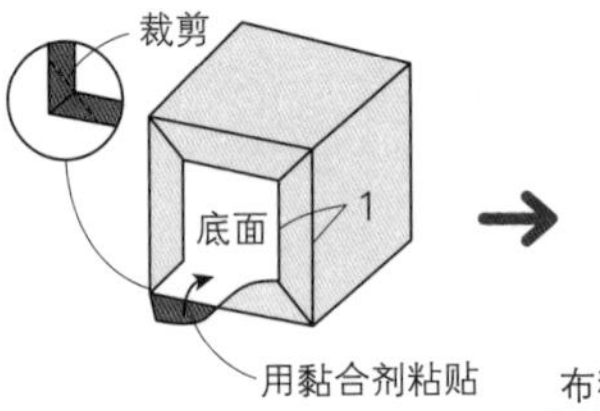

④ 制作外侧底面。

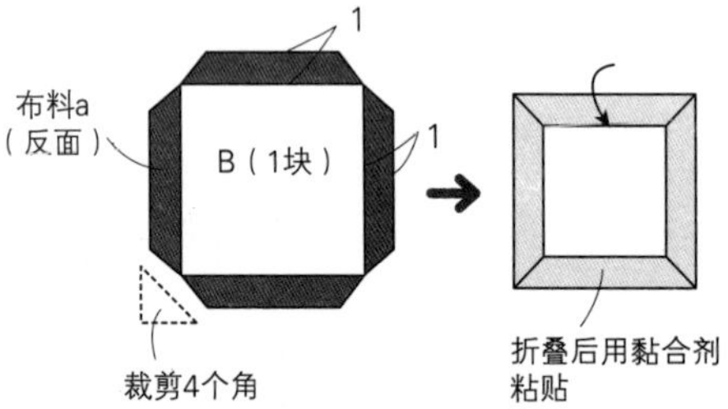

⑤ 粘贴外侧底面。

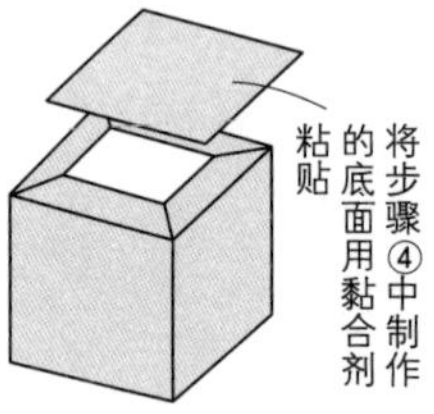

⑥ 拼接串珠。

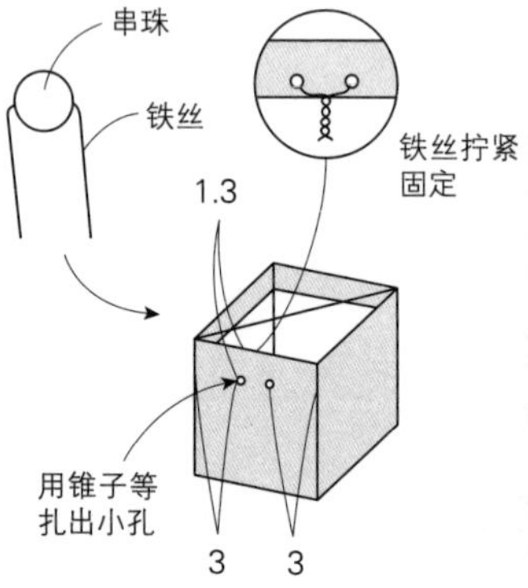

⑦ 制作A的内侧。

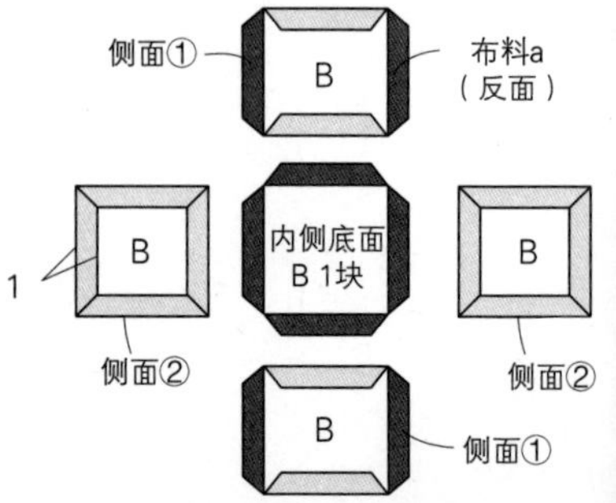

⑧ 内侧底面粘贴到抽屉上。

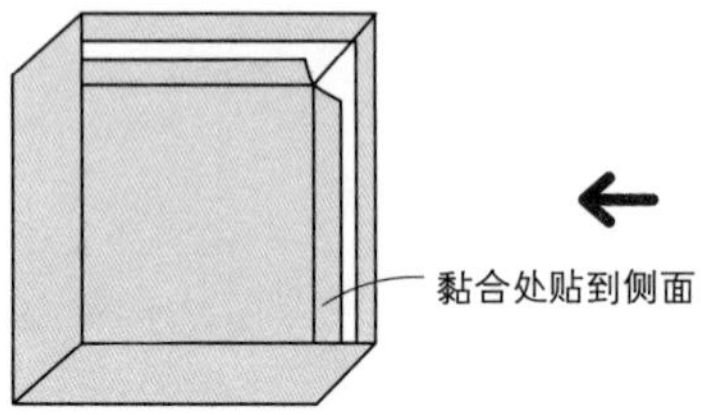

⑨ 内侧侧面粘贴到抽屉上。

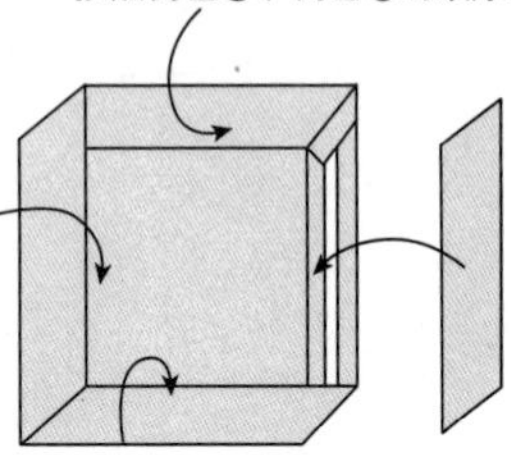

⑩ 抽屉完成。

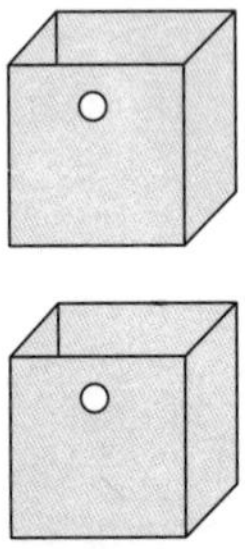

再用同样的方法制作1个

⑪ 制作外盒。

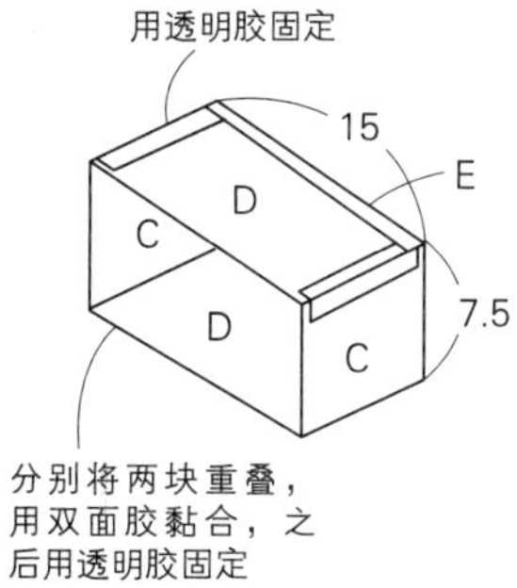

⑫ 外盒四周贴上布料b。

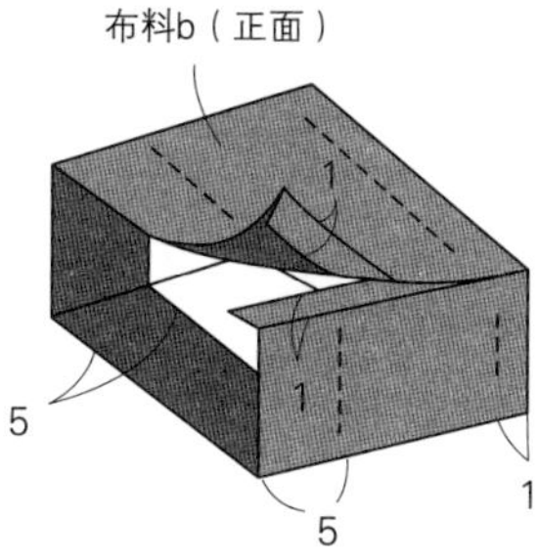

⑬ 折叠开口处。

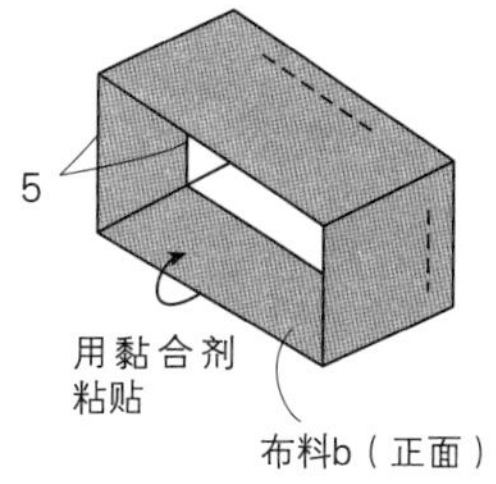

⑭ 折叠底面。

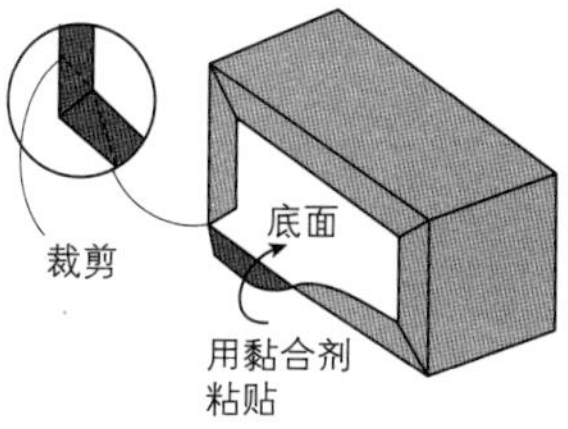

⑮ 制作外侧底面。

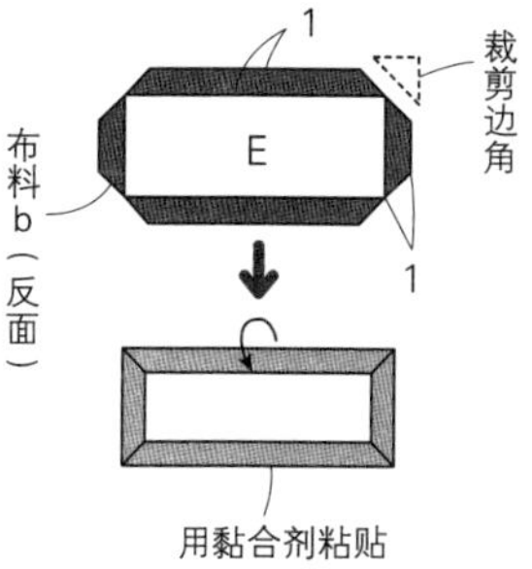

⑯ 外侧底面贴到外盒上。

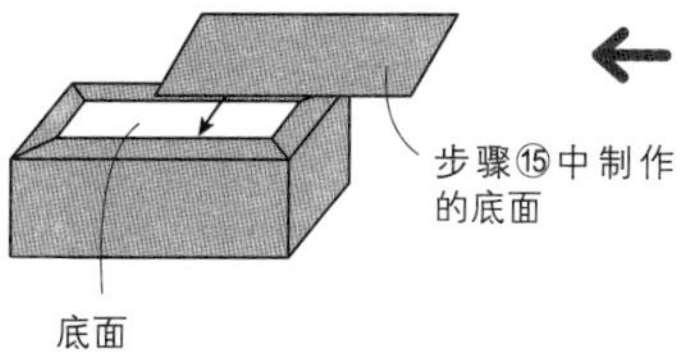

⑰ 放入抽屉，完成。

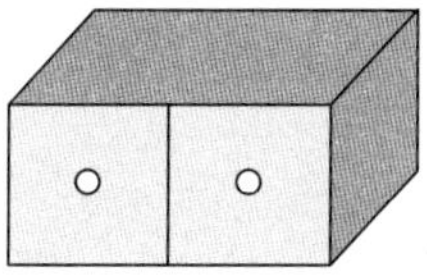

26 page 54 盆栽套

材料

牛奶盒（1000ml）1个
外侧布料（亚麻纯色）30cm × 15cm
花边（宽5cm）7cm
小垫布（直径5cm）1块
标签（1cm × 5.3cm）1块

牛奶盒的裁剪方法

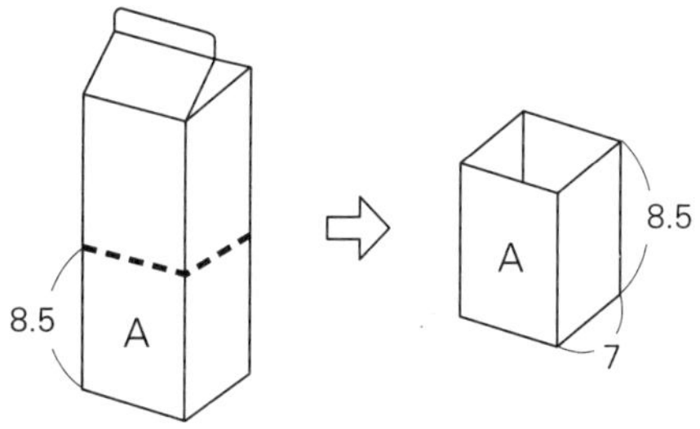

制作方法

① 在A的底面扎出小孔。

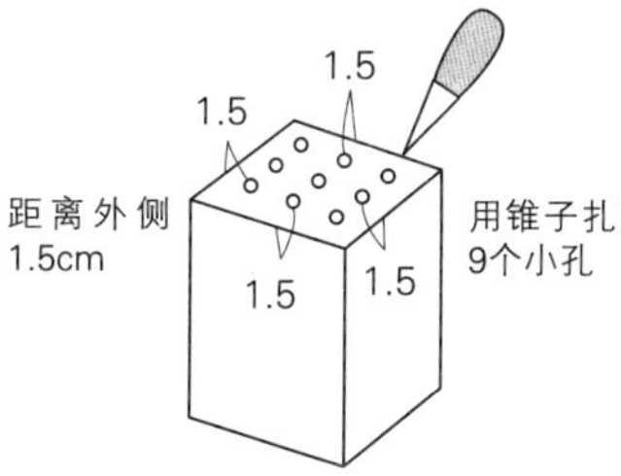

② A的周围贴上外侧布料。

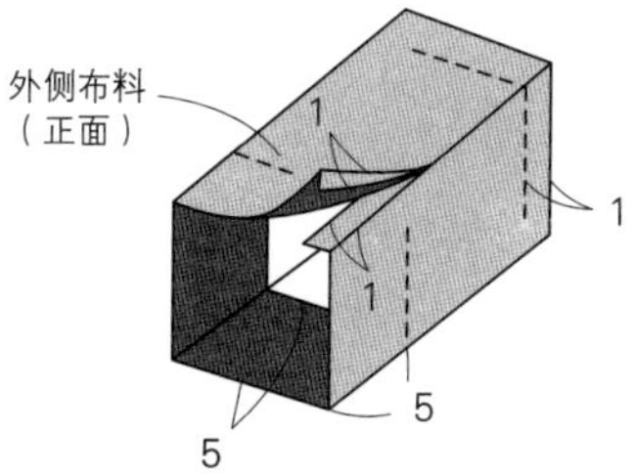

③ 折叠入口处。

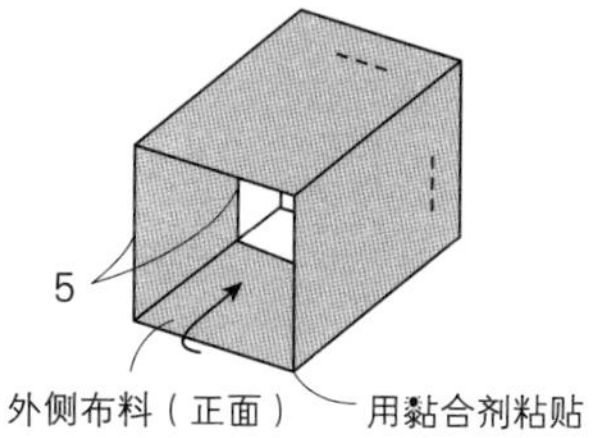

④ 折叠底面。

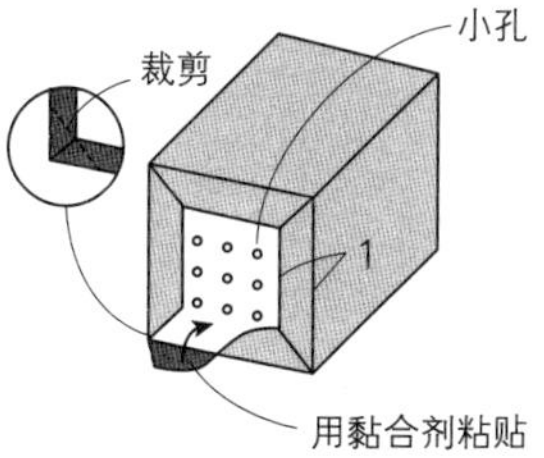

⑤ 装饰侧面，完成。

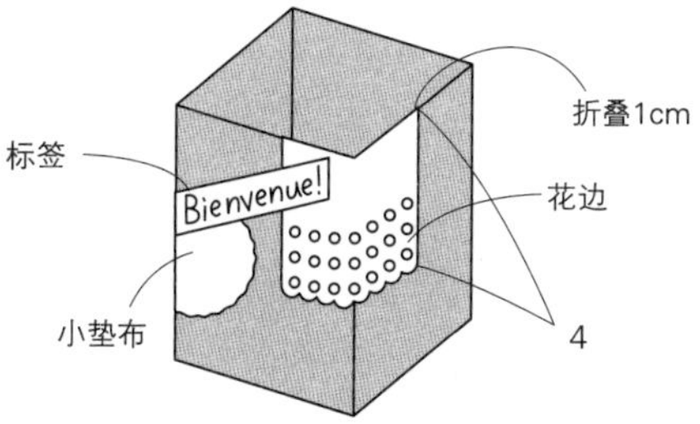

标签的实物大纸样

作品54

Bienvenue !

作品43

Merci

作品44

Bonjour

20 page 40 针插

材料

牛奶盒（1000ml）1个
布料a（亚麻、紫色）10cm×40cm
布料b（亚麻、白色）26cm×26cm
丝带（宽6mm）9cm
珍珠串珠（直径7mm）36个
填充棉 适量

牛奶盒的裁剪方法

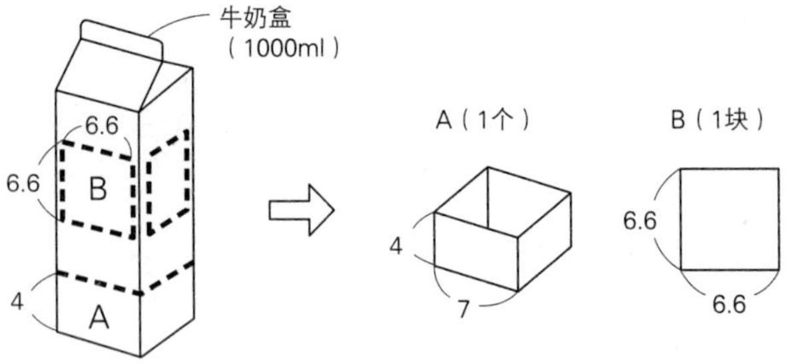

制作方法

①A的周围贴上外侧布料。

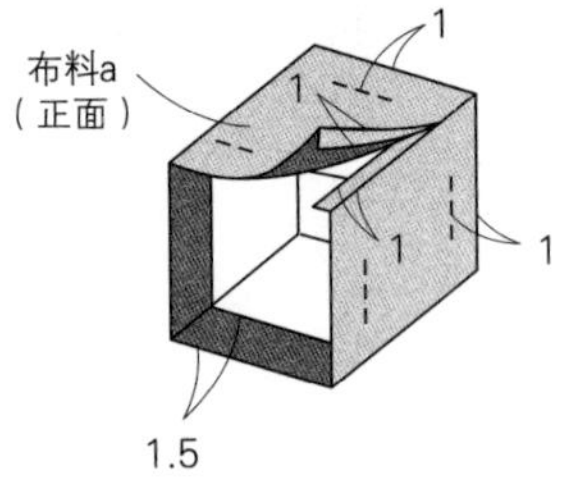

②折叠开口处。

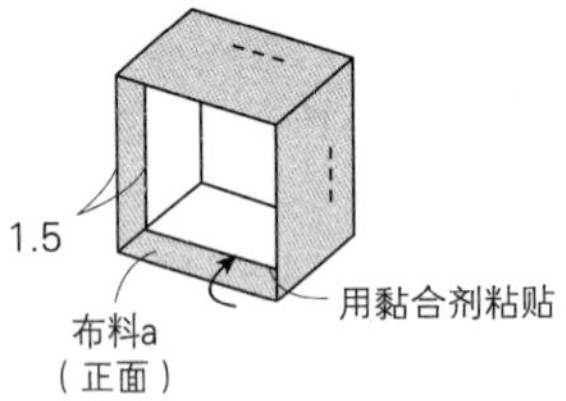

③折叠底面。

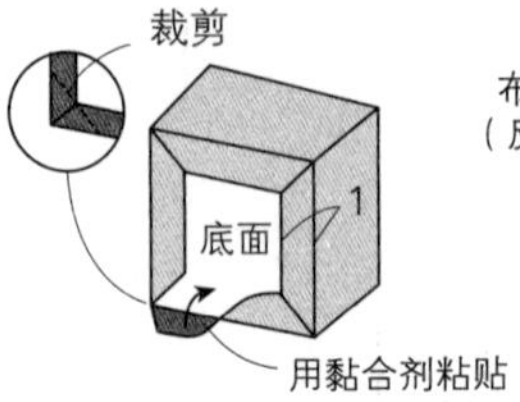

④制作外侧底面。

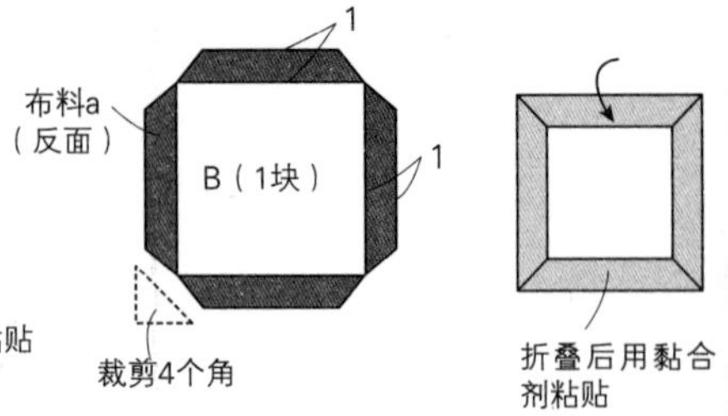

⑤外侧底面贴到主体上。

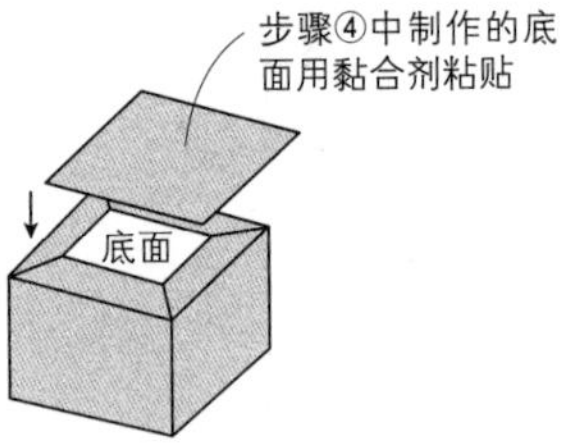

⑥布料b的周围拱缝，然后塞入棉花。

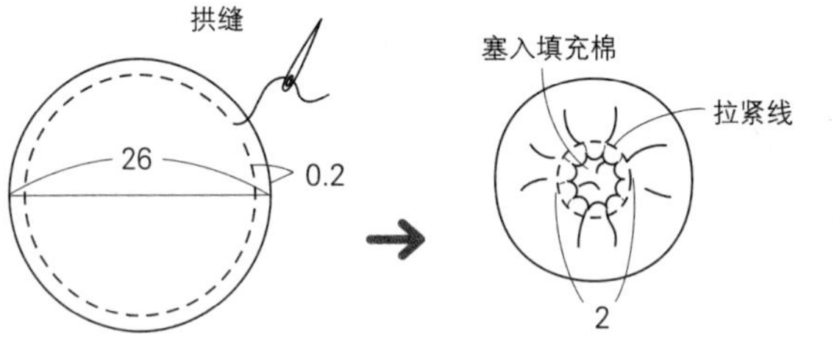

⑦丝带贴到A上，放入步骤⑥中制作的部分。

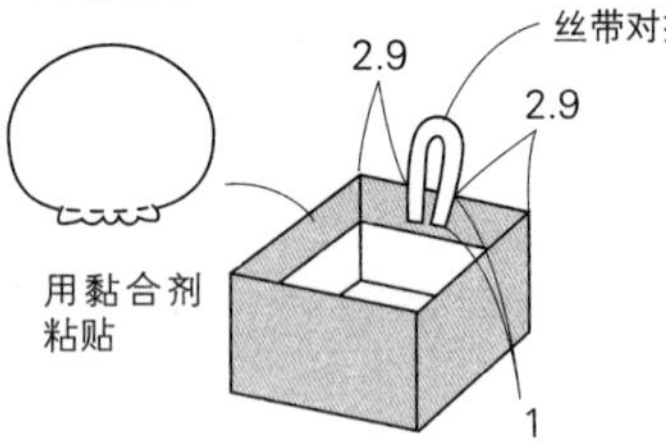

⑧盒子和针插之间用珍珠做装饰，完成。

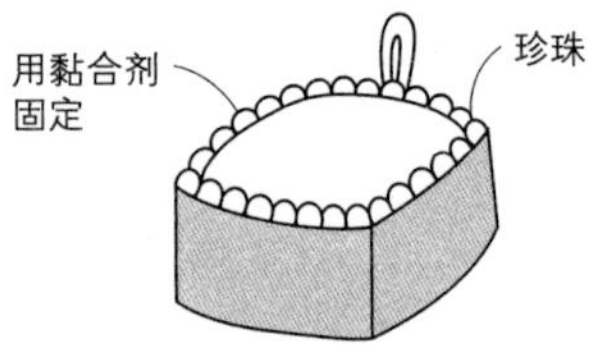

27 page 55~59 简易杯垫

材料

牛奶盒（1000ml）1个
布料（棉质印花）7cm×7cm 5块
纸 7cm×7cm 5张

实物大纸样

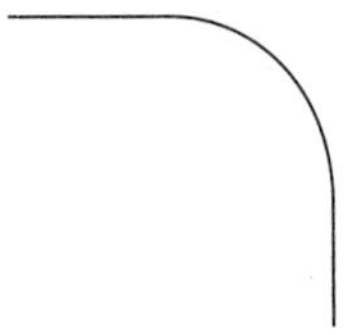

牛奶盒的裁剪方法

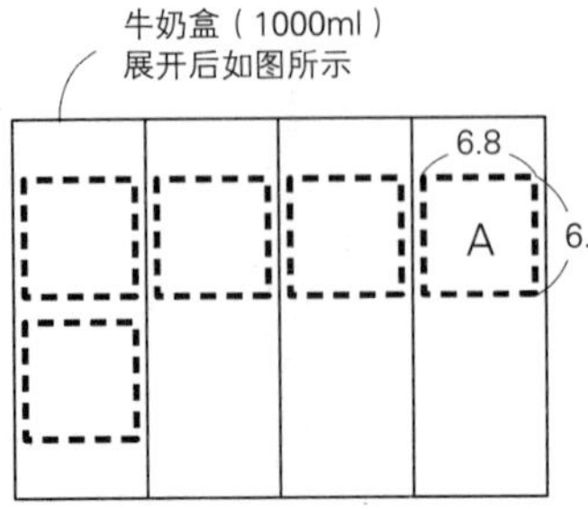

制作方法

①用黏合剂将A、纸、外侧布料粘贴。

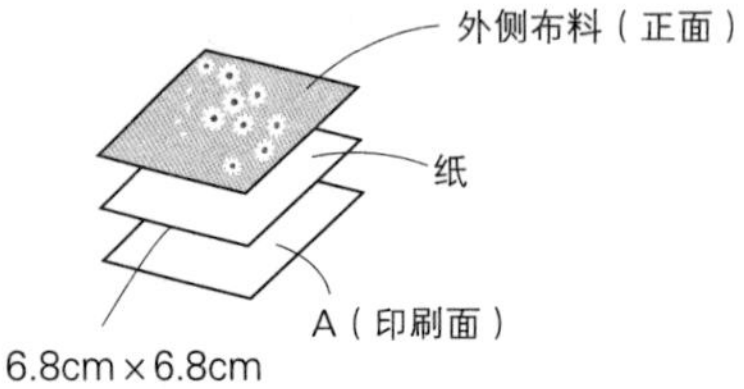

②边角裁剪成圆形，剩余的布料也按同样方法裁剪。

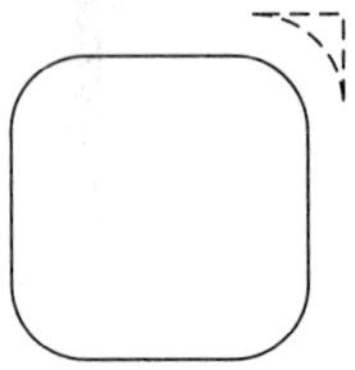

③完成。

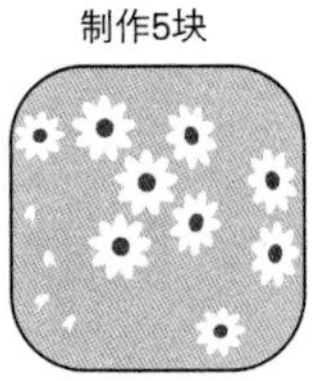

21 page 41 黑白色调的小盒

材料

- 牛奶盒（1000ml）2个
- 布料a（亚麻纯色）20cm×40cm
- 布料b（棉质黑色）15cm×15cm
- 布料c（棉质印花）15cm×15cm
- 花边 30cm
- 珍珠串珠（直径8mm）1颗
- 饰物（钥匙） 1个

牛奶盒的裁剪方法

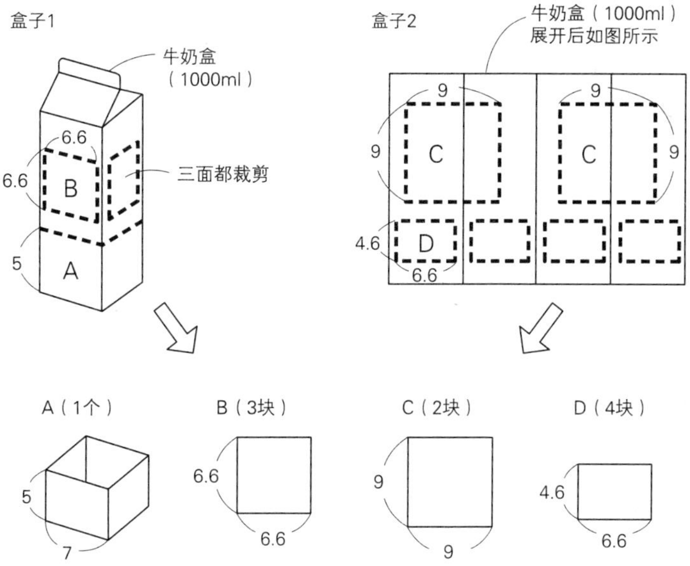

制作方法

①A的周围粘贴布料a。

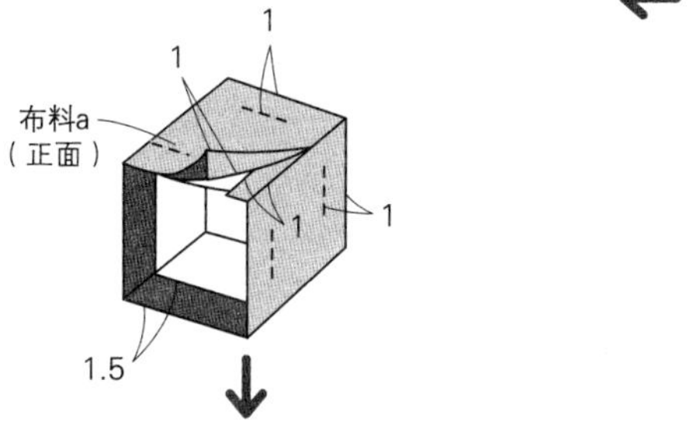

②折叠开口处。

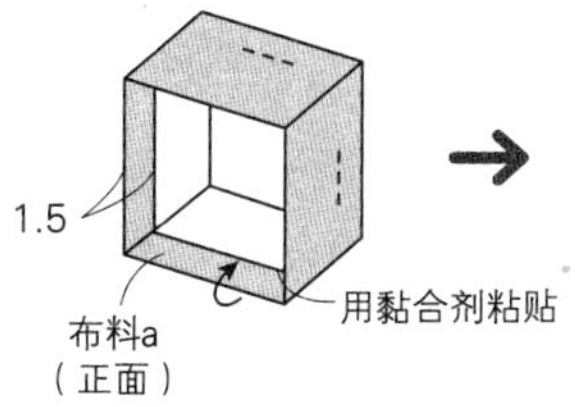

③折叠底面。

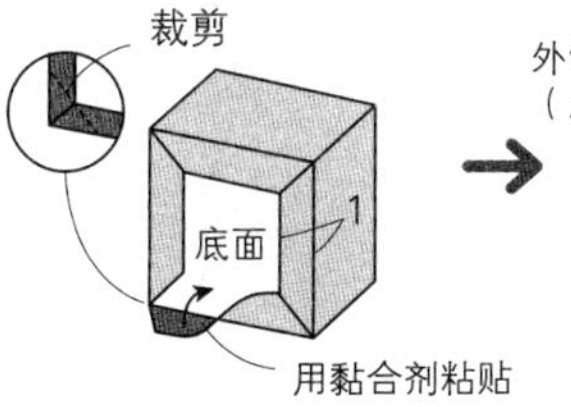

④制作外侧底面。

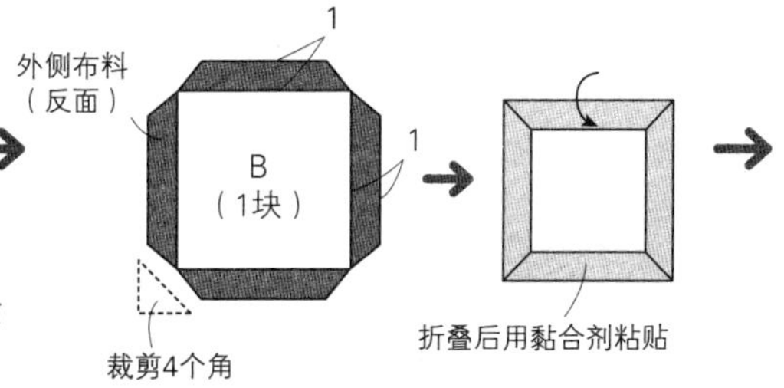

⑤外侧底面贴到主体上。

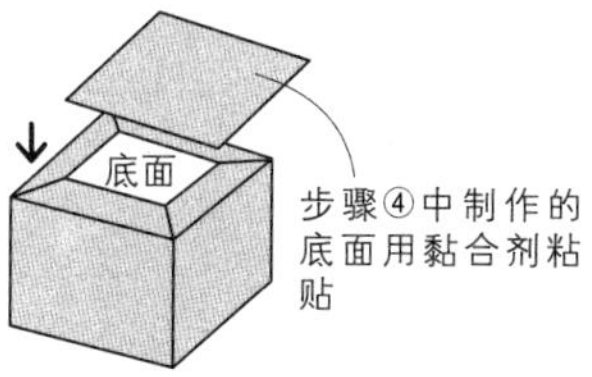

⑥制作主体的内侧。

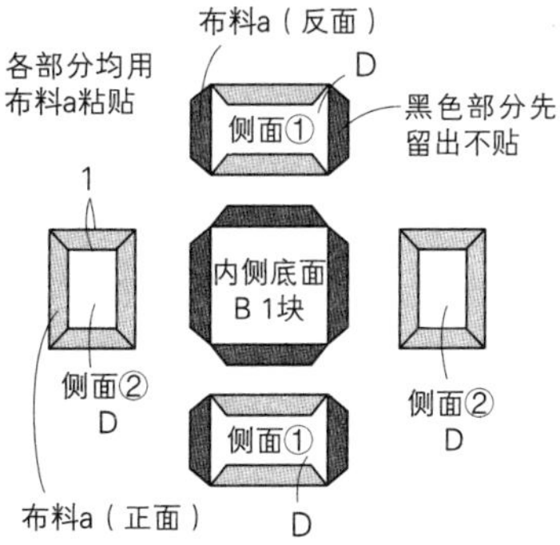

⑦内侧底面粘贴到主体上。

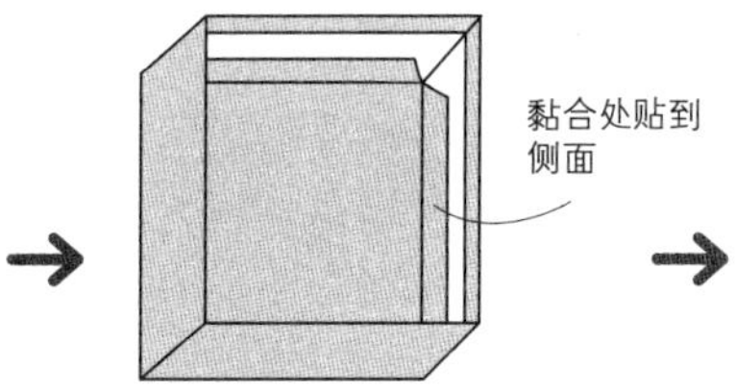

⑧内侧侧面粘贴到主体上。

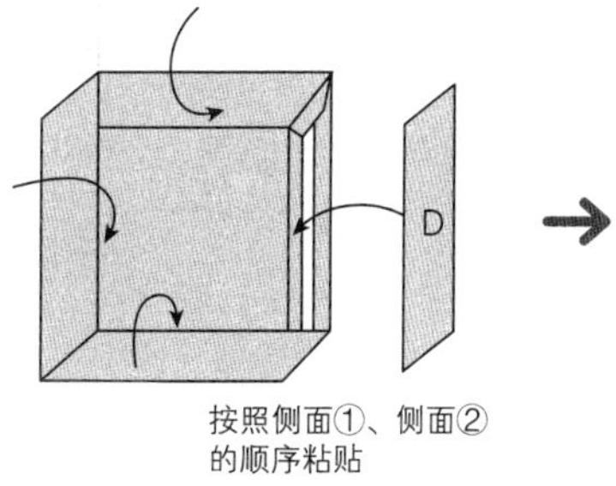

⑨花边和饰物用黏合剂粘贴。

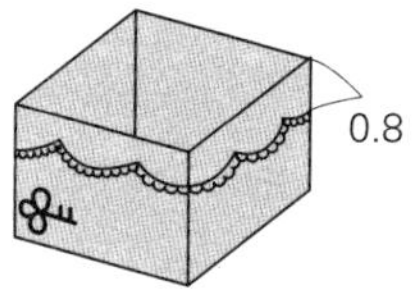

⑩制作内侧盒盖。

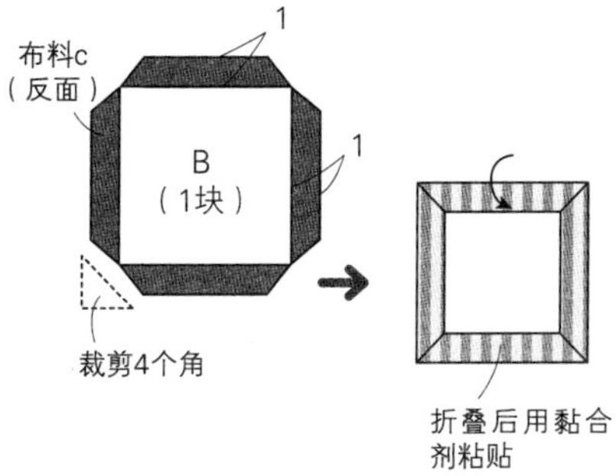

⑪制作盒盖。铺棉芯和布料b粘贴到C上。

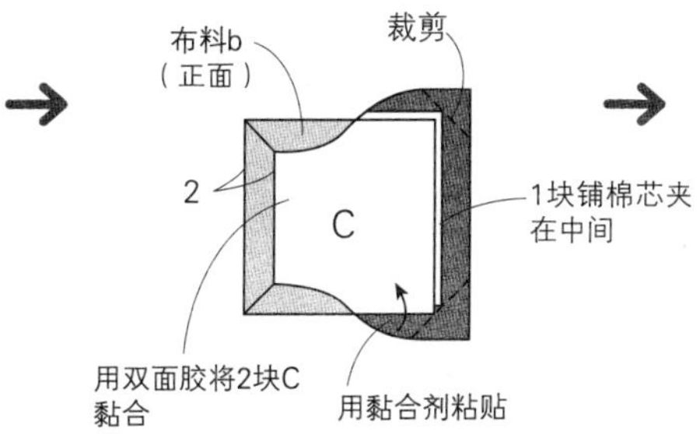

⑫内侧盒盖粘贴到盒盖上。

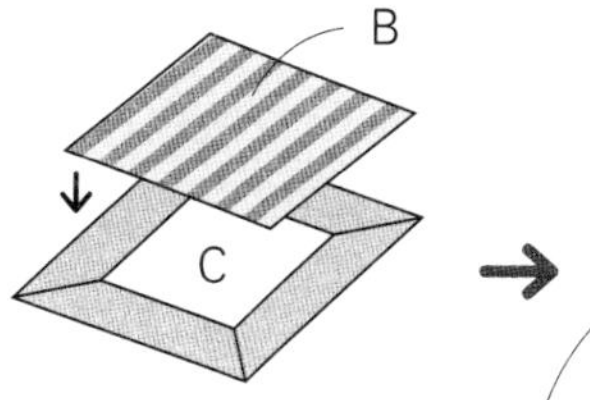

⑬串珠贴到盒盖上，完成。

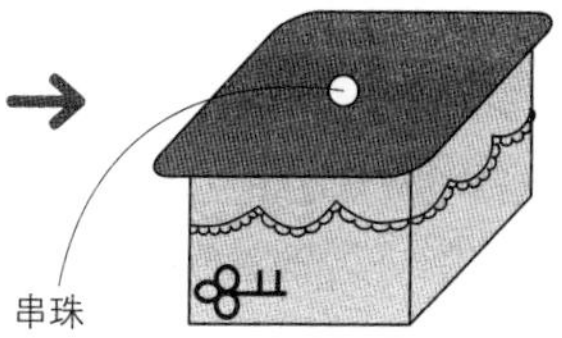

22、23 page 43、46 小盒

材料

作品43
牛奶盒（1000ml）1个
瓦楞纸 9cm×12cm
外侧布料（黑色）25cm×25cm
内侧布料（白色）20cm×35cm
花边（宽7mm）24cm 2条
小垫布（直径5.5cm）1块
标签 1cm×3cm（纸样见P83）

作品46
牛奶盒（1000ml）1个
瓦楞纸 9cm×12cm
外侧布料（粉色）25cm×25cm
内侧布料（白色）20cm×35cm
缎纹丝带（宽7mm）24cm 2条
绒毛球（直径1cm）1个
人工水钻 4颗

牛奶盒的裁剪方法

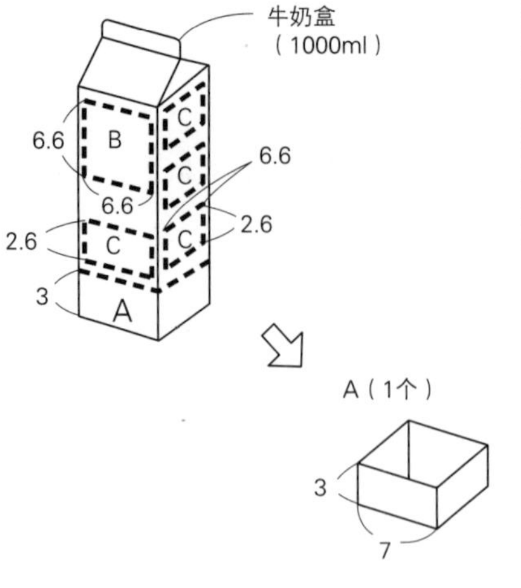

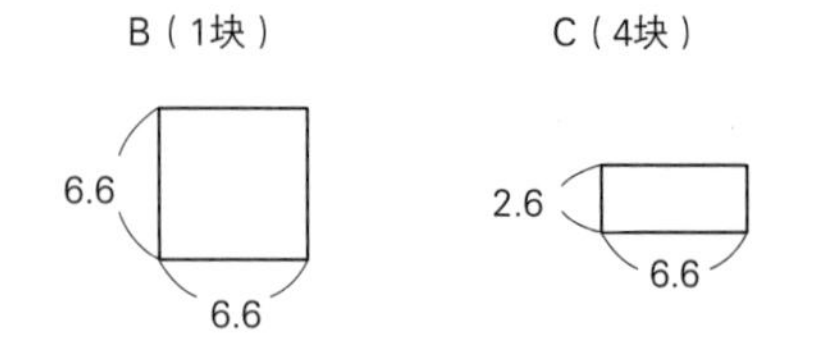

瓦楞纸的裁剪方法

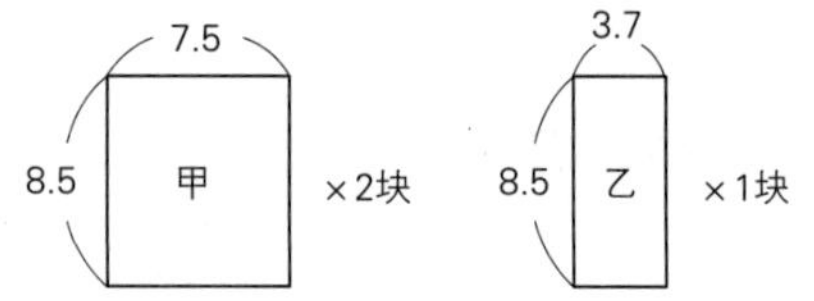

制作方法

① A的周围贴上内侧布料。

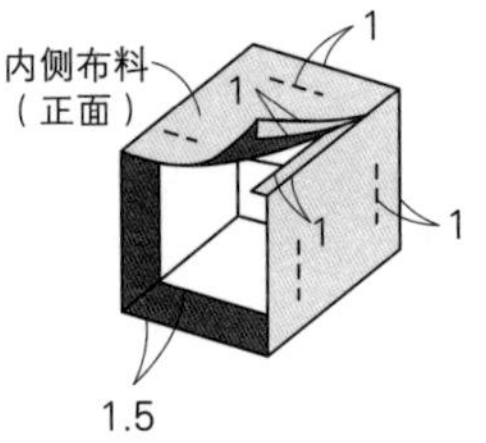

② 折叠开口处。

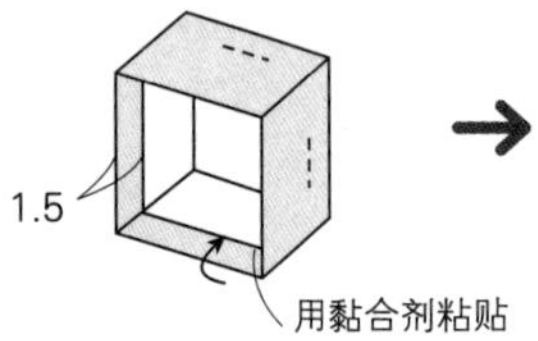

③ 折叠底面。

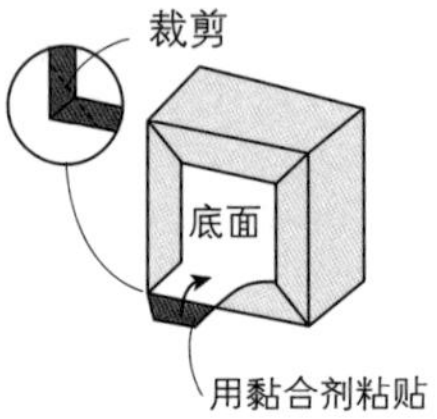

④ 制作A的内侧。

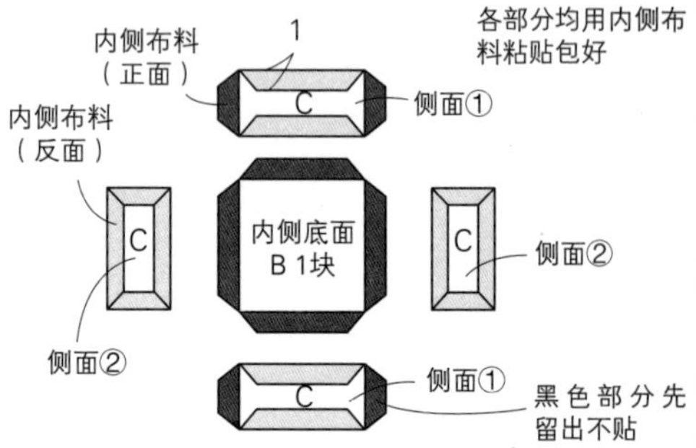

⑤ 内侧底面贴到A上。

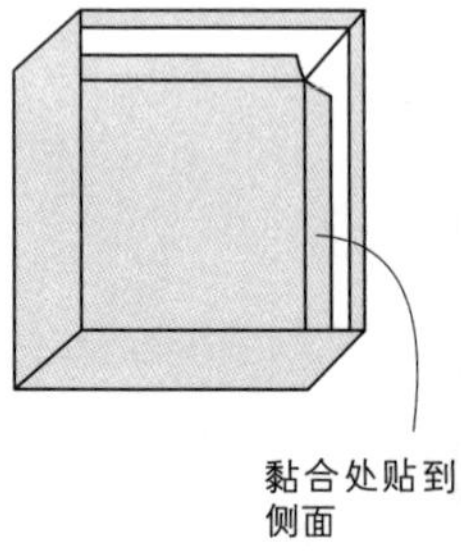

⑥ 内侧侧面粘贴到A上。

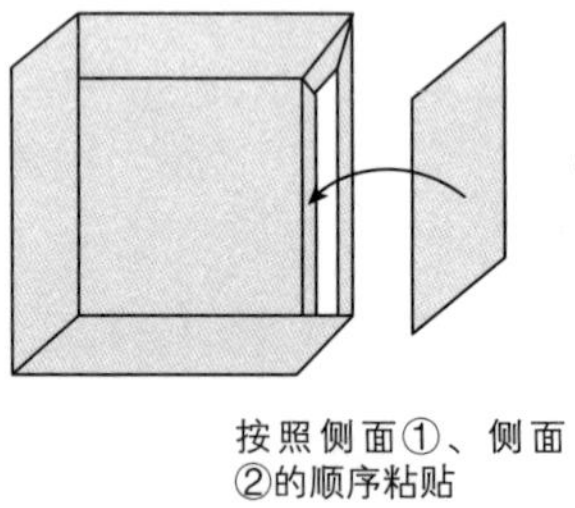

⑦ 瓦楞纸的各部分都贴上外侧布料。

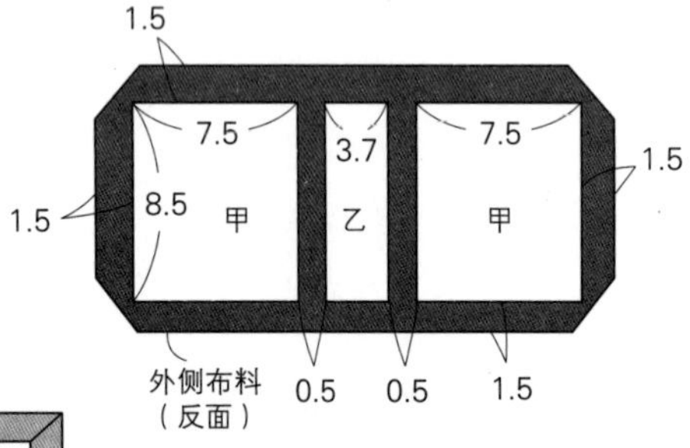

⑧ 折叠黏合处。

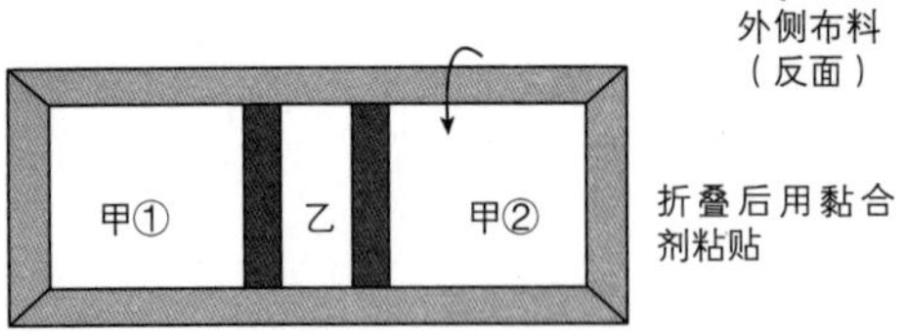

⑨ 外侧布料与丝带贴到主体上。

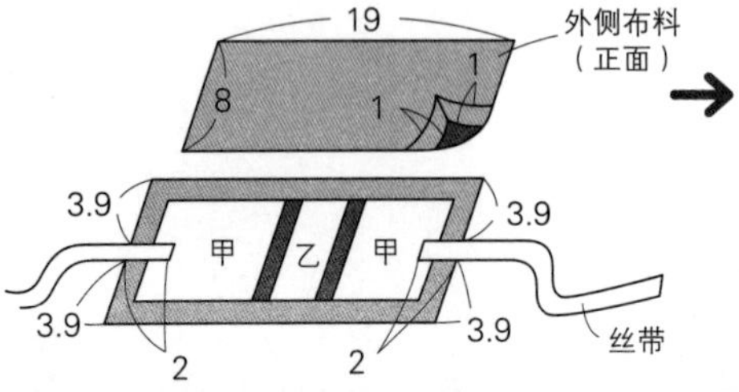

⑩ A贴到主体上。

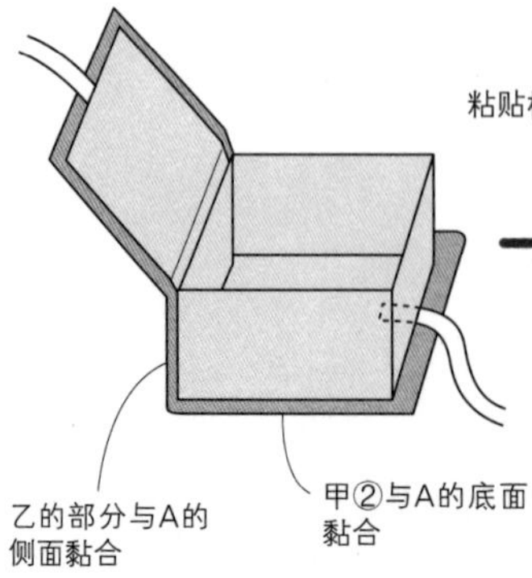

⑪ 装饰盒盖和侧面，完成。

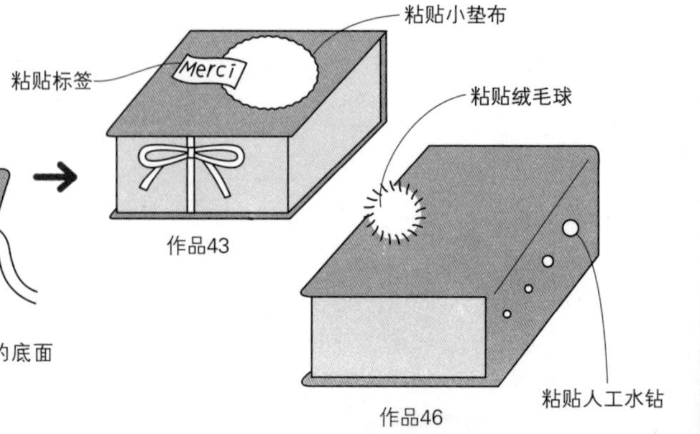

22 page 44 书本状的小盒

材料

- 牛奶盒（1000ml）2个
- 瓦楞纸 15cm×20cm
- 外侧布料（黑色）35cm×25cm
- 内侧布料（白色）25cm×45cm
- 花边1（宽8mm）24cm 2条
- 花边2（宽18mm）6cm
- 标签 1cm×5.2cm（纸样见P83）
- 饰物

牛奶盒的裁剪方法

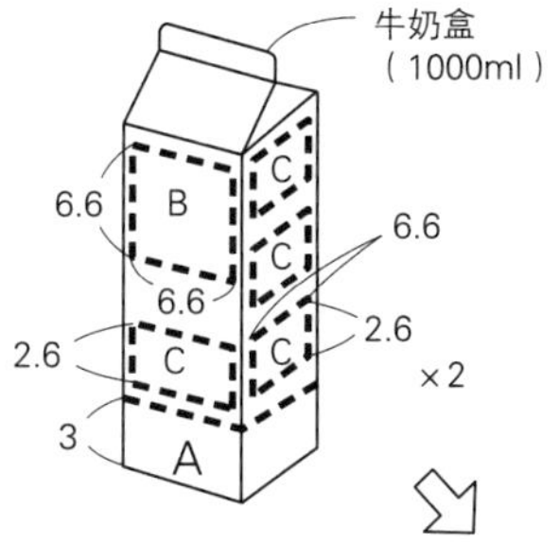

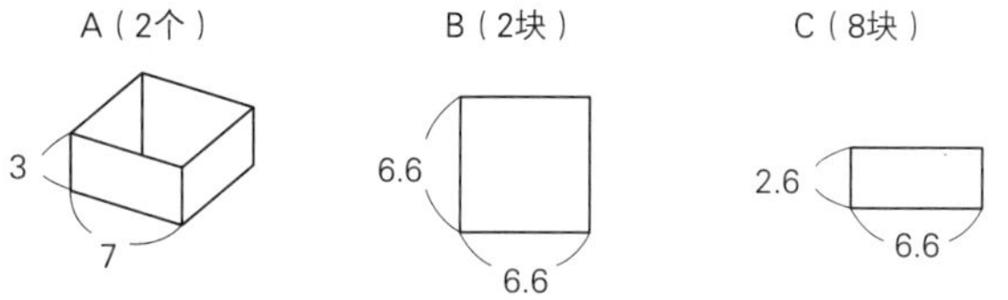

瓦楞纸的裁剪方法

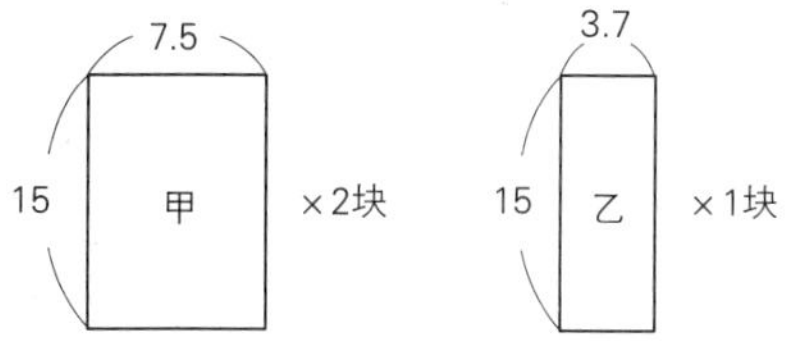

制作方法

① 将2个A黏合。

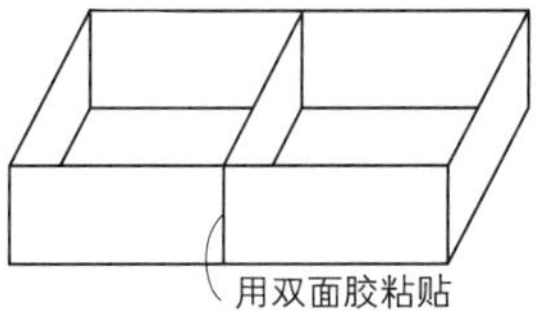

② 在步骤①的周围粘贴内侧布料。

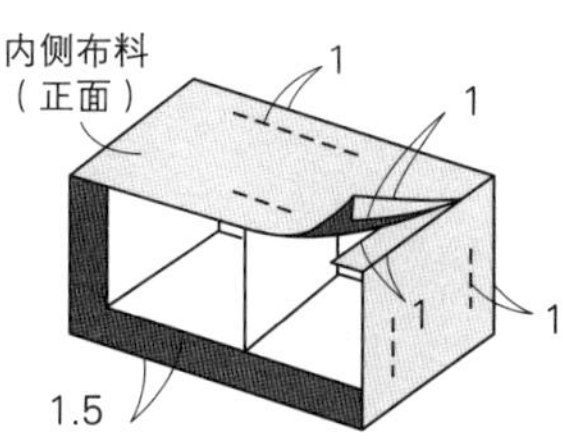

③ 折叠开口处。

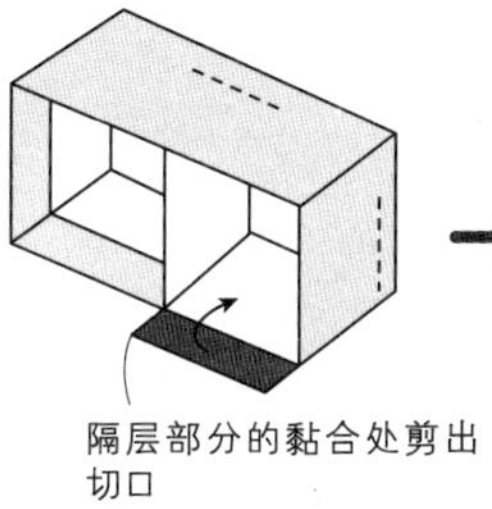

④ 折叠底面。

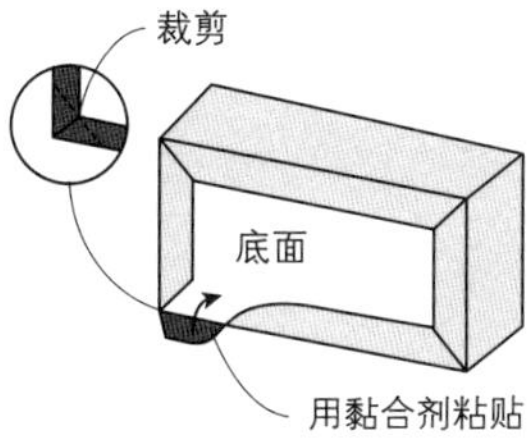

⑤ 隔层处粘贴布料。

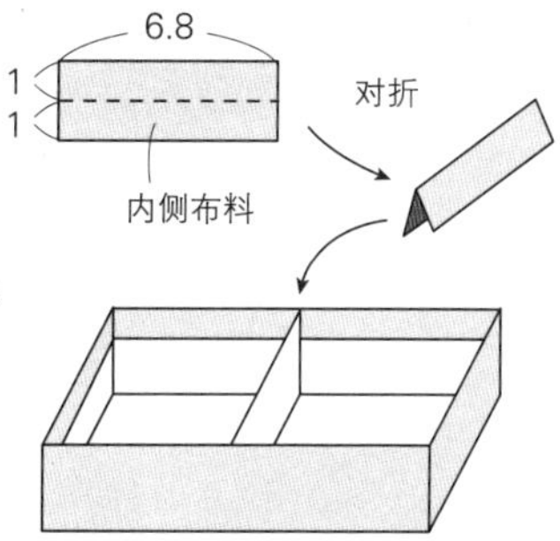

⑥ 制作内侧的各部分。

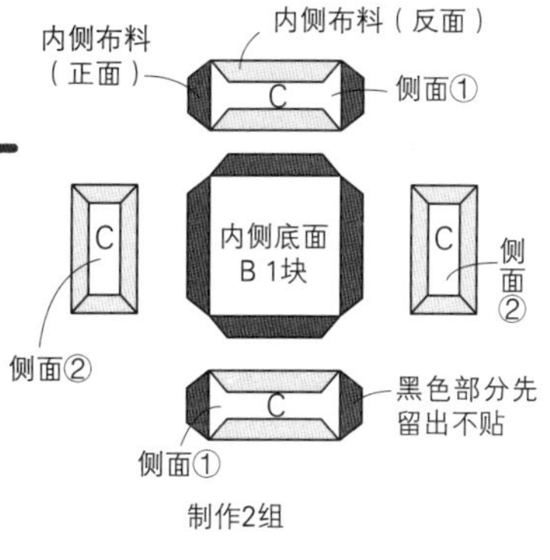

⑦ 粘贴内侧底面。

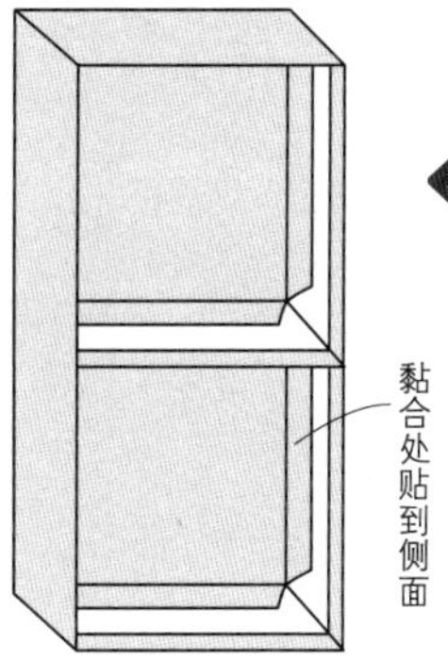

⑧ 粘贴内侧的侧面。

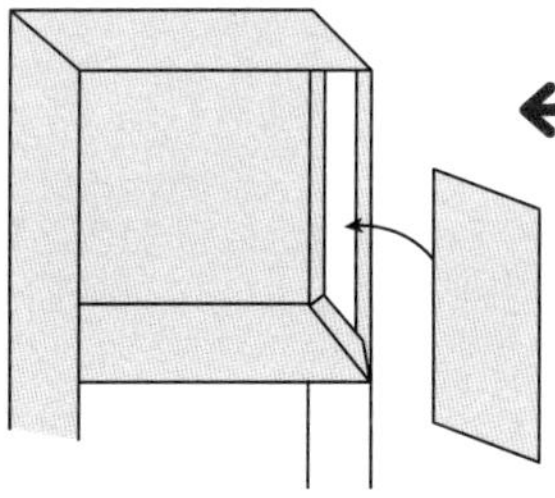

⑨ 瓦楞纸的各部分贴上外侧布料。

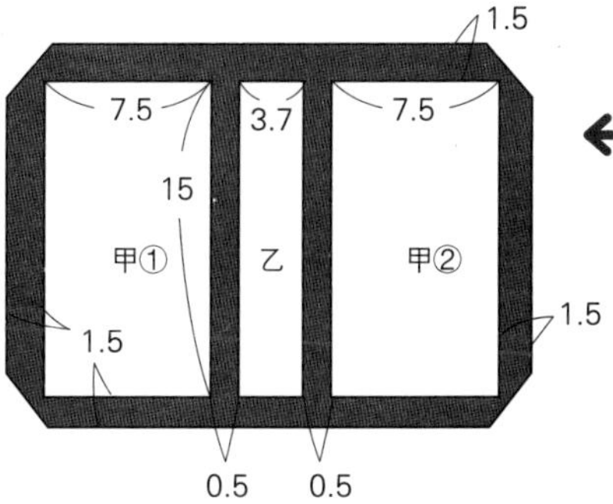

⑩ 折叠黏合处。

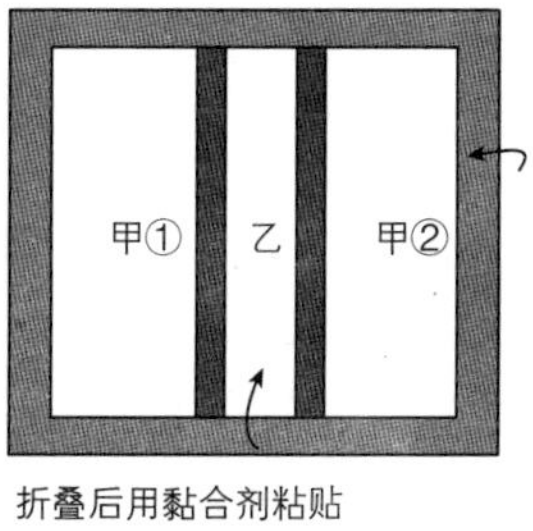

⑪ 外侧布料和丝带粘贴到主体上。

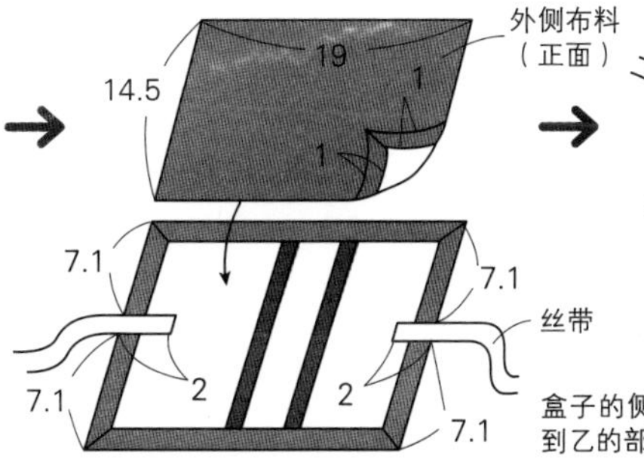

⑫ 盒子与主体黏合。

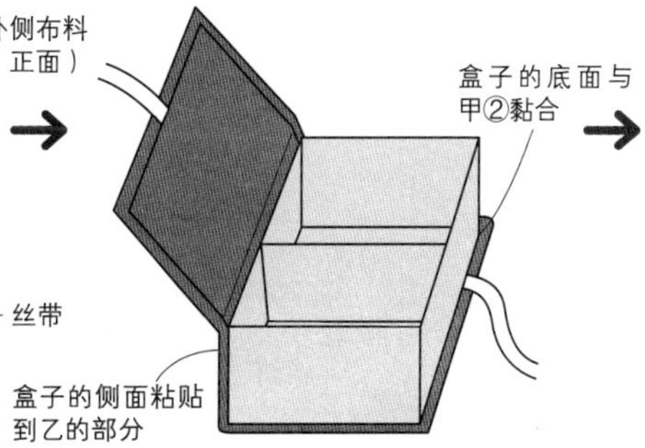

⑬ 饰物粘贴到盒盖上，完成。

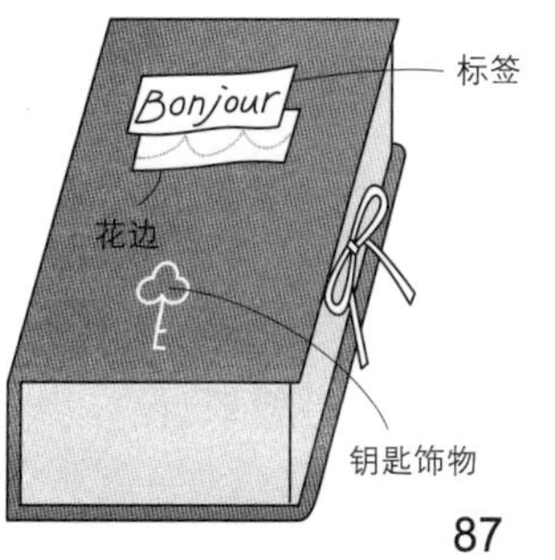

23 page 45 礼物盒

材料

牛奶盒（1000ml）1个
外侧布料（亚麻纯色）25cm×30cm
内侧布料（棉质条纹）10cm×10cm
丝带（宽3cm）34cm
花边（4种）适量
人工水钻 适量

牛奶盒的裁剪方法

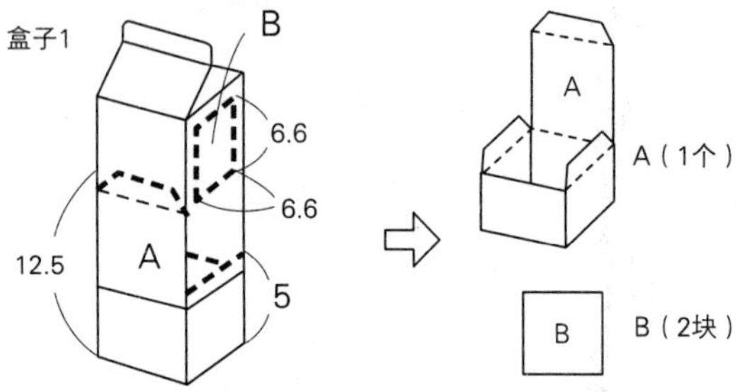

盒子1的展开图

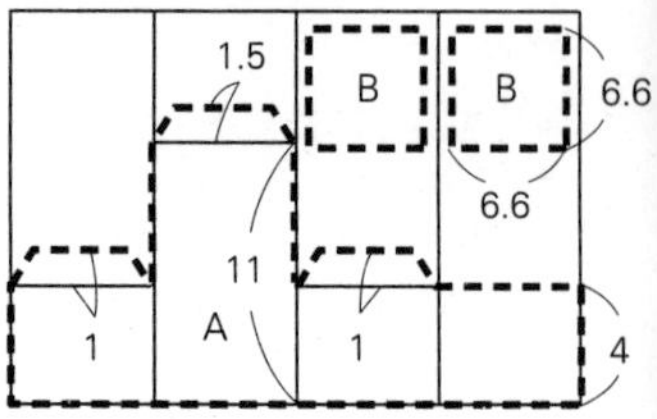

制作方法

①沿黏合处折叠出印痕。

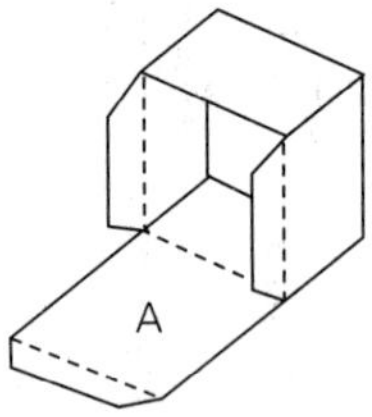

②主体贴上外侧布料。

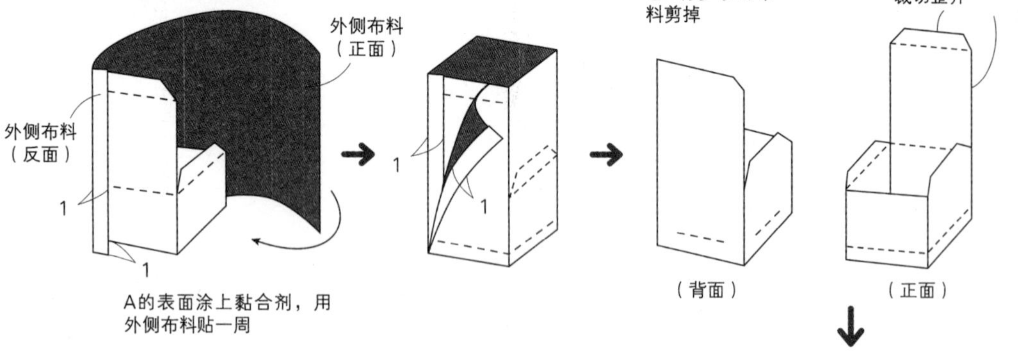

③折叠底面。

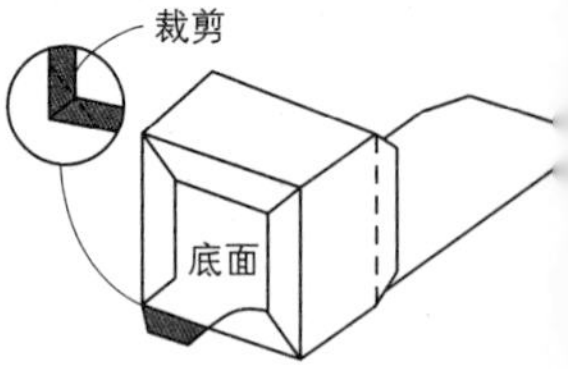

④制作外侧底面。

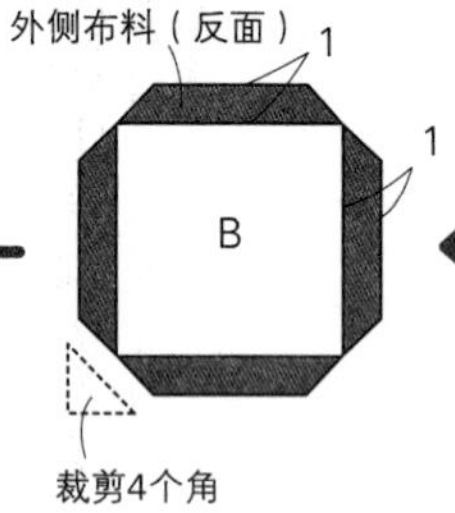

⑤制作外侧底面。

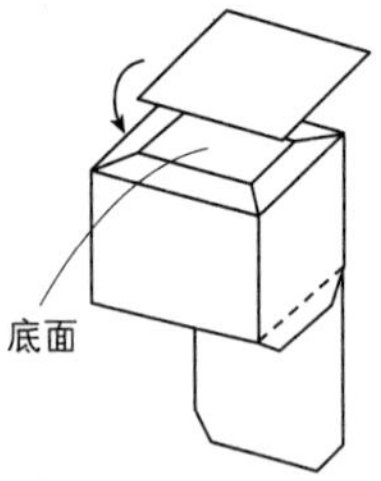

⑥制作内侧底面。

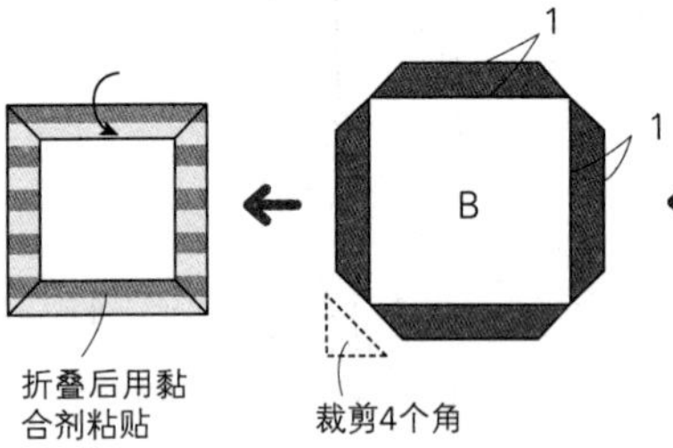

⑦内侧底面粘贴到主体上。

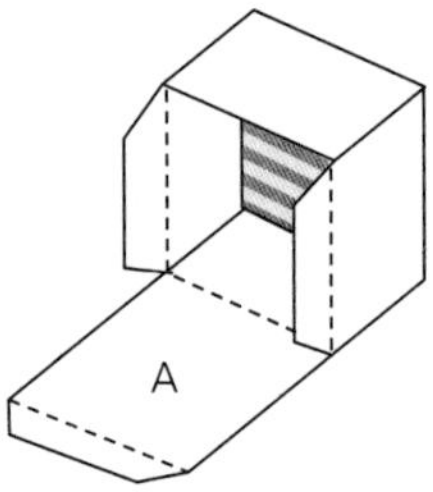

⑧主体盒盖的内侧贴上花边纸。

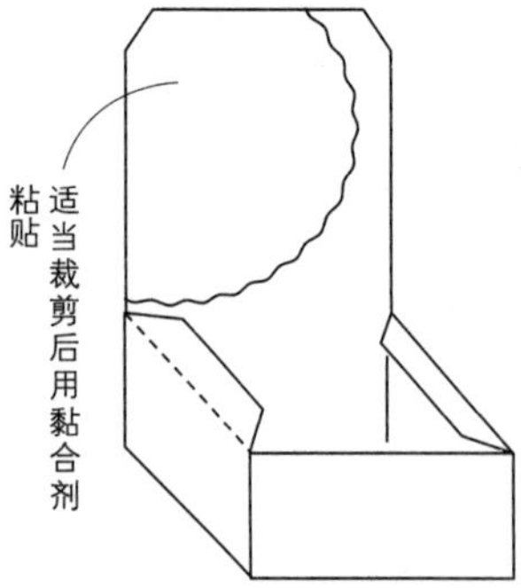

⑨主体的侧面贴上花边做装饰。

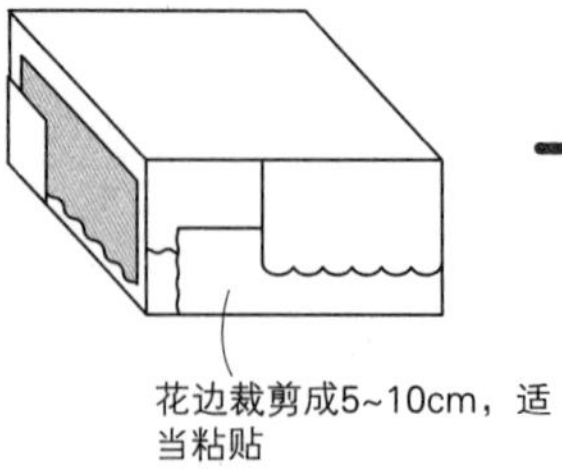

⑩裁剪丝带。

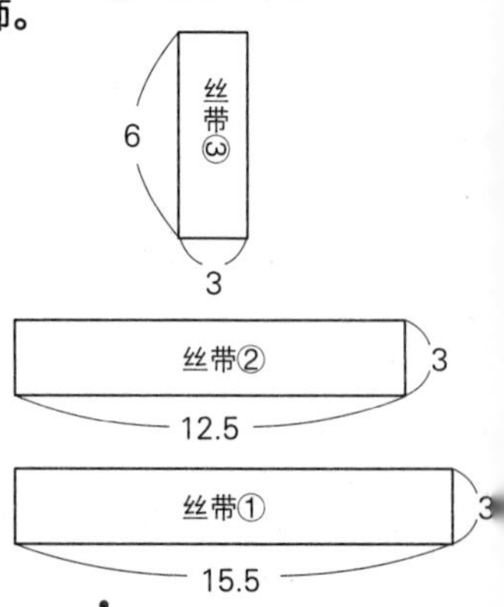

⑪丝带①、②重叠。

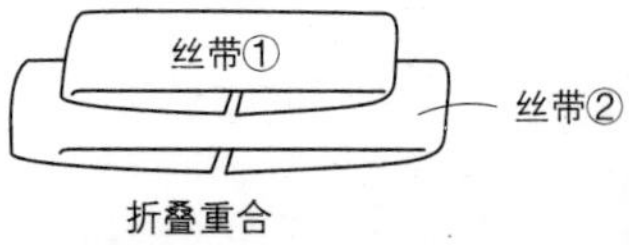

⑫中心捏紧固定。

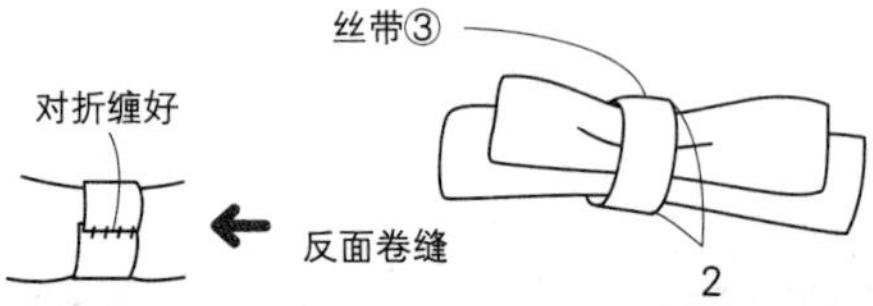

⑬丝带和人工水钻贴到主体上，
完成。

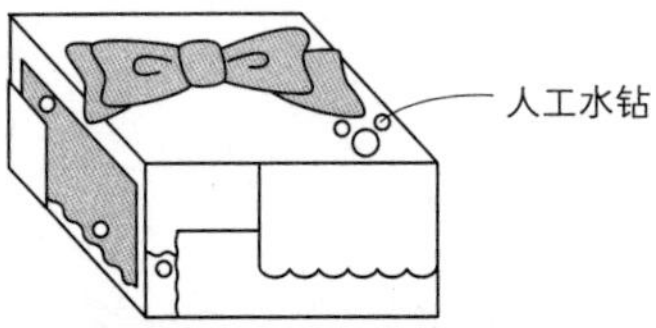

24 page 47 刀叉盒

材料

牛奶盒（1000ml）3个
布料A（条纹）40cm×22cm
布料B（纯色）50cm×25cm
花边 15cm
毛毡 6cm×5cm

牛奶盒的裁剪方法

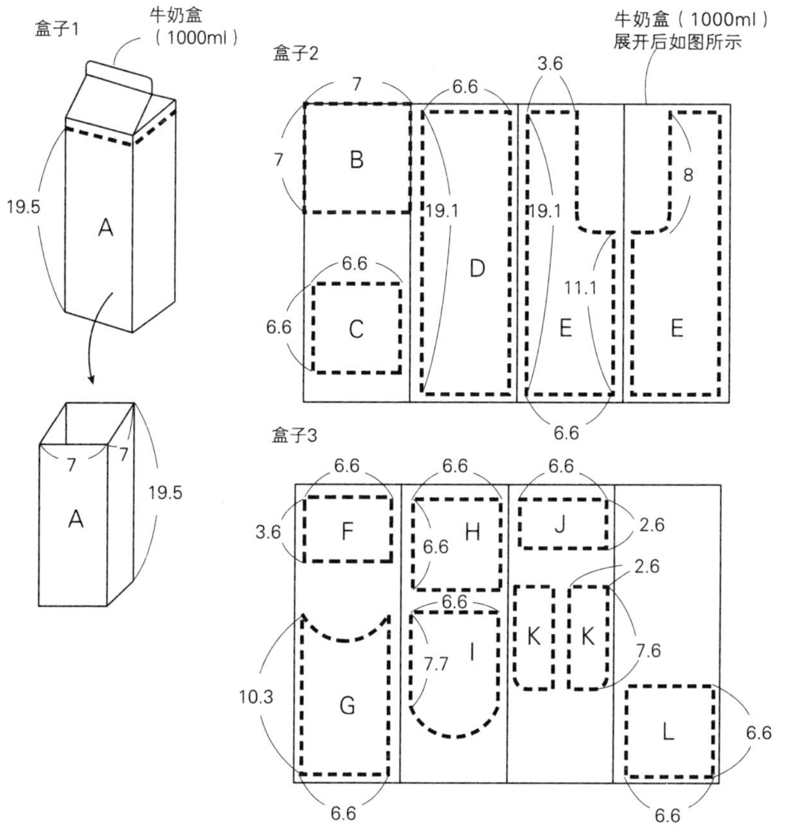

实物大纸样

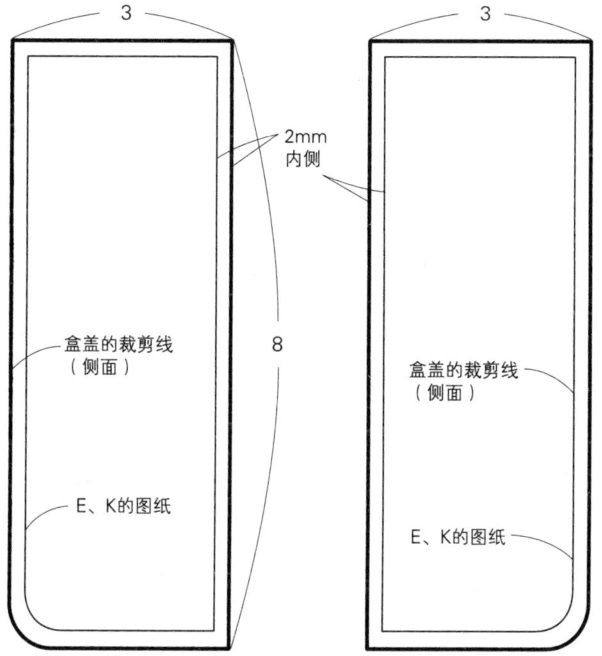

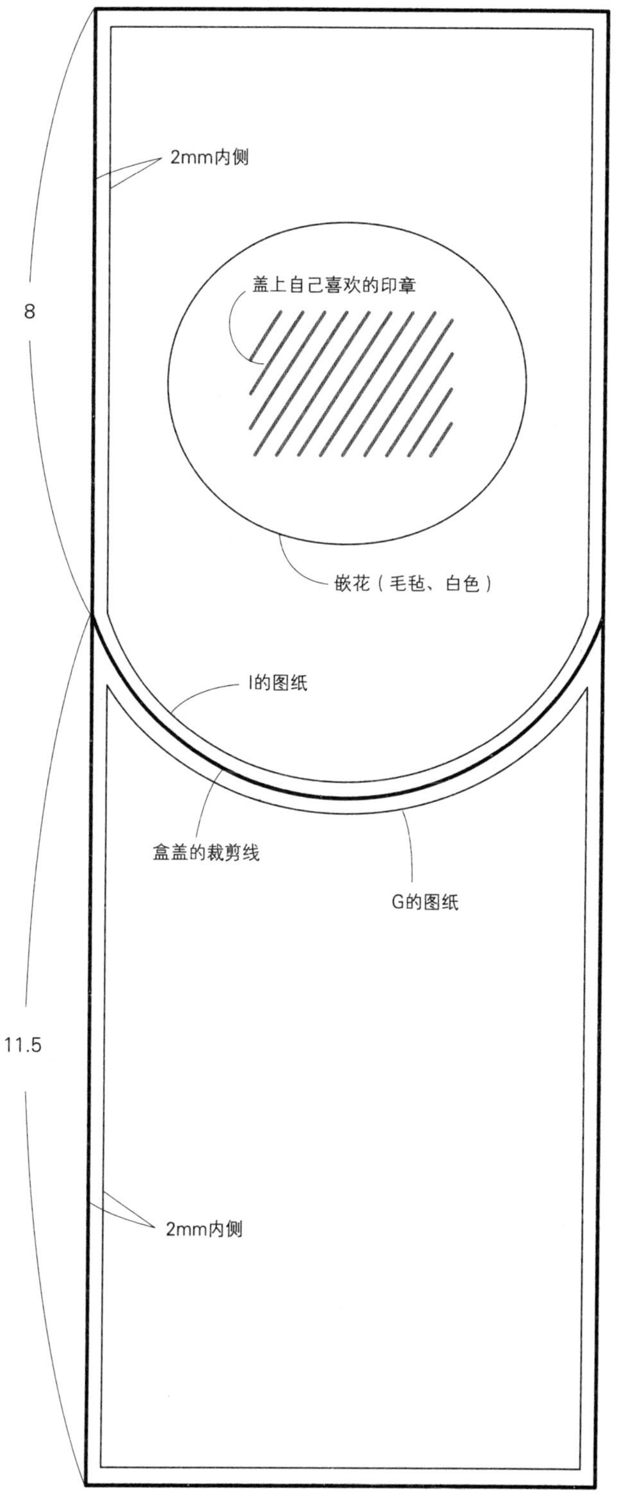

制作方法

①将B粘贴到A上，制作成盒子的形状。

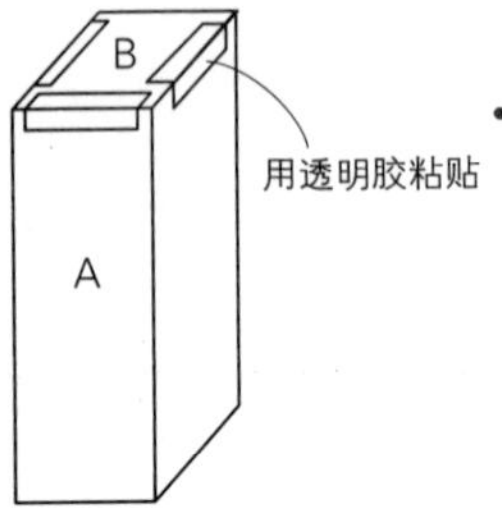

②裁剪盒盖的部分。

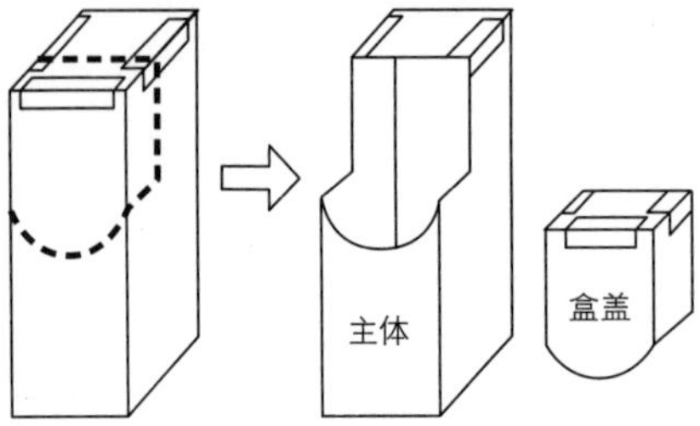

③盒盖周围贴上布料b。

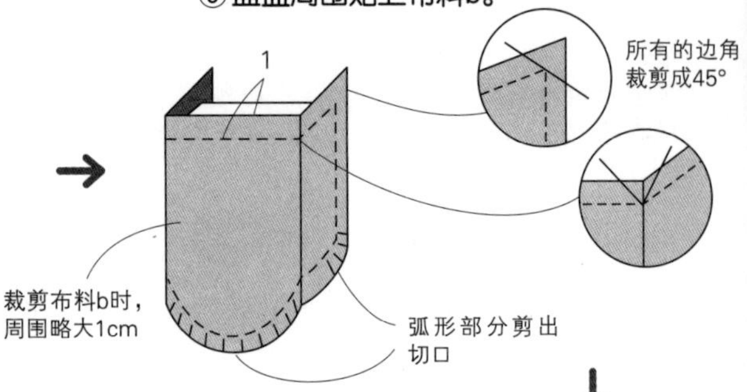

④布料折叠到内侧。

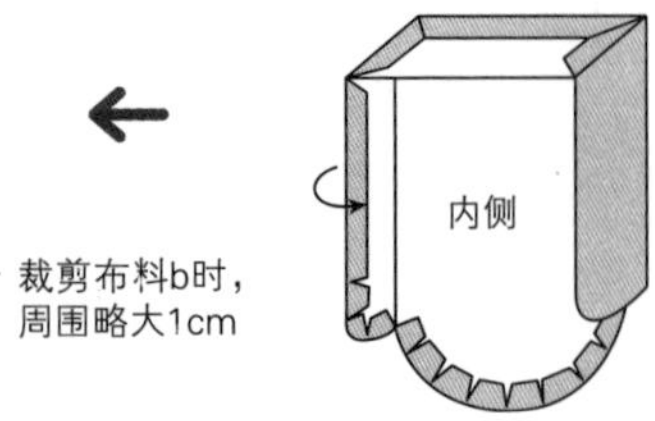

⑤主体周围贴上布料a。

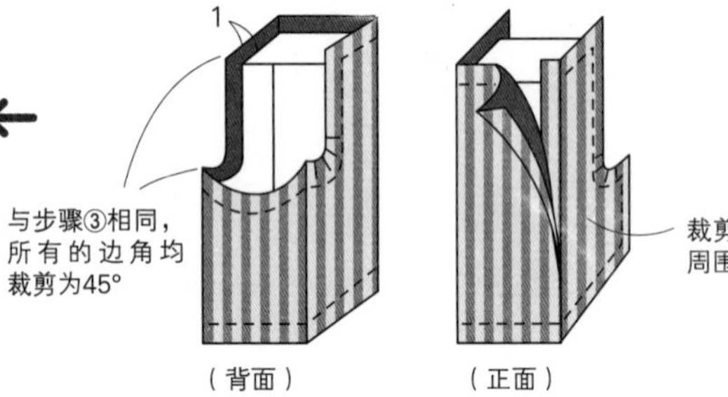

⑥布料折叠到内侧。

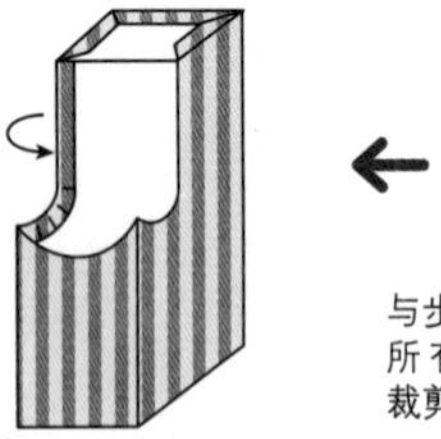

⑦制作外侧底面。

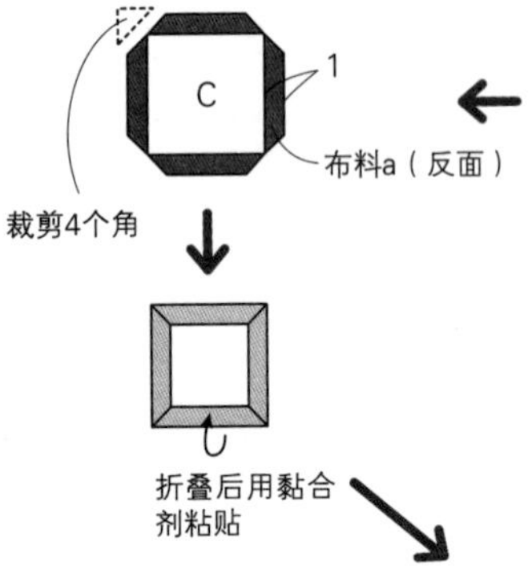

⑧侧面底面粘贴到主体上。

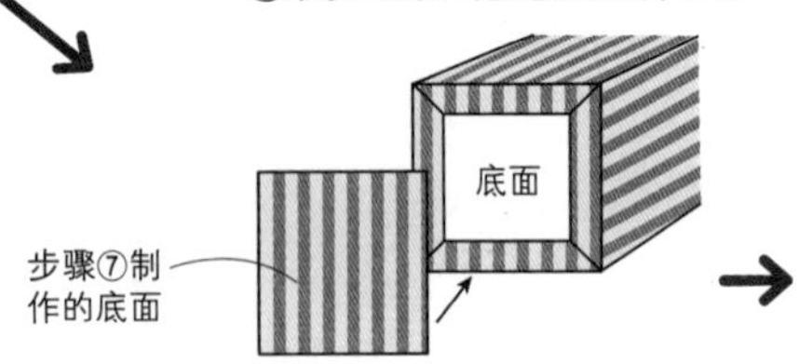

⑨分别制作盒盖和主体的内侧。

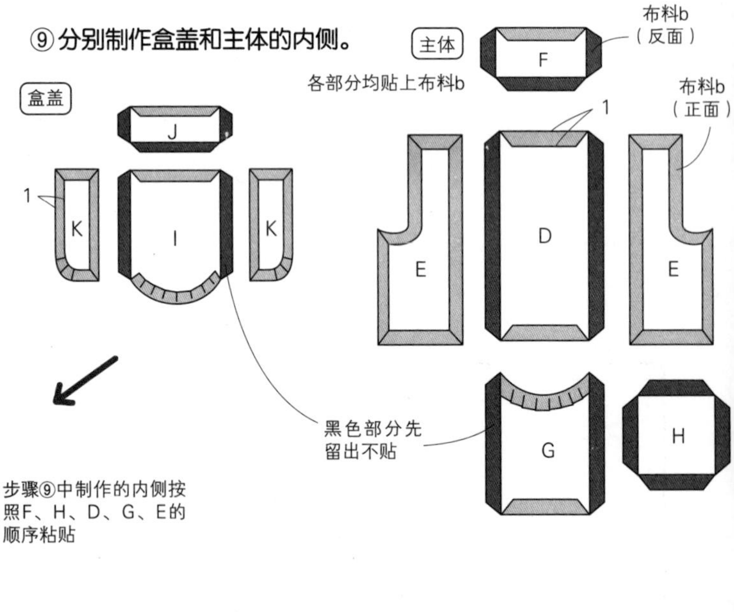

⑩内侧粘贴到盒盖和主体上。

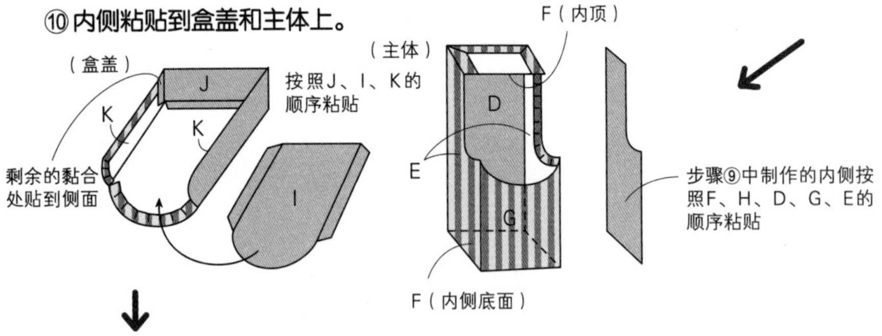

⑪主体与盒盖黏合，接缝处粘贴布料b。

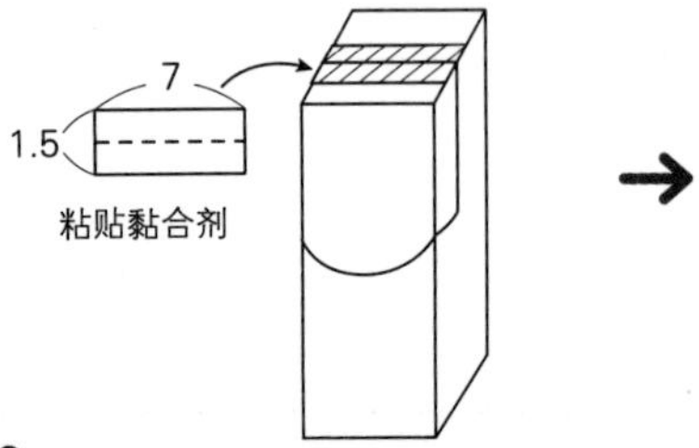

⑫粘贴外侧顶。

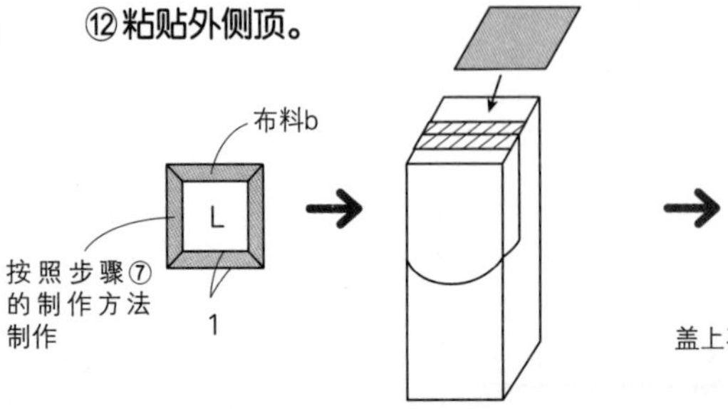

⑬毛毡徽章贴到盒盖正面，完成。

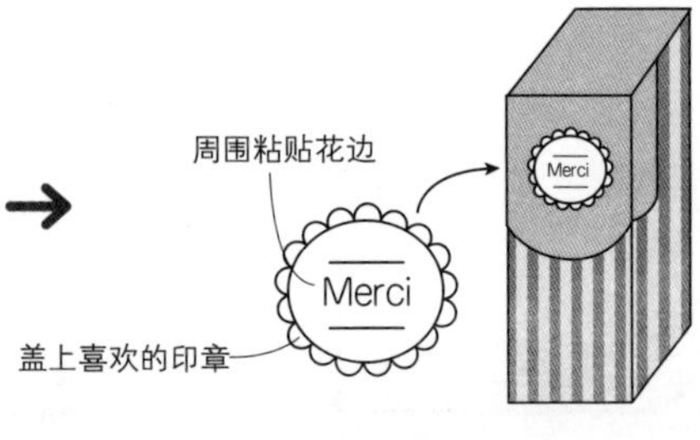

24 page 48 刀叉盒

材料

- 牛奶盒（1000ml）2个
- 外侧布料（印花）55cm×20cm
- 内侧布料（纯色）35cm×25cm
- 花边（宽1cm）60cm

制作方法

①A的周围粘贴外侧布料。

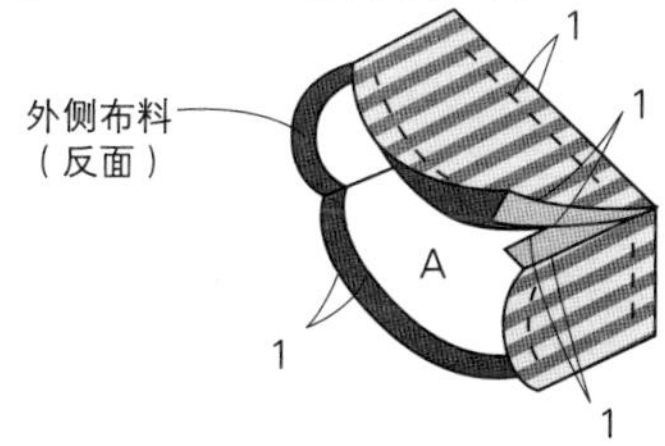

②折叠开口处。

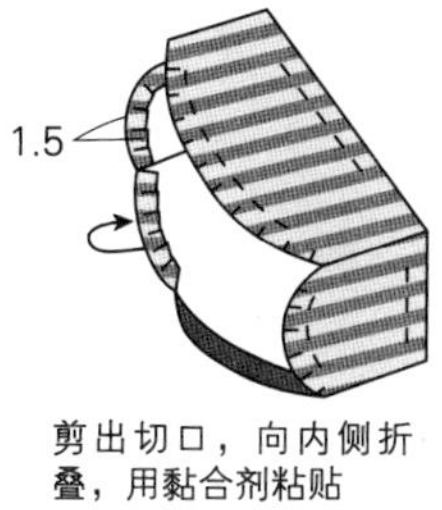

③折叠底面。

④制作外侧底面。

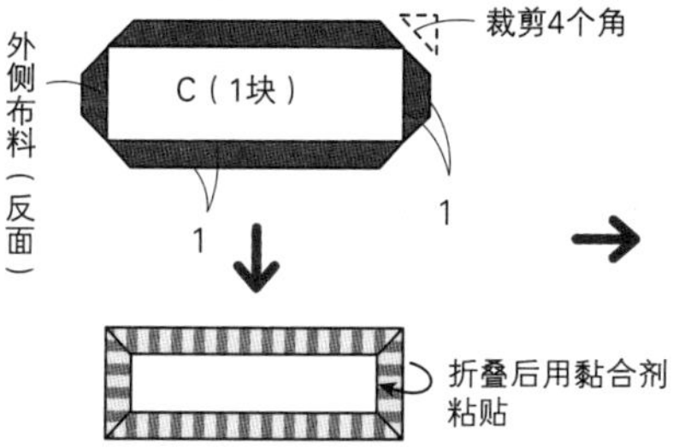

⑤外侧底面贴到主体上。

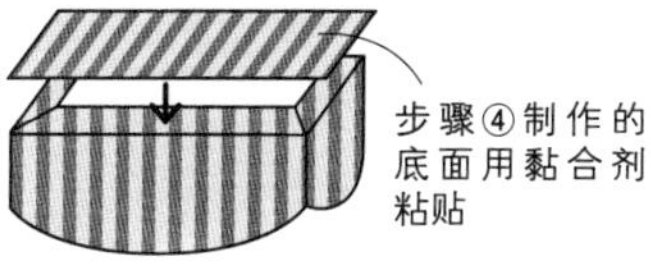

⑥制作主体内侧。

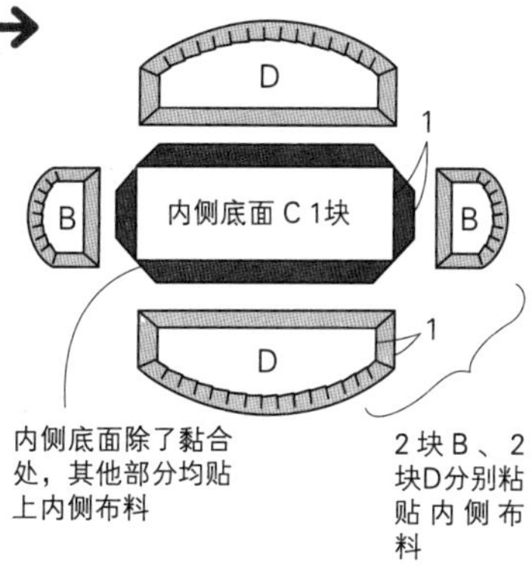

⑦内侧底面贴到主体上。

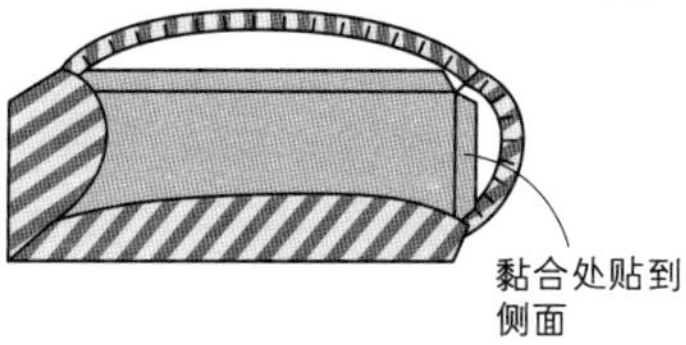

⑧内侧侧面贴到主体上。

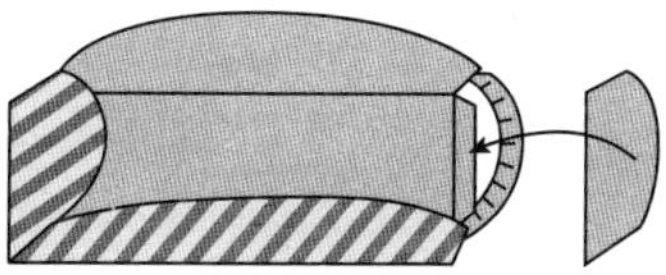

⑨外侧侧面贴上花边，完成。

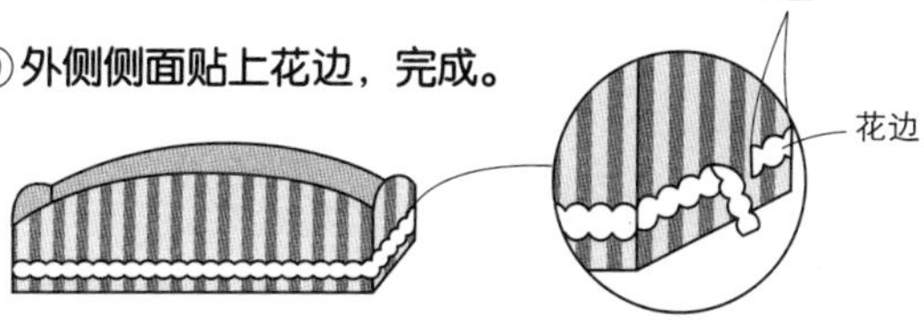

牛奶盒的裁剪方法

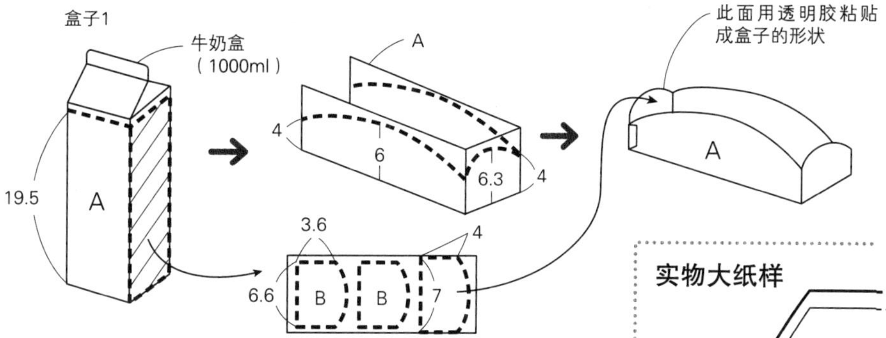

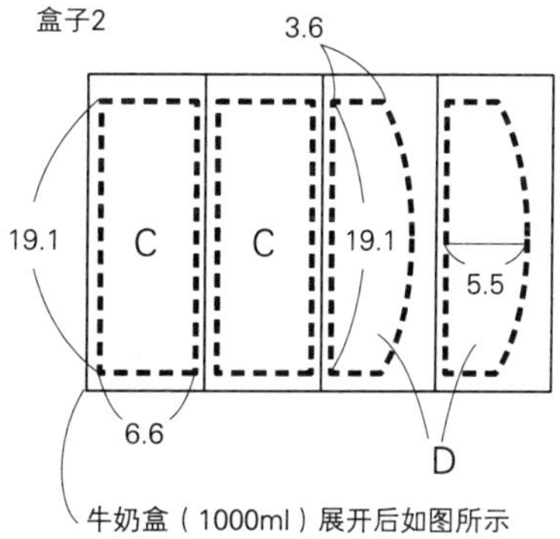

实物大纸样

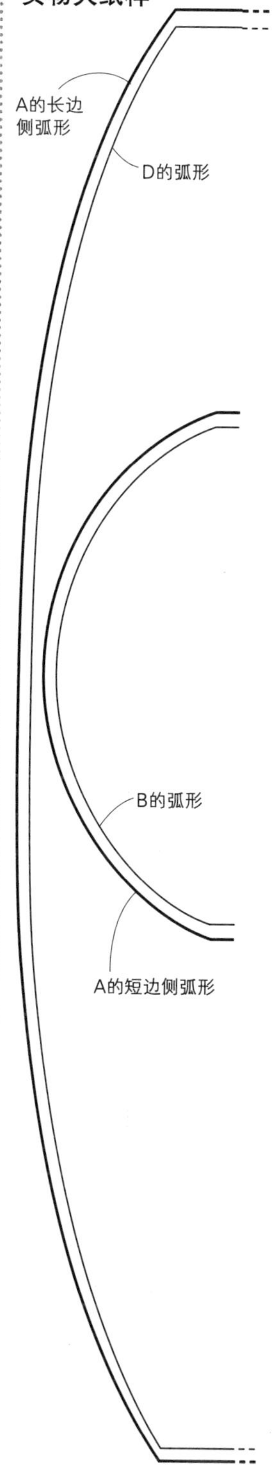

25 page 49~51 品茶时间的用具

材料（3个1套的用量）

- 牛奶盒（1000ml）4个
- 外侧布料（纯色）40cm×40cm
- 内侧布料（印花）50cm×30cm
- 花边（宽17mm）90cm
- 毛毡（焦茶色）7cm×6cm

牛奶盒的裁剪方法

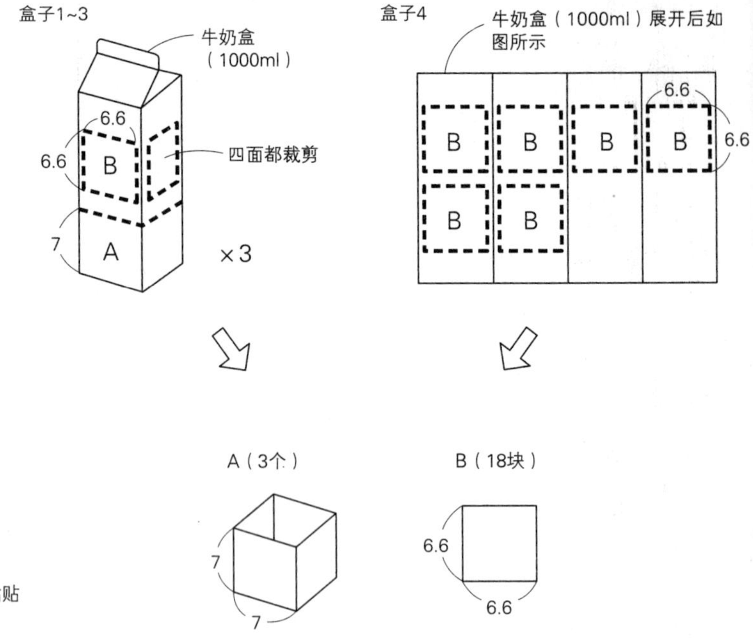

制作方法

①A的周围贴上外侧布料。

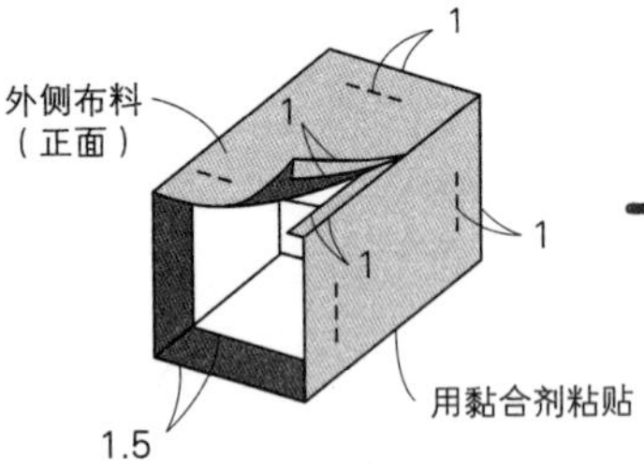

②折叠开口处。

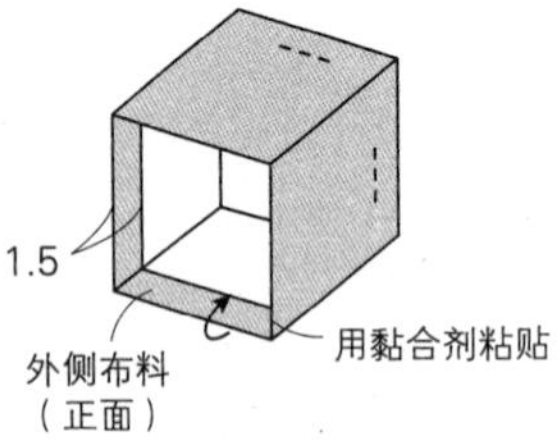

③折叠底面。

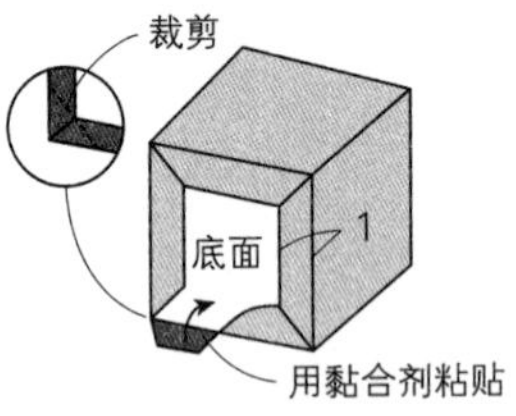

④制作外侧底面。

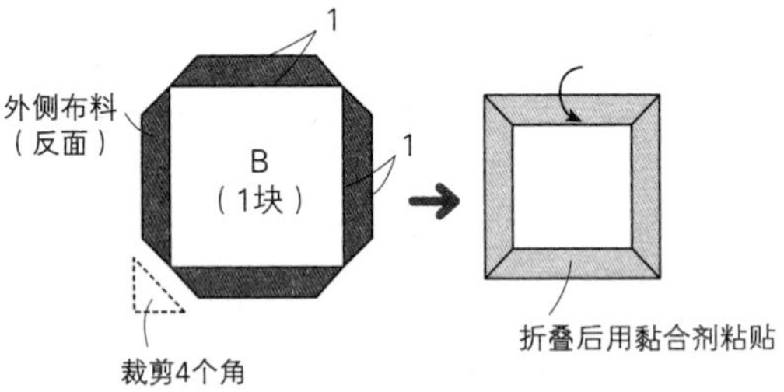

⑤外侧底面贴到主体上。

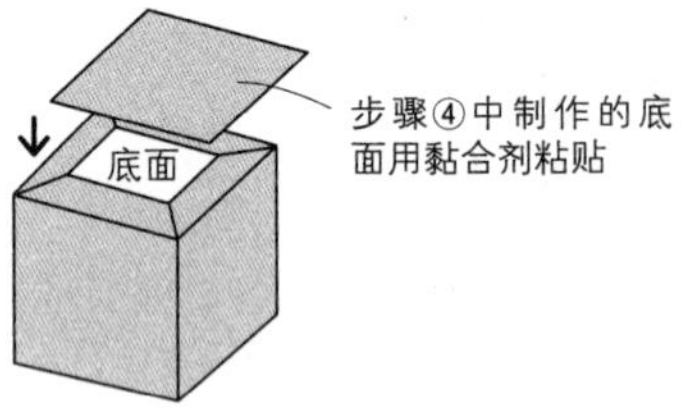

⑥制作主体的内侧。

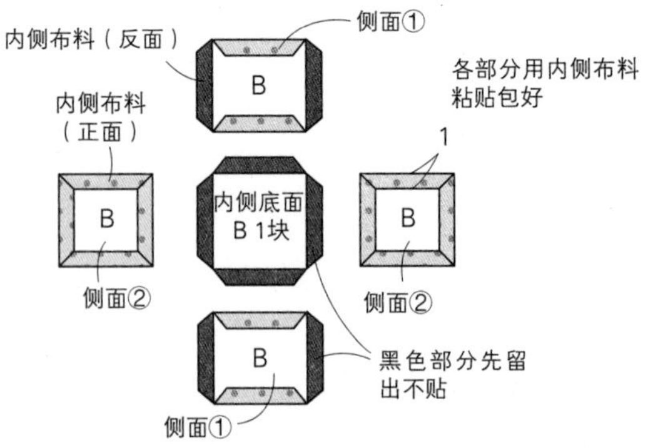

⑦内侧底面贴到主体上。

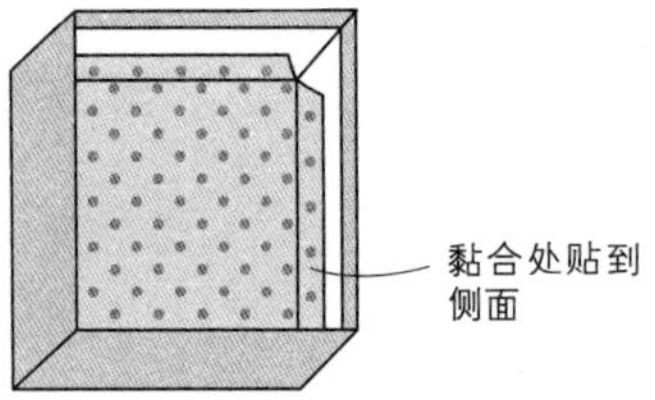

⑧内侧侧面粘贴到主体上。

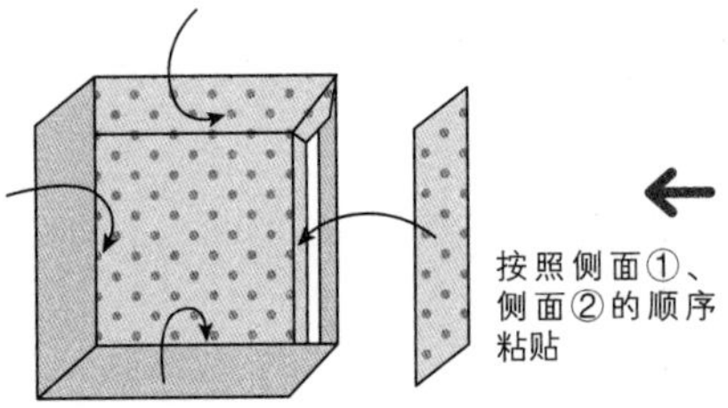

实物大纸样

⑨外侧侧面贴上花边和毛毡文字，完成。

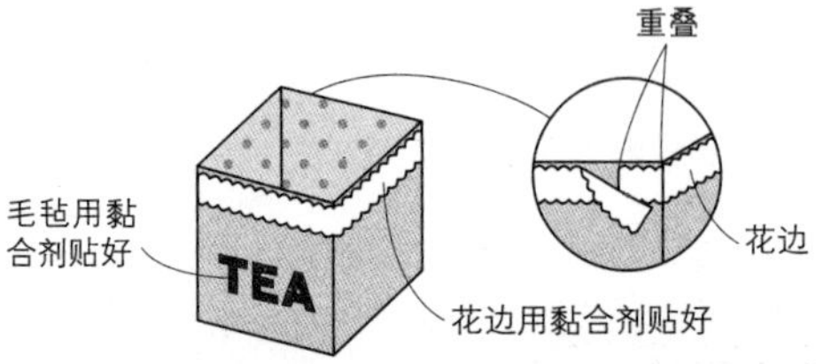

⑩用同样的方法制作2个。

25 page 52 立方体组成的小物收纳盒

材料（3个1套的用量）

- 牛奶盒（1000ml）4个
- 外侧布料（纯色）45cm×30cm
- 内侧布料（印花）45cm×50cm
- 金属扣眼（孔直径5mm）6个
- 绳带 55cm左右
- 花边（宽9cm）90cm
- 毛毡（焦茶色）6cm×3cm

牛奶盒的裁剪方法

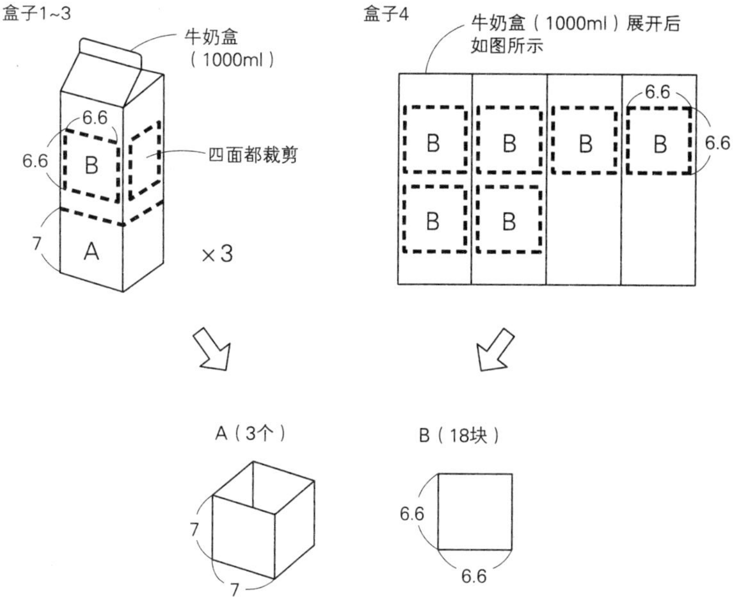

制作方法

①A的周围贴上外侧布料。

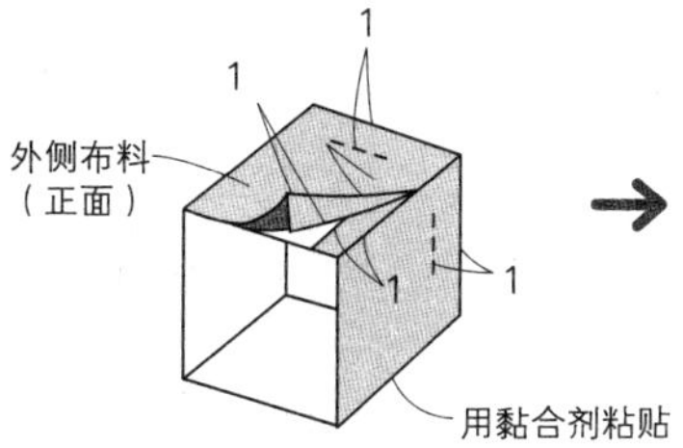

②折叠底面。

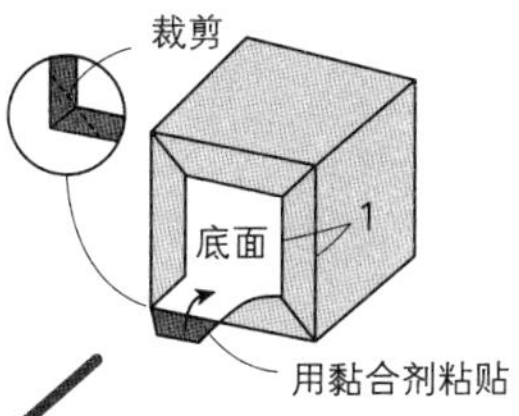

③内侧布料贴到A的侧面上部。

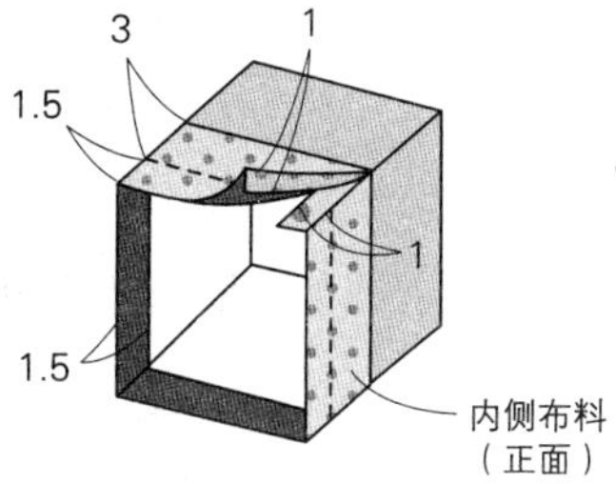

④折叠开口处。

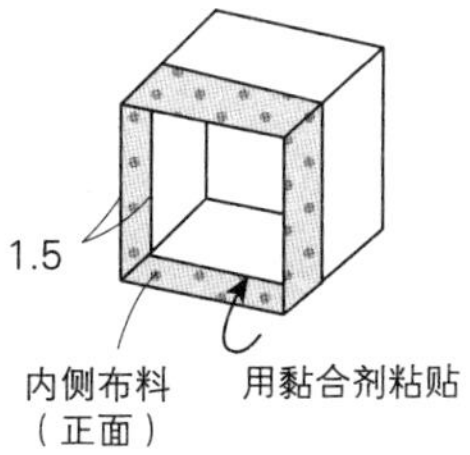

⑤制作外侧底面。

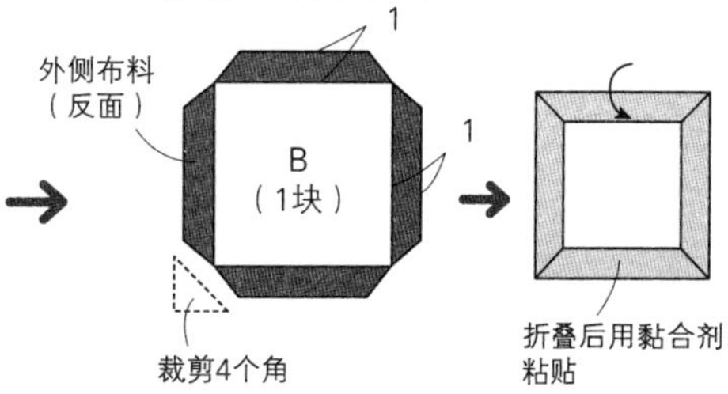

实物大纸样

⑥外侧底面粘贴到主体上。

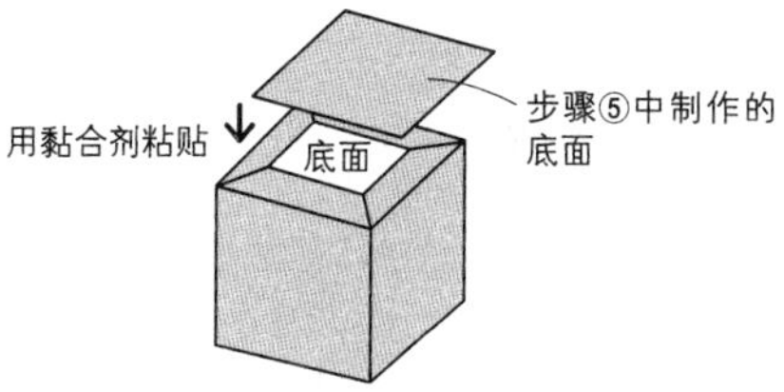

⑦制作主体的内侧。

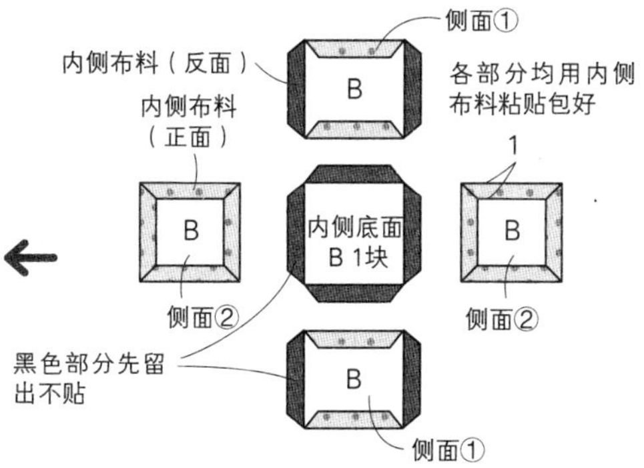

⑧内侧底面贴到主体上。

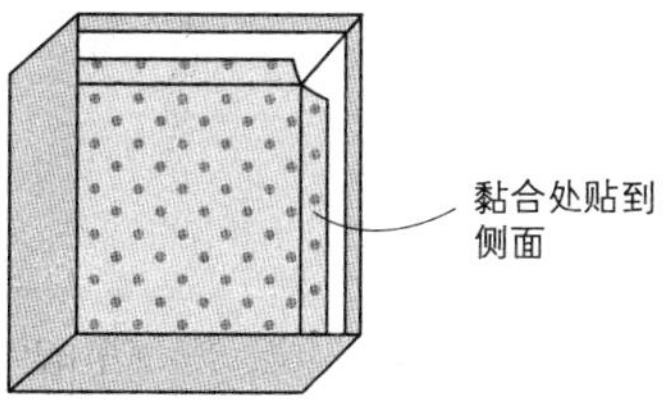

⑨内侧侧面贴到主体上。

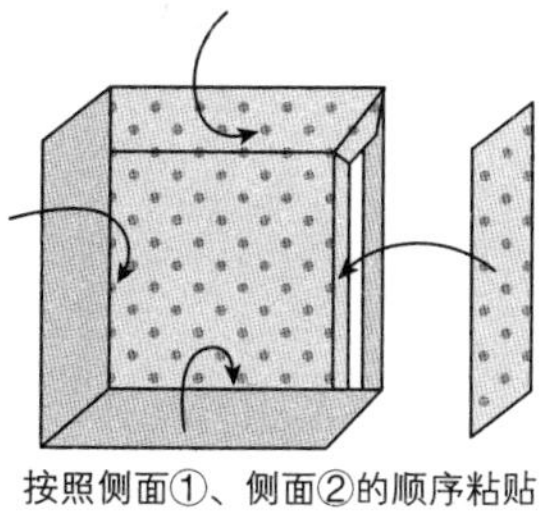

⑩外侧的表布和里布的接缝处贴上花边，再粘贴毛毡数字。

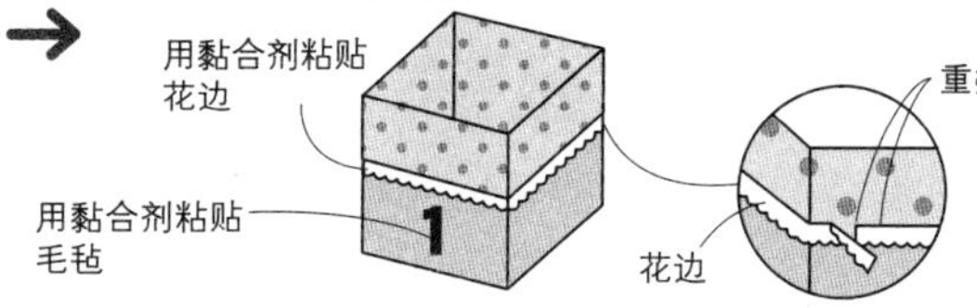

⑪左右两侧凿出小孔，安装金属扣眼。

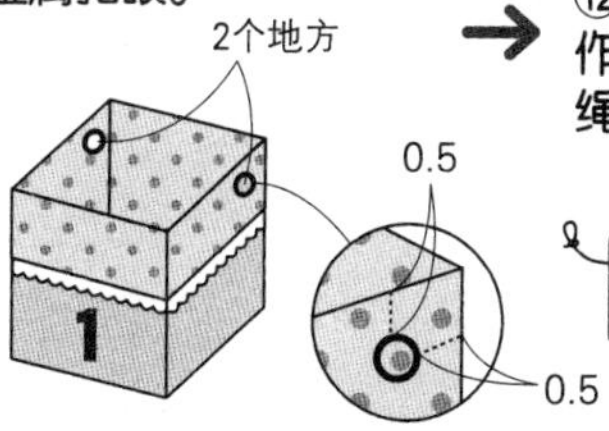

⑫用同样的方法制作剩余的2个，穿过绳带后即可。

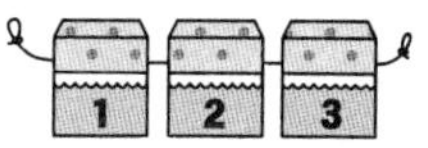

28 page 60 蛋糕布盒（小）

材料

牛奶盒（1000ml）2个
布料a（棉质纯色）15cm×25cm
布料b（棉质印花）20cm×50cm
缎纹丝带（宽12mm）30cm
毛毡（白色）12cm×8cm
　　（红色）5cm×10cm
　　（粉色）2cm×16cm
　　（淡粉色）2cm×16cm
圆形小串珠（白色）18颗
填充棉 适量

牛奶盒的裁剪方法

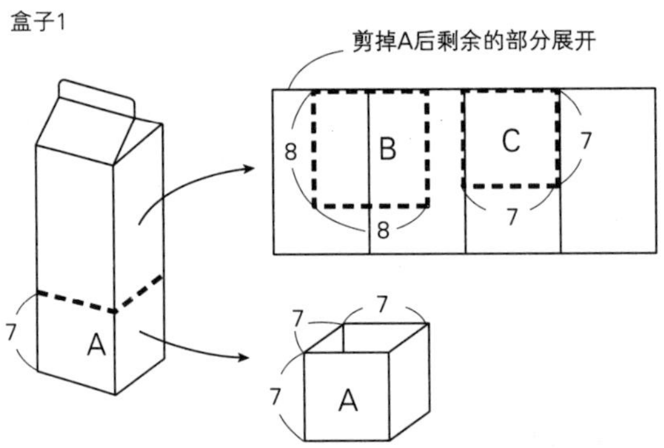

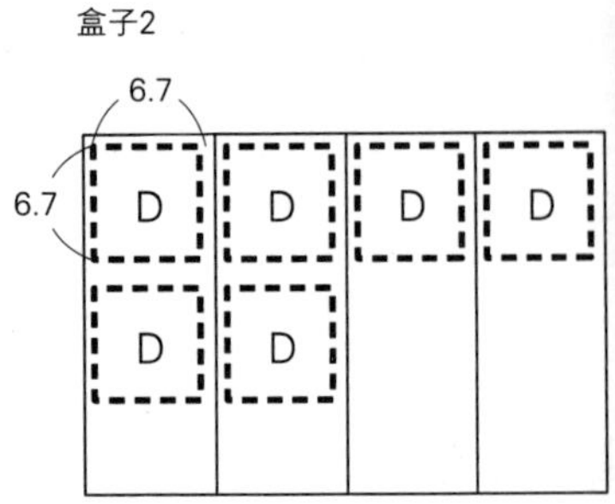

裱花配置图

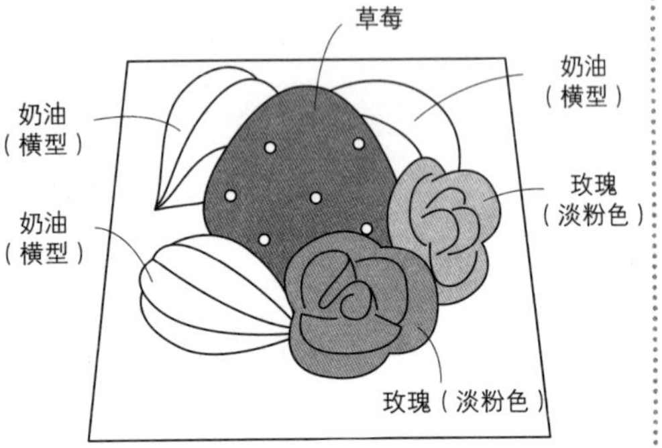

制作方法

①用布料a将盒盖的各部分粘贴包好。

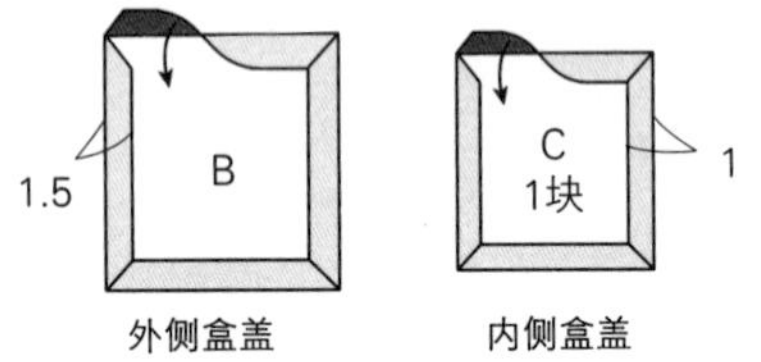

②裱花的各部分粘贴到外侧盒盖上。（各部分的制作方法见P96）

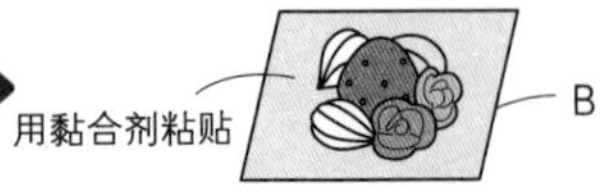

③主体的侧面贴上布料b。

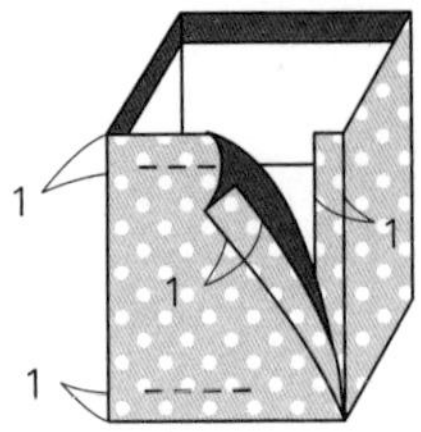

④折叠开口处。

⑤折叠底面。

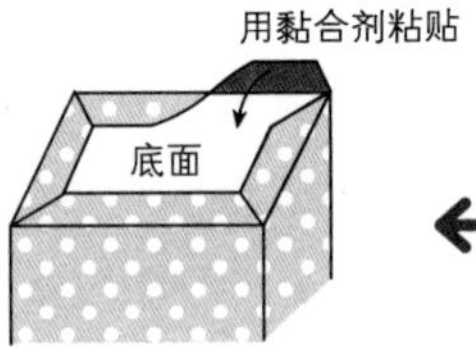

⑥制作外侧底面，粘贴到主体上。

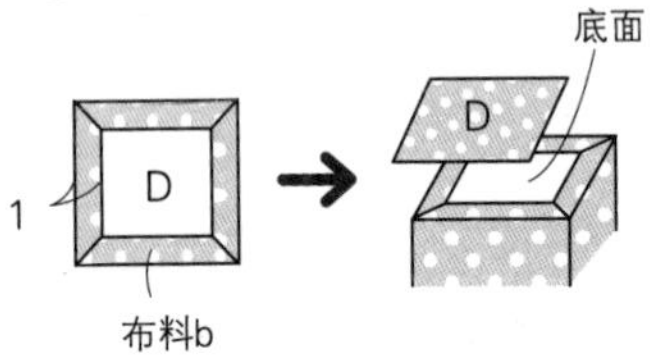

⑦外侧盒盖与主体连接。

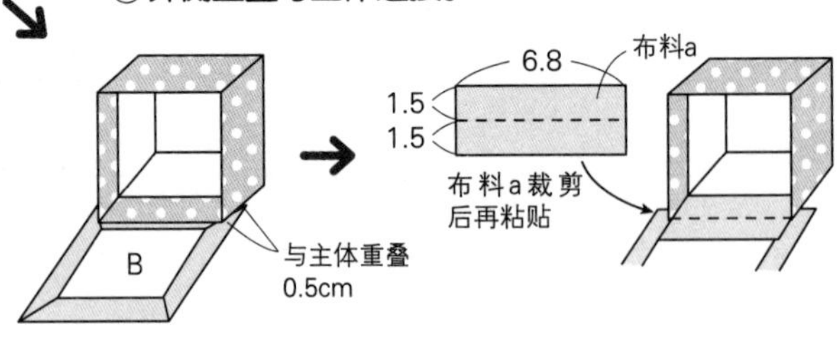

⑧粘贴内侧盒盖。

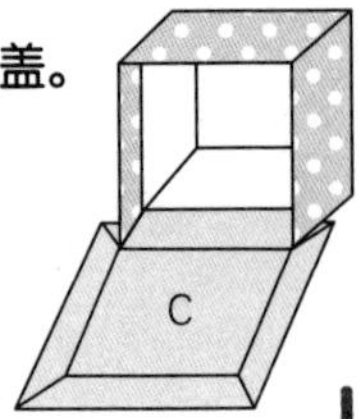

⑨制作主体的内侧。

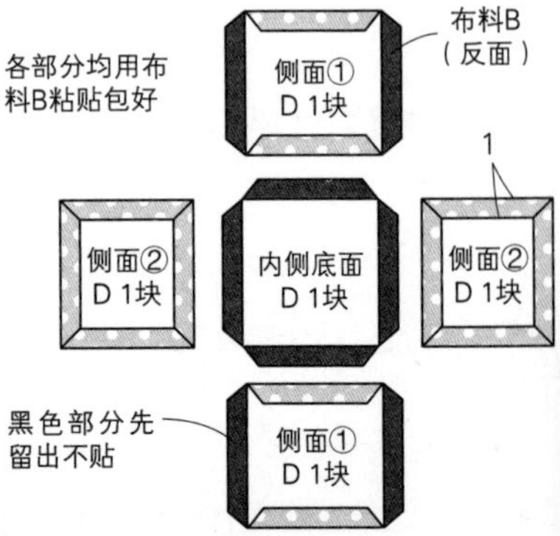

⑩内侧底面贴到主体上。

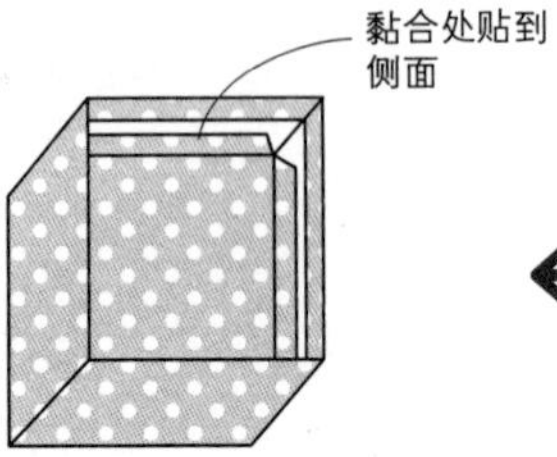

⑪内侧侧面贴到主体上。

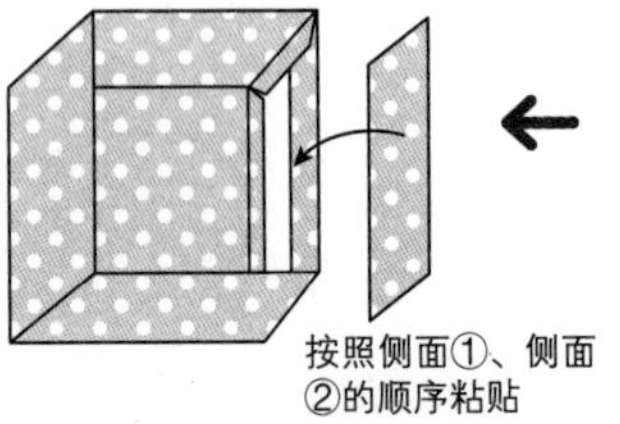

⑫缎纹丝带粘贴到主体的侧面，完成。

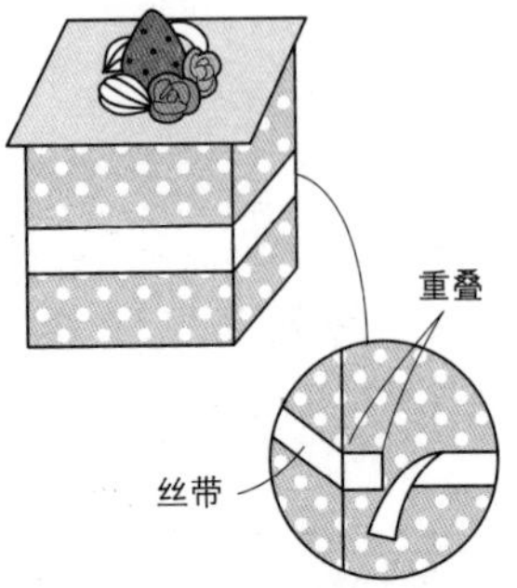

28 page 61 蛋糕布盒（大）

材料

牛奶盒（1000ml）3个
布料a（棉质纯色）15cm×45cm
布料b（棉质印花）30cm×70cm
缎纹丝带（宽12mm）55cm
毛毡（白色）8cm×14cm
（茶色）10cm×16cm
波浪丝带（宽2mm）54cm

牛奶盒的裁剪方法

盒子1

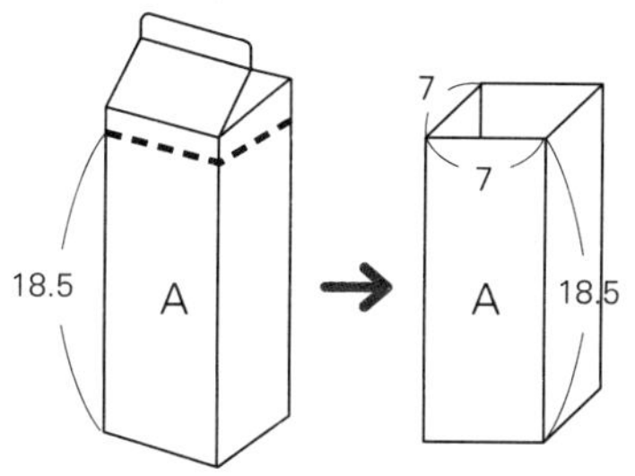

盒子2

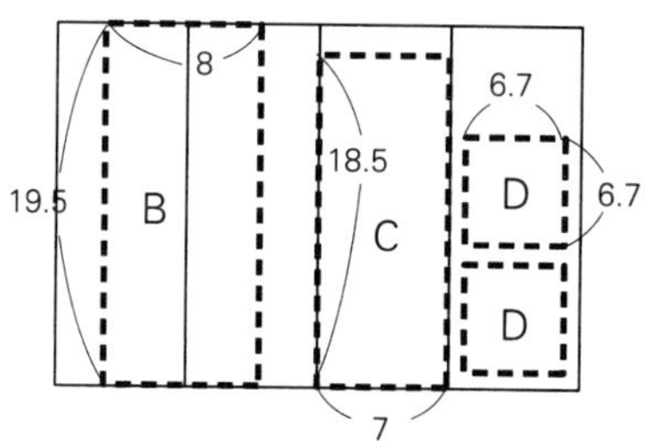

盒子3

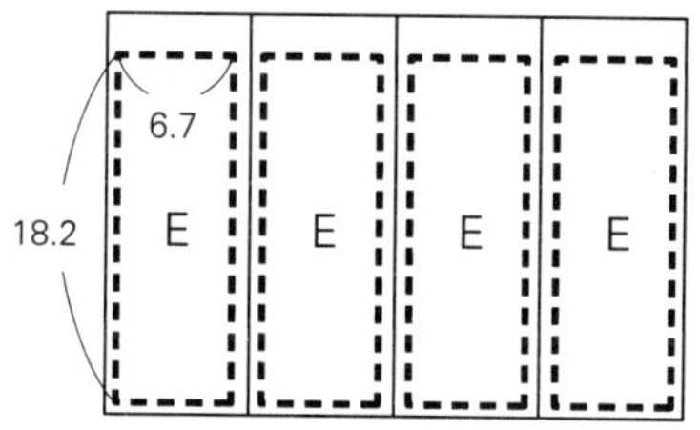

裱花配置图

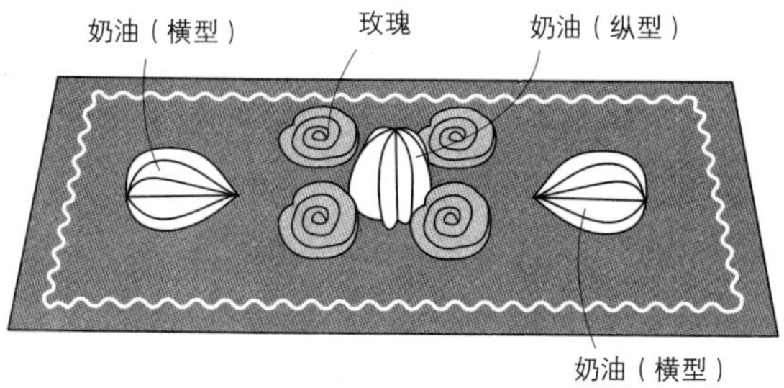

制作方法

①盒盖的各部分用布料a粘贴包好。

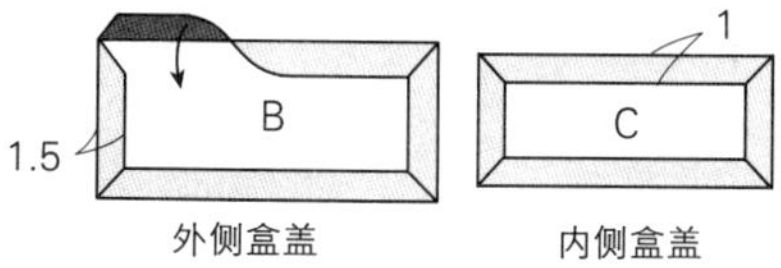

②裱花贴到外侧盒盖上。
（各部分的制作方法见P96）

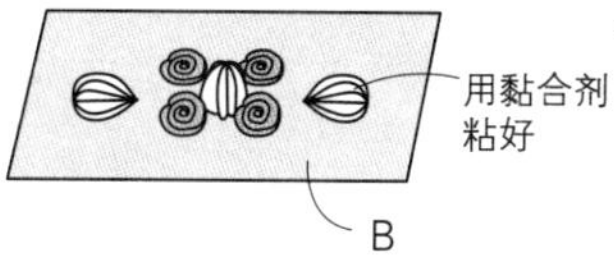

③波浪丝带贴到外侧盒盖上。

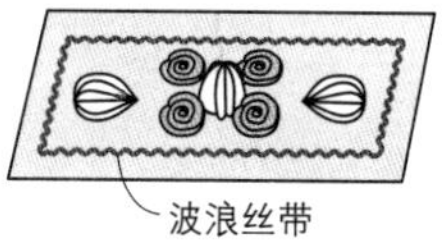

④裁剪A，制作主体。

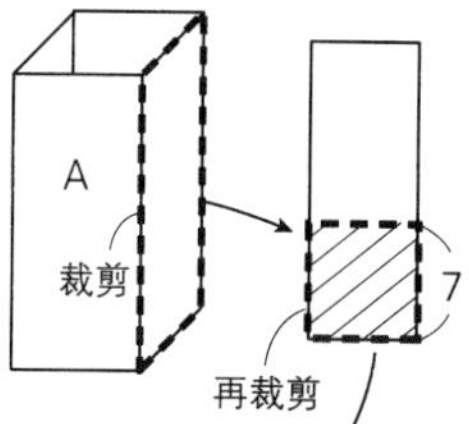

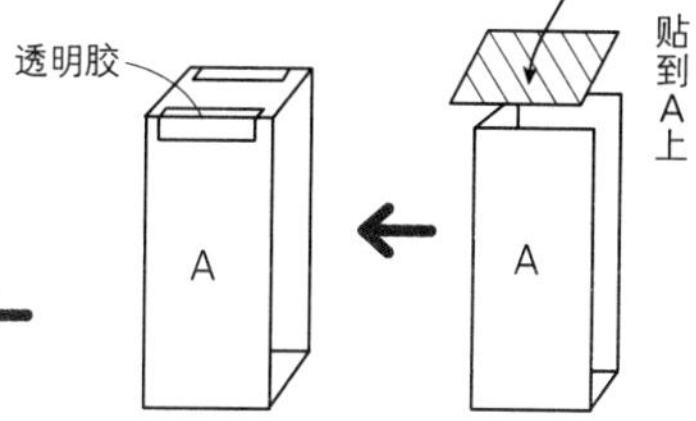

⑤布料b贴到主体的侧面。

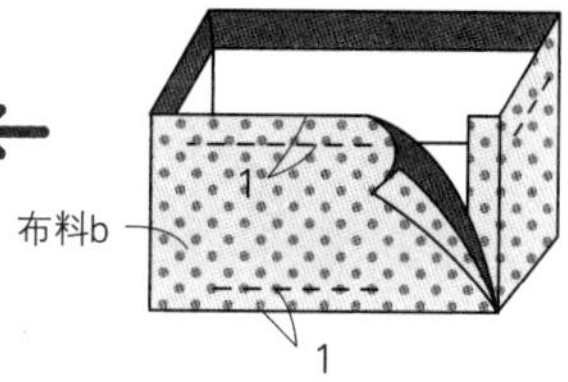

⑥折叠开口处。

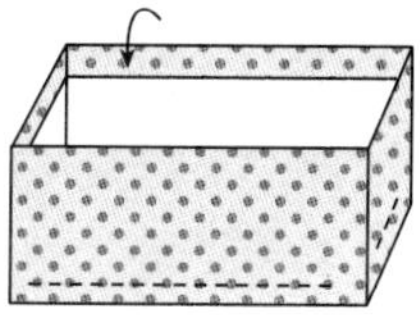

⑦折叠底面。

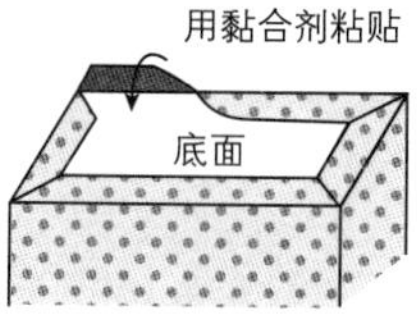

⑧外侧盒盖与主体连接。

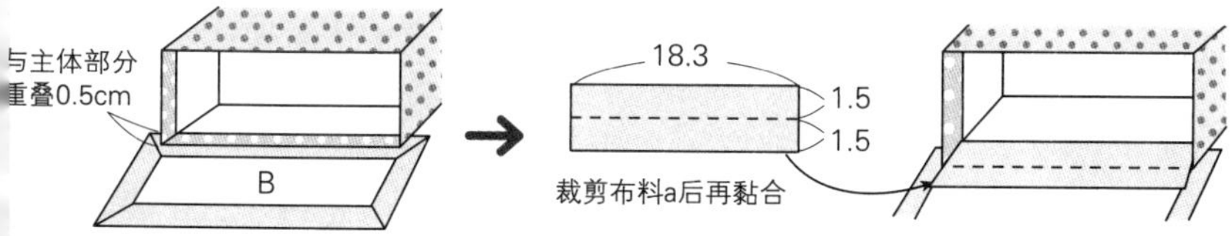

⑨粘贴内侧盒盖。

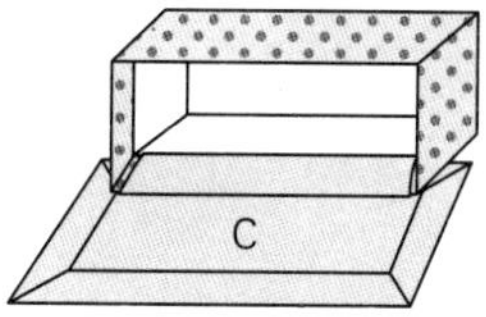

⑩制作主体的内侧和外侧底面。

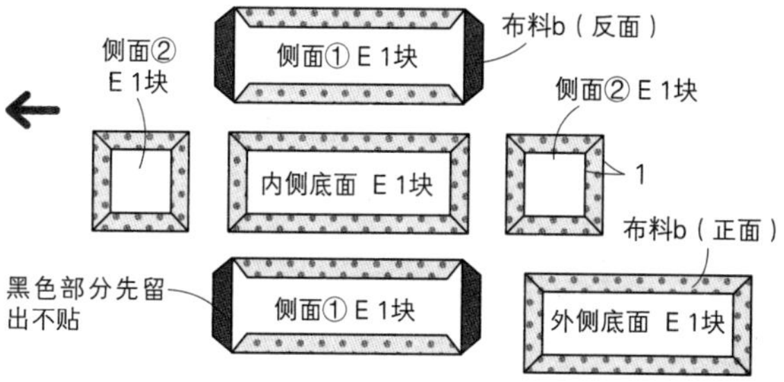

⑪外侧底面贴到主体上。

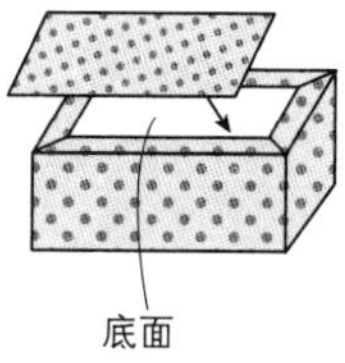

⑫按照P94步骤⑩、⑪的顺序，贴好内侧侧面。

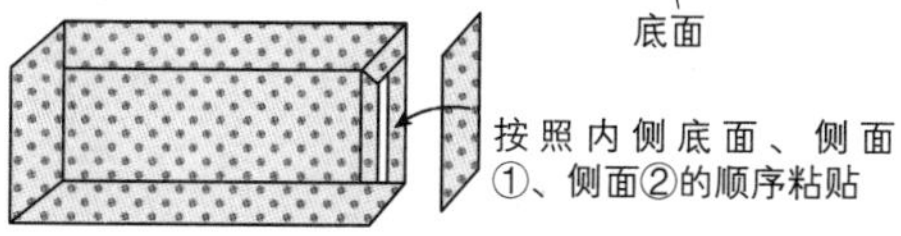

⑬缎纹丝带粘贴到主体的侧面，完成。

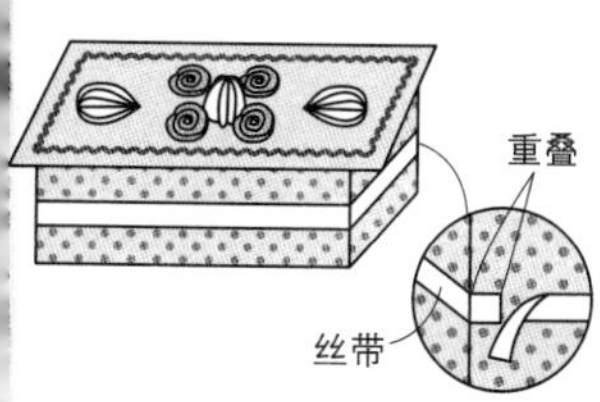

28 page 60、61 蛋糕布盒 裱花的制作方法

实物大纸样 所有部分均须裁剪

奶油（横型、纵型）

作品60
毛毡（白色）15块

作品61
毛毡（白色）20块

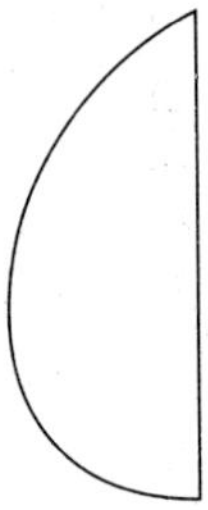

草莓

作品60
毛毡（红色）2块

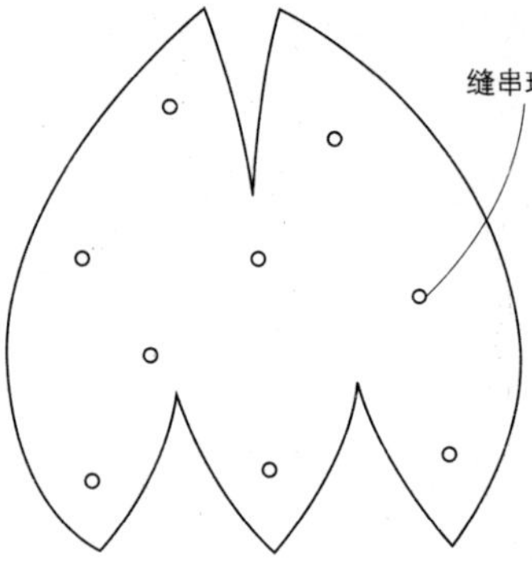

玫瑰

作品60
毛毡（粉色、淡粉色）各1块

作品61
毛毡（茶色）4块

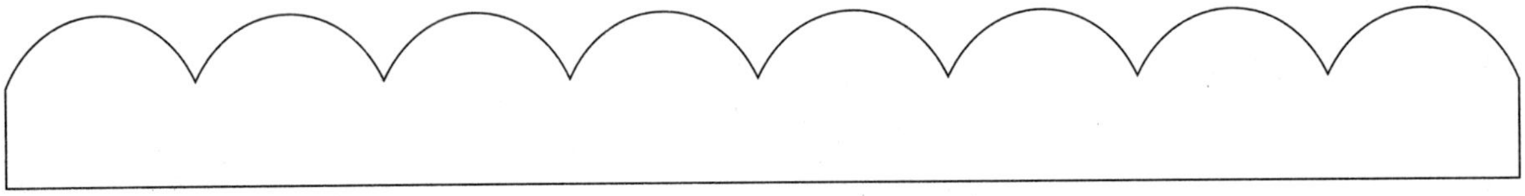

缝法

奶油（横型）

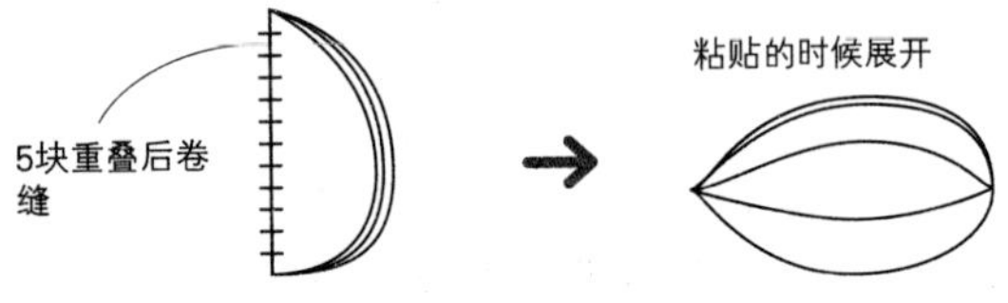

奶油（纵型）

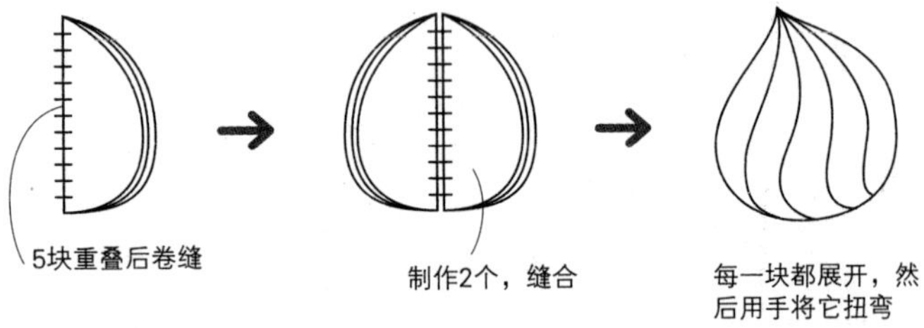

草莓

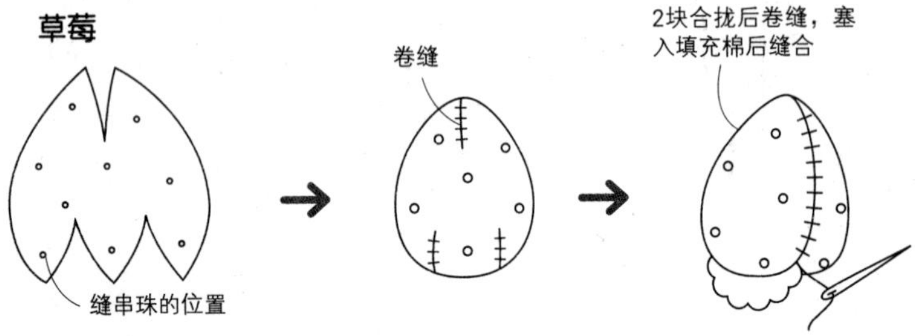

玫瑰

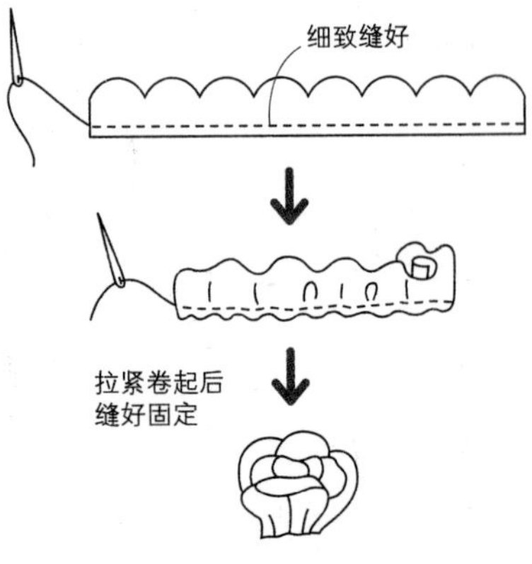